黑磷制备与应用

廉培超　梅毅　蒋运才　编著

Black
Phosphorus:
Preparation
and
Application

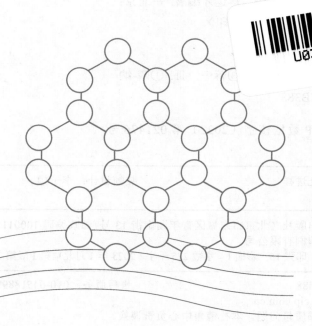

化学工业出版社

·北京·

内 容 简 介

　　《黑磷制备与应用》系统介绍了国内外黑磷及纳米黑磷的制备技术及研究进展，总结并分析了相应的发展趋势，同时对纳米黑磷在相关领域（能源、阻燃、催化、生物医疗、晶体管、传感器、膜分离、摩擦、超导、防腐）的应用进行了较全面的论述。本书共七章，黑磷及其制备方法、纳米黑磷及其制备方法、纳米黑磷在能源领域的应用、纳米黑磷在阻燃领域的应用、纳米黑磷在催化领域的应用、纳米黑磷在生物医学领域的应用、纳米黑磷在其他领域的应用。

　　《黑磷制备与应用》既具有一定的理论深度，又有实用技术，可作为高校、科研院所化学、化工、环境、材料、冶金、新能源等专业学生的参考教材，也可供相关领域研究人员及工程技术人员参考。

图书在版编目（CIP）数据

　　黑磷制备与应用/廉培超，梅毅，蒋运才编著. —北京：化学工业出版社，2022.2（2023.1 重印）
　　ISBN 978-7-122-40778-8

　　Ⅰ．①黑…　Ⅱ．①廉…　②梅…　③蒋…　Ⅲ．①磷-纳米材料-研究　Ⅳ．①TB383

　　中国版本图书馆 CIP 数据核字（2022）第 021476 号

责任编辑：任睿婷　杜进祥　　　　　　　　　　装帧设计：李子姮
责任校对：王　静

出版发行：化学工业出版社（北京市东城区青年湖南街 13 号 邮政编码 100011）
印　　装：北京建宏印刷有限公司
710mm×1000mm　1/16　印张 15　彩插 1　字数 275 千字　2023 年 1 月北京第 1 版第 2 次印刷

购书咨询：010-64518888　　　　　　　　　售后服务：010-64518899
网　　址：http://www.cip.com.cn
凡购买本书，如有缺损质量问题，本社销售中心负责调换。

定　　价：98.00 元　　　　　　　　　　　　版权所有　违者必究

黑磷是近年来被广泛关注的一种新型精细磷化工产品，与白磷、红磷、紫磷互为磷的同素异形体。其特殊的褶皱蜂窝状结构赋予了黑磷很多优异的性能，如高的理论比容量、可调的直接带隙、高的载流子迁移率、优异的光电性能及强的各向异性等，使其在能源、阻燃、催化、生物医学、传感器、场效应晶体管、超导等领域表现出了良好的应用前景。因此，黑磷的制备及其在各领域的应用引起了国内外科研工作者的研究兴趣。

纳米黑磷是通过剥离块状黑磷得到的具有纳米尺度的黑磷，它具有许多块状黑磷不具有的特性，即纳米材料的共性，如量子尺寸效应、小尺寸效应、表面效应等。纳米黑磷的制备技术是研究纳米黑磷最重要的前提和基础，也是纳米黑磷研究者始终关注和研究的重点。目前国内外对纳米黑磷的研究主要包括制备方法、微观结构、宏观物性以及应用四个方面，而纳米黑磷的低成本、规模化制备是纳米黑磷能够大面积推广和应用的前提，也是目前纳米黑磷规模化应用遇到的最大障碍。除此之外，纳米黑磷不稳定的特性也在很大程度上限制了其规模化应用。即纳米黑磷规模化制备技术的不完善以及其不稳定性的限制，严重地制约了纳米黑磷的低成本、规模化商用。因此，国内外相关研究者正开发纳米黑磷的规模化制备技术，与此同时推进纳米黑磷在相关领域的应用，上游制备技术与下游应用齐头并进。目前，国内几乎没有介绍黑磷、纳米黑磷的制备及其应用的书籍，这不利于"黑磷——梦幻材料"的推广，同时也给初学者和从事纳米黑磷开发及应用的研究人员带来了极大的不便。

本书系统介绍了国内外黑磷及纳米黑磷的制备技术及研究进展，总结并分析了相应的发展趋势，同时对纳米黑磷在相关领域（能源、阻燃、催化、生物医疗、晶体管、传感器、膜分离、摩擦、超导、热电、防腐）的应用进行了较全面的论述。书中引用的文献大部分来源于近十年来行业科研人员的最新研究成果，有助于读者（尤其是初学者）了解纳米黑磷制备技术及应用发展的最新趋势，在此谨向各位作者致以最诚挚的谢意。

本书反映了编著者近年来在黑磷、纳米黑磷制备技术及应用等方面所做的一些研究工作，希望能与从事相关方面研究的专家学者进行探讨与交流，共同推进纳米黑磷规模化商用的进程。本书可作为高校、科研院所化学、化工、环境、材料、冶金、新能源等专业学生的参考教材，也可供相关领域研究人员及工程技术人员参考。

本书由廉培超、梅毅、蒋运才编著。在编写及出版过程中，得到了化学工业出版社的大力支持和帮助，在此致以衷心的感谢。同时，也感谢研究生吴兆贤、卢晓敏、李雪梅、高琳琳、罗桂红、马明福、付姣、牛丽辉、李开鹏对本书的修改及校对。

由于编著者水平有限，加之全书在结构及内容上都融入了编著者的理解及观点，不足之处在所难免，恳请读者批评指正。

编著者

2021 年 11 月

第1章

黑磷及其制备方法

近年来，我国磷化工产业发展迅速，已在全球占有举足轻重的地位。目前，我国已成为全球最大的黄磷生产国和消费国。黄磷产能排名前 10 的企业总产能为 81.2×10^4 t/a，占全国总产能的 45%，矿-电-磷一体化的模式在逐步扩大，产业集中度提高。此外，我国磷酸盐工业已逐渐形成母体产品靠近原料产地，沿海地区重点发展磷系衍生品和精细化学品的格局[1-3]。2020 年，我国黄磷生产能力为 178 万吨，占世界总生产能力的 80%以上，主要集中在磷矿资源丰富的云南、贵州、四川和湖北 4 省，其中，云南省磷资源储量丰富，磷化工产品总量位居全国第一，拥有多个国内特大型一流磷化工企业和完整的磷化工循环经济一体化产业链，其黄磷生产能力及产量占全国总量的 50%以上，已成为我国磷化工生产的重要基地[4-6]。然而我国的磷矿资源主要生产黄磷、磷酸盐等大宗产品，存在产能严重过剩、产品利用率低、经济效益差、产业链低端等问题，行业已进入产业的成熟期和下降期，产业结构面临产品结构的调整和转型升级[7-9]。因此，开展以产业化应用为导向的磷系新能源材料研究对云南省乃至全国打造绿色能源产业以及促进磷化工行业转型升级具有重要意义。

黑磷是近年来被广泛关注的一种新型精细磷化工产品，与白磷、红磷、紫磷互为磷的同素异形体[10]。其特殊的褶皱蜂窝状结构赋予了黑磷很多优异的性能，如高的理论比容量、可调的直接带隙、高的载流子迁移率、良好的光电性能及强的各向异性等，使其在储能、阻燃、催化、太阳能电池、传感器、场效应晶体管及生物医学等领域均表现出了良好的应用前景[11-25]。尽管黑磷在很多领域具有很好的应用前景，但是它的应用受限于其苛刻的制备方法。目前报道的黑磷制备方法存在原料成本高、制备规模小等问题，导致目前市场上销售的黑磷价格居高不下（高达数千元每克），严重阻碍了黑磷的应用与发展。因此，开发黑磷的低成本、规模化制备技术对于促进黑磷产业化，推动磷化工行业的转型升级具有重要意义。本章将从黑磷的结构、性质、制备方法三个方面着手，重点阐述黑磷制备方法的发展现状及其优缺点，为高质量黑磷晶体的低成本、规模化制备奠定坚实的理论及实践基础。

1.1 黑磷的结构

黑磷（black phosphorus，BP）是一种磷的同素异形体，在大气环境下热力学性质最稳定，具有类似石墨的层层堆叠结构，层与层之间通过弱范德华力堆叠在一起，层内则通过较强的共价键相连接。

黑磷具有四种晶体结构，即无定形、菱形、简单立方和正交。密度为 2.69 g/cm³。具有 0.3～2.0 eV 的可调直接带隙，良好的导电性（约为 300 S/m）[26]。常温常压下，黑磷呈层状的正交晶型结构，其空间群类型为 $Cmca$[27]。在特定的条件下，不同的晶相间还会相互转换。在 5.5 GPa 的高压下，环境稳定的半导体正交黑磷可以转变为半金属菱形结构[27]。若增加压力至 10 GPa，半金属菱形结构由于内部变形而进一步转变成金属立方相。黑磷是具有直接带隙的 p 型半导体，这种半导体结构表现出很好的电学性质[28, 29]，一般来说，其块体结构的电子和空穴迁移率分别为 220 cm²/（V·s）和 350 cm²/（V·s）。

黑磷的晶体结构如图 1-1（a）所示[30]。其中，每个磷原子通过 sp³ 杂化轨道与相邻的三个磷原子结合，s-p 轨道杂化使得褶皱层状结构十分稳定，每个 sp³ 轨道中有五个价电子，原子之间通过形成共价键饱和[31]。黑磷烯沿扶手椅形方向（AC）具有褶皱结构，沿锯齿形（ZZ，也称之字形）方向呈双层结构，具有显著的非平面性，晶格常数 a = 3.313 Å（1 Å=0.1 nm），b = 10.473 Å，c = 4.373 Å[12]，每个褶皱层可视为两排平行的原子平面，其中每个平面上的磷原子分别沿 y 和 x 方向形成锯齿形和扶手椅形的几何形状[30]。顶部和底部原子之间连接的 P—P 键键长 R_1 为 2.28 Å，相应的角度 θ_1 为 102.42°，沿 ZZ 方向 θ_2 的键角为 96.16°，与最近原子的键长 R_2 为 2.25 Å [图 1-1（c）]。

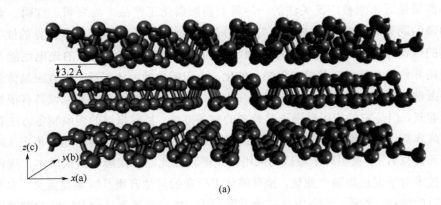

(a)

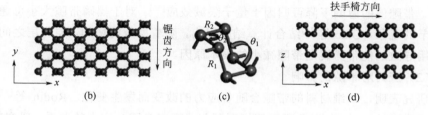

图 1-1

二维黑磷的晶体结构[30]

（a）透视图；（b）俯视图；（c）结构参数（R_1、R_2）和角度（θ_1、θ_2）；（d）侧视图

1.2　黑磷的性质

特殊的结构使得黑磷具有许多优异的性能，如可调的直接带隙、高的载流子迁移率、强的各向异性、高的理论比容量及良好的导电性等，使得黑磷在许多领域有良好的应用前景。

1.2.1　可调的直接带隙

能隙（energy gap）又称能带隙（energy band gap）、禁带宽度（width of forbidden band）、带隙（band gap），是导带的最低点和价带的最高点的能量之差。带隙越大，电子由价带被激发到导带越难，本征载流子浓度就越低，电导率也就越低。直接带隙就是导带最小值（导带底）和满带最大值在 k 空间中同一位置，电子要跃迁到导带上产生导电的电子和空穴（形成半满能带）只需要吸收能量。而间接带隙导带最小值（导带底）和满带最大值在 k 空间中不同的位置，形成半满能带不仅需要吸收能量，还要改变动量。一般情况下，直接带隙半导体可直接吸收能量合适的光子。间接带隙半导体，电子跃迁时需要动量守恒，因此吸收光的时候需要吸收或发射声子辅助。一般情况下间接带隙半导体对光的吸收系数小于直接带隙。石墨烯是零带隙半导体，MoS_2 是一种间接带隙半导体，而黑磷是直接带隙半导体材料。黑磷这一特性填补了零带隙石墨烯和间接带隙 MoS_2 等其他二维材料应用时的空白[32]，有望成为两者应用的桥梁，使得它在热电、光纤、热成像、光电等领域具有广阔的应用前景[33]。

（1）层数对带隙的影响

研究结果表明，黑磷层数的增加会导致其布里渊区的能带分裂，从而使得黑磷带隙值减小。大块黑磷的带隙值约为 0.3 eV，而单层黑磷的带隙值能达到 2.0 eV[11, 34]，少层黑磷的带隙值则介于 0.3～2.0 eV 之间。不难发现，从少层黑磷到块体黑磷，其带隙是逐渐降低的，尤其是从单层到三层，黑磷的带隙值急剧下降[35]。带隙值的急剧下降可归因于量子限域效应[36]。对于黑磷带隙大小可通过层数调节的现象，Qiao 等[12]结合计算结果提出，随着层数的增加，层与层之间的相互作用导致的能带劈裂是带隙减小的根本原因。

（2）应力对带隙的影响

研究表明，二维材料的带隙会随着应力的改变而发生变化。Rodin 等[37]采用密度泛函理论（DFT）以及紧束缚模型预测了黑磷带隙与应力的关系，研究表明，施加垂直于平面的单轴压力可减小黑磷的带隙，使其发生从半导体到金属的转变。Peng 等[38]通过 DFT 计算发现，单轴应力可使单层黑磷的带隙实现直接-间接-直接的转变。此外，Manjanath 等[39]发现双层黑磷中也会出现类似的现象。Liu 等[40]发现在二维黑磷面内施加应力时，带隙随施加应力的具体变化如图 1-2 所示。当面内压缩达到 5%时，二维黑磷会从直接带隙变为间接带隙，同时还会使得带隙有所减小（从 1.0 eV 降到 0.5 eV）。而当拉伸量达到 5%时，会使得带隙有所增加（从 1.0 eV 增加到 1.2 eV）。

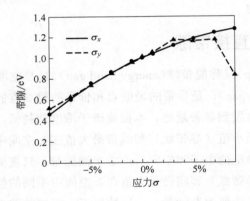

图 1-2

单层黑磷带隙受 x（扶手椅形）方向及 y（锯齿形）方向应力时的变化[40]

1.2.2 强的面内各向异性

由于单层黑磷特殊的褶皱结构降低了其对称性，因此，黑磷晶体沿扶手椅形和锯齿形方向的各种性质均存在很强的各向异性，而且，与其他二维材料如 MoS_2、石墨烯等相比，黑磷的各向异性更为明显、更加强烈。

（1）光学各向异性

可调的直接带隙使得黑磷具有较宽范围（从紫外光到红外光）的光学吸收性能，其光学吸收性能表现为明显的各向异性，而黑磷的光学各向异性又是由各向异性能带结构在不同方向的带间跃迁产生的[41]。有研究表明黑磷的吸收光谱与其层数及尺寸大小、结构形貌均有联系[42]。Qiao 等[12]在不同的偏振光下采用介电函数计算了块体黑磷和少层黑磷的光学吸收光谱，结果表明，在扶手椅形和锯齿形方向上，随着介质极化层数的增加，吸收能均呈下降趋势。但扶手椅形方向（单层黑磷从 1.55 eV 降至块体黑磷的 0.46 eV）的降速要快于锯齿形方向（从 3.14 eV 降至 2.76 eV）。此外，锯齿形偏振光的吸收能量比扶手椅形偏振光的吸收能量要高得多，这说明锯齿形方向不利于偏振光的吸收，这些都是其光学各向异性的表现。Ling 等[13]通过实验和理论方法进一步证实，偏振可见光更容易被扶手椅形方向吸收。

（2）导热各向异性

黑磷不仅具有良好的光学吸收性能，还具有优异的导热性。同样，黑磷在导热方面也存在各向异性。Qin 等[43]计算了黑磷的热导率，在 300 K 时，沿锯齿形方向的热导率为 30.15 W/（m·K），而扶手椅形方向的热导率仅为 13.65 W/（m·K）。Zhang 等[44]利用非平衡分子动力学研究了黑磷的大小、层数和应力对热导率的影响，结果表明，随着层数的变化，热导率的变化非常小。此外，还研究了黑磷沿锯齿和扶手椅形方向的热导率，其值分别为 42.553 W/（m·K）和 9.891 W/（m·K），这与 Qin 等的研究结果类似。此外，他们还评估了黑磷的厚度与热导率的相关性。当厚度大于 15 nm 时，黑磷沿锯齿形和扶手椅形方向的热导率分别为 40 W/（m·K）和 20 W/（m·K），当厚度减小时，热导率分别降到 20 W/（m·K）和 10 W/（m·K）[45]。然而，该研究结果与 Zhang 等[44]的发现相矛盾，这归因于后者是对理想晶体的理论研究，没有考虑其他因素的影响，例如杂质、缺陷等。

（3）载流子迁移各向异性

黑磷又一重要特性是其高的载流子迁移率[46-48]。室温时，黑磷薄膜[26, 49]具有较高的载流子迁移率，范围在 600～1000 cm²/（V·s）。研究表明[40]，黑磷的载流子迁移率与其厚度密切相关，表现为黑磷的厚度越薄，其载流子迁移率越高。当黑磷厚度为 15 nm 时，黑磷膜显示了 650 cm²/（V·s）的迁移率；当厚度为 10 nm 时，黑磷膜的载流子迁移率可以达到 984 cm²/（V·s）。此外，电荷迁移率也与有效质量有关，即电荷迁移率是载流子质量的函数。电荷的有效质量也表现出各向异性，沿扶手椅形方向，空穴和电子的有效质量分别为 0.15 m_0 和 0.17 m_0。沿锯齿形方向，空穴和电子的有效质量分别为 6.35 m_0 和 1.12 m_0。基于第一性原理计算，锯齿形方向的电子迁移率约为 80 cm²/（V·s），是扶手椅形方向的电子迁移率的 1/14 [1100～1140 cm²/（V·s）]。相比之下，锯齿形方向的空穴迁移率为 10000～26000 cm²/（V·s），约为扶手椅形方向 [640～700 cm²/（V·s）] 的 40 倍，这也进一步说明黑磷高的载流子迁移率是由空穴占主导地位的。2014 年，Qiao 等[12, 50]深入研究了单层、多层和块状黑磷的各向异性载流子输运，发现与其他层状结构相比，单层黑磷烯在锯齿形方向上表现出极高的空穴迁移率。Guo 等[51]通过理论计算系统地研究了黑磷纳米带、黑磷纳米管、多层黑磷烯等的电子性能。研究结果表明，黑磷的电子性能与其结构形貌有很大的关系。对于黑磷纳米带，锯齿形方向表现为金属特性，而扶手椅形方向表现为间接带隙的半导体性能。对于黑磷纳米管所有扶手椅形和锯齿形方向均表现为具有直接带隙的半导体性能。而对于黑磷烯，如前所述，黑磷烯是一种半导体材料，具有随层数可调的直接带隙。

（4）力学性能各向异性

除了在以上几个方面存在各向异性之外，黑磷的各向异性还表现在其力学性能上。黑磷在高压下经历了两次可逆的结构变化，在 5.5 GPa 的压力下，黑磷晶体在室温下从正交晶系转变为菱形晶系。当压力增加到 10 GPa 时，晶体经历了从菱形晶系到简单立方晶系的转变。当压力继续上升到 60 GPa 时，简单立方相保持稳定[52, 53]。当黑磷晶体的厚度减小到纳米级别甚至单层时，尽管泊松比为负[54]，其各向异性仍然存在[55, 56]。Guan 等[57]在层内施加高达 2%的压缩和拉伸应变，发现层间间距的变化总是小于 1%。基于密度泛函理论，Wei 等[58]发现单层黑磷在两个方向的临界拉伸应变分别为 30%和 27%。对于双层或多层黑磷，发现两个方向的临界拉伸应变分别为 32%和 24%。Wang 等[59]通过连续力学模型测量了厚度为 14.3～34 nm 的黑磷纳米片（BPNSs）的弹性模量和预应变。结果表明，随着厚度的增加，弹性模量逐渐减小，最大值为 276（±32.4）GPa。此外，黑磷的有效应变和破坏应力分别为 8%～17%和 25 GPa。如前所述，外力引起的结构变化将显著影响能带结构，这对半导体材料是至关重要的。

2016 年，Wu 等[60]证实了单层黑磷比其他材料拥有更好的可逆单向应变，可对记忆存储器的研究起到很好的指导作用。因此，外力作用下一系列性质的各向异性变化均源自其结构的改变。鉴于此，力学性能各向异性在许多方面赋予了黑磷实质性的贡献。尽管如此，黑磷的泊松比相对较小，断裂强度不令人满意，限制了其在柔性电子器件中的应用。因此，Liu 等[61]用分子动力学方法研究了断裂机制，提出沿扶手椅形方向的拉伸断裂是由于沿锯齿形方向层间键的断裂造成的。

1.2.3　高的理论比容量

与石墨相比，黑磷具有较大的层间距，且层内呈现出独特的褶皱蜂窝状结构，因此可以储存更多带电离子，这使得黑磷理论比容量高达 2596 mA·h/g，约是商业化石墨材料（372 mA·h/g）的 7 倍。Park 等[62]首次发表了将黑磷作为锂离子电池负极材料的研究成果。阐述了黑磷在储锂过程中发生了这样的反应：$BP \rightarrow Li_xP \rightarrow LiP \rightarrow Li_2P \rightarrow Li_3P$，也就是说，当每个磷原子捕获 3 个锂离子时，黑磷的比容量可以达到最大值。总之，黑磷具有高的理论比容量，可将其很好地应用于锂离子电池、钠离子电池、锂-硫电池等储能领域，具体内容将在第 3 章作详细的阐述。

1.2.4　良好的导电性

黑磷良好的导电性是其作为储能电池负极材料的前提之一。在磷的同素异形体中，黄磷和红磷不适合用作储能电池负极材料。黄磷不稳定，在空气中易燃并产生有毒的磷氧化物，不能用作电极材料；红磷虽然在空气中比较稳定，但其存在电绝缘性（不导电）。因此，从安全性及导电性考虑，黑磷更适合用作电极材料，其纳米化产物黑磷烯的载流子迁移率约为 1000 $cm^2/(V \cdot s)$[12, 17, 63]。此外，根据 Zeng 等[64]通过密度泛函理论第一性原理计算的结果表明，以黑磷为负极材料组装的电池具有良好的导电性和快速充放电的能力。但是，总的来说，单一黑磷作为电池材料应用于储能领域时，其导电性较差，所以往往将黑磷与高导电材料（如石墨）复合产生协同作用，以提高材料的导电性。

1.2.5　其他性质

除了上述特性外，黑磷还具有一些特殊性质，包括随厚度变化的频率变化[65]、温度相关声子位移[66]、优良的非线性光学性能[42, 67, 68]、光致发光猝灭效应[69]及良好的生物相容性[70-72]等。总之，黑磷作为一种新型材料，具有与其他二维材料相似的特性，而大部分性能又优于其他二维材料，如其高的载流子迁移率、强的各向异性、可调的直接带隙等。这些独特的性能使得少层黑磷成为未来光电领域的一种很有前途的候选材料[73]。但是单层或少层黑磷是不稳定的，在空气及光照的条件下会生成磷酸而被降解，如何增强单层或少层黑磷的稳定性也是研究者们一直想要解决的一大问题，尽管通过复合、掺杂、修饰、包覆等手段在一定程度上可避免纳米黑磷氧化分解[74-78]，但目前仍不能从根本上解决其稳定性低，以及暴露在空气中很长时间而不被氧化分解的问题。

1.3　黑磷的制备

研究至今，已经有多种方法可以制备出黑磷，如高压法、机械球磨法、汞回流法、铋熔化法、矿化法等。结合其制备原理，众多的制备方法可以归纳为加压法制备技术和催化法制备技术。加压法制备技术的原理是通过高压使磷原料（红磷或白磷）发生相变，从而制备出黑磷，高压法和机械球磨法都属于加压法制备技术；催化法制备技术是通过加入催化剂，从而降低反应的活化能，最终在很小的压力（与高压法相比）甚至常压下制备出黑磷，铋熔化法、汞回流法和矿化法都属于催化法制备技术。

1.3.1　加压法制备技术

（1）高压法

黑磷的制备最早源于高压法。早在 1914 年，美国物理学家 Bridgman[79, 80]在研究压强对白磷熔点的影响时，意外发现在一定的压力及温度下可以通过白磷制备黑磷，也因此成为了首个制备出黑磷的科研人员。Bridgman 的制备方法是将白磷加入含有煤油的高压钢瓶中，在室温下，压力逐渐升高到 0.6 GPa 左右，直到白磷溶解在煤油介质里，然后升温到 200 ℃，提高压力到 1.2 GPa 并保持 30 min。然而，白磷具有强的腐蚀性，易与钢制容器发生反应，使得制备黑磷的纯度受到很大的影响，同时，反应器的使用寿命也会降低，无形中增加了黑磷的制备成本。1937 年，Jacobs 等[81]在高的静水压（1.1～1.6 GPa）及高温条件下也成功制备出了黑磷。1957 年，Keyes[82]对传统的高压法制备黑磷进行了更进一步的探索，他发现将压力提高至 1.3 GPa，温度维持在 200 ℃也能成功制备出黑磷，和之前不同的是，由于压力的提高，生成黑磷的时间缩短到几分钟。但是，该方法制备出的黑磷为多晶，粒径较小（约 0.1 mm）且存在缺陷。

20 世纪中后期，日本的几个科研团队以相对稳定的红磷为原料，通过高压法成功制备出了单晶黑磷。Shirotani 等[83]使用高压装置在 270 ℃的温度及 3.8 GPa 的高压下制备出了较大尺寸（4 mm×2 mm×0.2 mm）的单晶黑磷。然而，如此高的压强不仅需要高的造价成本，还存在一定的安全隐患。基于此，Akahama[84]使用了如图 1-3 所示的装置图，同时使用比之前低的压强（1 GPa），提高黑磷的制备温度至 900 ℃，使用缓慢降温的程序（以 0.5 ℃/min 的速度将反应温度从900 ℃降温到 600 ℃）制备出了尺寸为 5 mm×5 mm×10 mm 的单晶黑磷。2012 年，Sun 及 Dahbi 等[85,86]把红磷粉末置于 200～800 ℃及 2～5 GPa 的高压装置下静待片刻，制备得到直径为 8 mm 的黑磷球团，并首次将其应用于锂离子电池负极材料。

虽然高压法可在较短的时间内制备出黑磷，并且具有较好的重现性，但是，由于制备黑磷块体的尺寸较小，制备成本很高，单次制备规模小，需要很高的压力，具有一定危险性，并且大多数实验室和生产部门很难配备高温高压设备，故高压法不适用于黑磷的规模化生产。

（2）机械球磨法

机械球磨法是指利用球磨机的高能量将红磷在球磨介质的无序撞击下制备黑磷的一种方法。严格来讲，机械球磨法与高压法类似，也是利用高压手段使得红磷发生相变，从而制备出黑磷的一种方法。

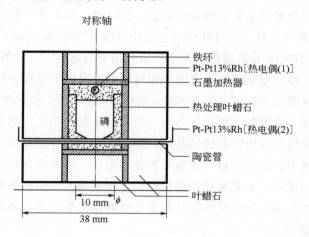

图 1-3

高压法制备黑磷装置平面示意[84]

1943 年，Günther 等[87]首次通过机械球磨法制备出了黑磷。在此基础上，Suryanarayana[88]通过行星式球磨机和混合式球磨机制备出了黑磷。为了防止制备过程中黑磷被氧化，Park 等[62]使用高能球磨机制备黑磷，同时往里面通入氩气作为惰性保护气以防止黑磷被氧化，球磨 54 h 制备出了黑磷。Nagao 等[89]对比了两种不同类型球磨机（行星式球磨机和混合式球磨机）制备黑磷的晶型，图 1-4（b），（c）为两种不同类型球磨机制备黑磷的 X 射线衍射（XRD）对比图，发现不同类型球磨机制备出的黑磷晶型不同，混合式球磨机制备得到的黑磷结晶性更好，但总体来说，球磨法制备的黑磷晶型都比较差。

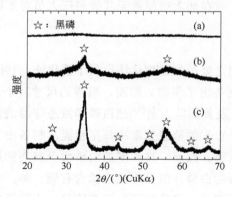
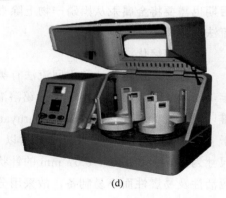

图 1-4

（a）红磷的 XRD 图谱；（b）行星式球磨得到的黑磷的 XRD 图谱；（c）混合式球磨得到的黑磷的 XRD 图谱；（d）球磨机实物图[89]

随着对黑磷应用的不断探索，单一黑磷的性能已经不能满足应用的需要，所以球磨法也被用于黑磷基复合材料的制备。2014 年，Sun 等[90]利用机械球磨法制备了黑磷/石墨复合材料，并将其应用于储能领域。2020 年，Jin 等[91]采用高能球磨法制备得到 BPNSs 与石墨纳米片平行排列的复合材料，这种复合材料通过磷-碳共价键连接，将其用于锂离子电池负极材料时表现出了优异的储能性能。

尽管机械球磨法能够成功制备黑磷，但球磨时间较长，往往需要几十个小时。此外，球磨过程不易控制温度及压力等一些关键参数，不同的球磨机制备出的黑磷晶型有差异且均呈现出较差的结晶性，这对黑磷后续的应用将产生不利的影响，故机械球磨法也不适用于黑磷的规模化制备。但是，球磨法在制备黑磷基复合材料时具有一定的优势，从其发展趋势也可以看出科研人员偏向于利用球磨法制备复合材料。总的来说，如何制备出具有良好结晶性的黑磷是机械球磨法长远发展需要解决的问题。

1.3.2 催化法制备技术

（1）汞回流法

从理论上来讲，汞回流法是一种催化法。Krebs 等[92]于 1955 年首次报道了一种利用金属汞来制备黑磷的方法。与高压法及机械球磨法相比，汞的催化作用降低了白磷向黑磷转变所需的活化能，所以，汞催化法很大程度上降低了黑磷制备的压强，仅仅需要 350～450 atm 便可合成黑磷。他们把白磷与金属汞混合在一起后放入压力容器中，升温到 370～410 ℃，保温数天后制备出毫米尺寸的黑磷。

虽然汞回流法能够在相对温和的条件下制备出块状黑磷，但是，制备的黑磷尺寸较小（仅为毫米级别），耗时长，并且金属汞对人体及环境都有很大的危害，后期也需要将金属汞从黑磷产物上除去，故在此之后便再无其他科研人员对汞回流法制备黑磷进行研究。

（2）铋熔化法

实际上，铋熔化法和汞回流法有类似之处，故铋熔化法也属于催化法。1965年，Brown 等[93]将白磷溶于液态铋溶液制备出了黑磷。然而，黑磷的尺寸较小，难以对其进行表征。1981 年，Maruyama 及其团队人员[94]把白磷和液态铋溶液置于 400 ℃的温度下反应 20 h，然后以 18 ℃/h 的降温速率冷却至室温，制备出了尺寸为 5 mm×0.1 mm×0.07 mm 的针状黑磷。然而，高纯度的白磷由于其高的反应活性及易燃性而不易制备，故采用分析纯白磷，但分析纯白磷含有硫、砷、硒等杂质，反应时难免会混入制备得到的黑磷中，导致黑磷的纯度降低，不利于后续应用。与白磷相比，红磷具有较高的稳定性，但是红磷不溶于液态铋，因此该方法不适用于以红磷为原料制备黑磷。为了以更加稳定的红磷为原料制备黑磷，

1989 年，Baba 等[95]对传统铋熔化法的装置进行了改进（图 1-5）。他们在氩气气氛下将红磷和铋颗粒分别置于装置的左边和右边，抽真空密封后，对红磷进行热处理，热处理后便在铋粉上方得到了高纯的白磷［图 1-5（a）］。随后取下右边装置［图 1-5（b）］，再加热铋将二者混合反应，在 400 ℃下保温 48 h 后降至室温，制备出了平板状及针状的黑磷晶体，最后用硝酸溶液除去黑磷表面的金属铋，以获得纯度较高的黑磷。其中，针状晶体长约 5 mm，厚 10～100 μm，薄膜或平板晶体的厚度在 1～10 μm，宽度在 100 μm 以上。直接使用高纯度无毒的红磷为原料制备黑磷，不仅避免了黑磷产物中杂质的形成，而且工艺相对安全。

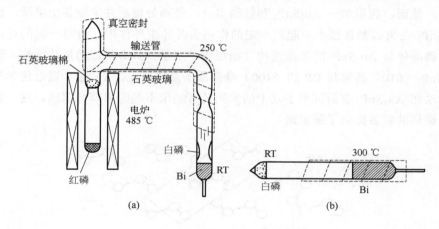

图 1-5

铋熔化法制备黑磷装置示意[95]

尽管铋熔化法能制备出黑磷，并且改进的操作过程更容易控制，但是终究涉及了有毒易燃的白磷，反应时间较长，制备的黑磷尺寸较小，而且，该过程消耗了大量的金属铋，后期还需要使用强酸把金属铋除掉，产生的废液会污染环境。因此，该路线应进一步改进，缩短时间并降低成本，寻找廉价的替代溶剂和优化工艺条件是必不可少的。

（3）矿化法

高压法制备黑磷需要极高的压力，不仅对实验设备要求极高，而且有一定的危险性。汞催化法、机械球磨法及铋熔化法又由于方法本身的局限性而难以规模化应用。矿化法则弥补了以上方法的不足。矿化法是将红磷与矿化剂按一定比例混合后，在惰性气氛或真空条件下经一系列升降温程序热处理制备得到黑磷的一种方法。矿化法命名的由来主要是由于早期黑磷制备机理不清楚，故将其命名为矿化法。事实上，随着研究的不断深入，矿化法就是催化法，制备黑磷时加入的矿化剂实际上扮演了整个反应中催化剂的角色，更确切地说，矿化剂和红磷在一定的温度下反应生成了催化剂。矿化法制备的黑磷具有良好的结晶性，且该法重现性高、绿色无毒，是实现黑磷的低成本、规模化制备最有潜力的一种方法，所以自从矿化法被提出以来，一直被国内外研究人员用于黑磷的制备，并取得了优异的研究成果。根据矿化剂成分的不同，矿化法主要分为三种不同的体系，即贵金属（Au）体系、RP-Sn-I_2/ SnI_2/ SnI_4 体系及 RP-$Sn_{24}P_{19.8}I_3$ 体系。

① 贵金属（Au）体系。2007 年，德国科研人员 Lange 等[96]首次以红磷为原料，金（Au）、锡（Sn）和碘化高锡（SnI_4）为矿化剂，在 600 ℃及常压下保温 5～10 天制备黑磷，并对反应中的成分进行了分析，发现 Au_3SnP_7 是生成黑磷的必要成分。然而，利用单一 Au_3SnP_7 和红磷混合，经热处理后并未制备出黑磷，说明 Au_3SnP_7 在黑磷制备过程中起到一定的作用但并非主导作用。值得一提的是，根据黑磷晶体与 Au_3SnP_7 的单晶结构（如图 1-6 所示）具有类似的拓扑结构，而且 Au_3SnP_7（010）晶面与 BP 的（100）晶面原子晶格匹配，Xu 等[97]通过化学气相传输法在 Au_3SnP_7 表面沉积了几十纳米到几百纳米不等的黑磷烯薄膜，这一发现为黑磷烯的制备提供了新思路。

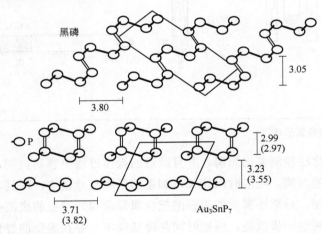

图 1-6

黑磷晶体结构的剖面图（100 面，上部）与 Au_3SnP_7 晶体原子排布（010 面，下部）[96]，类似的 P 环片段用实心黑线突出显示

2008 年，Nilges 等[98]通过对工艺条件进行优化，将 SnI_4 和 AuSn 作为矿化剂与红磷一起放入石英管中，抽真空密封后进行升降温程序，大大缩短了黑磷的制备时间。具体步骤为：在 25 ℃的室温下以 6.25 ℃/min 的速率升温至 400 ℃并保温 120 min，然后以 3.3 ℃/min 的速率升温至 600 ℃并保温 23 h，接下来以 0.67 ℃/min 的降温速率降至 500 ℃，最后在 4 h 内冷却至室温，整个过程将原来的 5～10 天缩短为大约一天半。此外，他们还发现了石英管在一个小的温度梯度内（$\Delta t \approx 45$ ℃）可以使得黑

磷与杂质进行分离，这一发现对后续的研究工作具有重要的启发意义。

基于贵金属体系的矿化法虽然能够成功制备黑磷，然而，贵金属金的使用极大地提高了黑磷的制备成本，而且，整个过程需要反应很长的时间。此外，制备的黑磷含有红磷、锡化物等多种杂质，制备过程缺乏一个完整的净化流程，亟须改进。

② RP-Sn-I_2/SnI_2/ SnI_4体系。基于贵金属体系的矿化法用到了昂贵的金属金，极大地增加了黑磷的制备成本，RP-Sn-I_2/ SnI_2/ SnI_4体系的出现解决了成本问题。同时，这一体系耗时较短、重现性高、制备条件较为温和，被科研人员广泛用于黑磷的制备研究。

为了降低黑磷的制备成本，Köpf 等[99]于 2014 年继续对矿化法制备黑磷进行了更深层次的研究。与之前不同的是，本次研究使用了 SnI_4 和 Sn 作为矿化剂，不涉及贵金属金，最后制备出了具有良好晶体质量的黑磷。如图 1-7（a）所示，该方法制备了几毫米尺寸的块状黑磷。由室温加热到 650 ℃之后（以 200 ℃/h 的速率升温），保温 30 min 后冷却至 500 ℃并保持温度 1 h，最终冷却至 156 ℃。在 500 ℃保温期间黑磷开始结晶，诱导期大约 50 min，刚好是在温度降低之前 10 min 开始。如图 1-7（b）、（c）所示，他们通过原位中子衍射观察了黑磷的形成温度及时间，发现黑磷是直接通过气相形成的，并且反应过程仅持续几分钟，整个过程显示黑磷是唯一存在的晶体形式，没有其他结晶相。

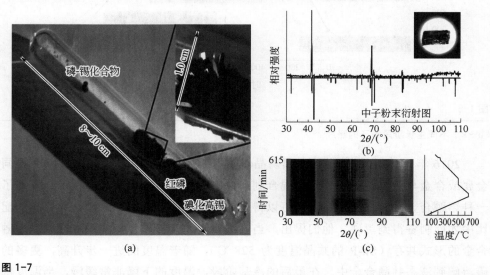

图 1-7

（a）石英管内合成的黑磷照片；（b）黑磷的中子衍射图；（c）原位中子衍射实验的二维热图及其应用的升温体系[99]

Nilges 等以 SnI_4 和 Sn 为矿化剂制备黑磷的举措很大程度上降低了黑磷的制

备成本，但在黑磷制备过程中什么物质在起作用，起到什么样的作用以及如何起作用，这些问题仍不清楚。于是，国内外课题组也纷纷对基于矿化法制备黑磷的机理进行了研究。2015 年，浙江大学 Zhao 等[100]通过对每一温度段进行退火冷却（如图 1-8 所示），检验各温度段所生成的物质。他们观测到在升温阶段：250 ℃时生成浅黄色气体，495 ℃时红磷升华，管内充满红色气体，590 ℃时红磷完全升华，管内充满深红色气体；降温阶段：590～525 ℃生成深红色固态物质，500 ℃时生成条状黑磷，降温到 250 ℃时生成透明的黑磷微带。机制推测如下：①室温下以红磷、Sn、I_2 为原料；②升温时（25～400 ℃），碘单质气化，金属锡液化，存在化学反应 $Sn + I_2 \longrightarrow SnI_2$（g）；③400～590 ℃，红磷气化，$P_4$ 分子与 Sn 和 SnI_2 发生反应生成 P-Sn-I（g）；④降温时（590～520 ℃），气态的 P-Sn-I 冷凝结成固态的 P-Sn-I；⑤520～250 ℃，P_4 分子在固态 P-Sn-I 的催化作用下生成黑磷晶体。

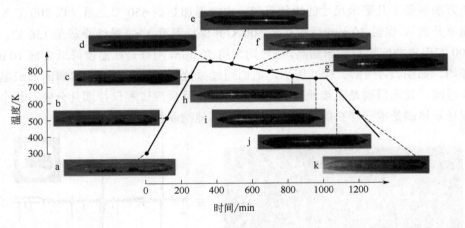

图 1-8

（a～k）不同生长阶段管子的照片[100]

2016 年，Zhao 等[101]继续对黑磷晶体的生长进行研究。将 Sn、Pb、In 等不同金属或合金与碘及碘化物、红磷混合制备黑磷的相关情况如表 1-1 所示，提出了一种熔融合金机制。从表 1-1 中可以得知在有特定的金属和碘或碘化物存在的配比中才能制备得到黑磷。他们提出，当温度升到 527 ℃时，金属锡和红磷以熔融合金的形式共存（Sn-P 的共晶温度为 528 ℃），随着温度的进一步升高，更多的磷溶解到液态共晶合金中。在最后的冷却阶段，温度的下降非常缓慢，当温度低于共晶温度时，磷从液态合金中析出转变成黑磷，而矿化剂（I_2 及其化合物）的存在主要起两个作用，一是可以提高磷的溶解度，二是促进磷蒸气的迁移。所以，碘元素的存在及磷在液态金属中的溶解度是生长黑磷的两个关键因素。

表 1-1　32 种金属组合对形成黑磷形貌及转化率的影响[101]

序号	原材料			是否长出黑磷	黑磷形貌	黑磷转化率/%（质量分数）
1	红磷	Sn	I_2	是	带状	95
2	红磷	Sn	SnI_4	是	带状	96
3	红磷	Sn	PbI_2	是	带状	91
4	红磷	Sn	NH_4I	是	带状	82
5	红磷	Sn	BiI_3	是	带状	67
6	红磷	Sn	PI_3	是	带状	97
7	红磷	Sn	$SnCl_2$	否	—	—
8	红磷	Sn_4P_3	I_2	是	带状	97
9	红磷		Sn	否	—	—
10	红磷		SnI_4	否	—	—
11	红磷	Pb	I_2	是	细条	79
12	红磷	Pb	PbI_2	是	带状	<10
13	红磷	Pb	SnI_4	是	带状	24
14	红磷	Pb	NH_4I	是	带状	<10
15	红磷		Pb	否	—	—
16	红磷		PbI_2	否	—	—
17	红磷	In	SnI_4	是	管束	62
18	红磷	In	BiI_3	否	—	—
19	红磷	In	NH_4I	否	—	—
20	红磷	In	I_2	否	—	—
21	红磷	Cd	I_2	否	—	—
22	红磷	Cd	BiI_3	否	—	—
23	红磷	Cd	PbI_2	是	碎块	<10
24	红磷	Cd	SnI_4	是	碎块	<10
25	红磷	Bi	SnI_4	是	管束	38
26	红磷	Bi	I_2	否	—	—
27	红磷	Bi	NH_4I	否	—	—
28	红磷	Bi	BiI_3	否	—	—
29	红磷	Fe-Sn 合金	I_2	是	带状	86
30	红磷	Mn-Sn 合金	I_2	是	带状	83
31	红磷	Bi-Pb 合金	I_2	是	带状	22
32	红磷	Sb-Pb 合金	I_2	是	带状	47

在之前的研究工作中，虽然 Zhao 等提到了 P-Sn-I 络合物起催化作用，但是仍不清楚 P-Sn-I 络合物的物质结构以及如何起作用。针对这一问题，2017 年，Li 等[102]结合黑磷的形成温度范围及生长模型做进一步的研究，确定了 P-Sn-I 络合物的化学式为 $Sn_{24}P_{22-x}I_8$［如图 1-9（a）、（b）和（c）］，并提出一种"气-固-固"相的生长机制［如图 1-9（d）］，即气态的磷蒸气在 $Sn_{24}P_{22-x}I_8$ 三元络合物（x 为磷空位缺陷，约等于 2.7）表面催化生成黑磷的过程。他们还指出红磷、锡、碘按一定的比例进行封装，其中 Sn：I＞2：1（原子比）才能制备出黑磷。在开始加热的过程中原料物生成气态的 P_4 分子和 SnI_2（g），在 600～520 ℃的降温过程中转化为三元络合物，而在接下来的 520～420 ℃是黑磷在固态三元络合物表面催化生长的过程。

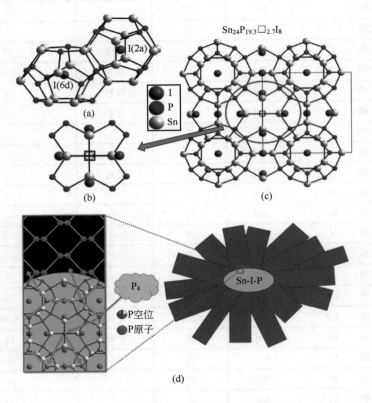

图 1-9

（a）$Sn_{24}P_{22-x}I_8$ 中的 Sn 和 P 原子形成的五边形十二面体和十四面体框架，其中两种不同类型的 I 原子（2a 和 6d）位于每个多面体的中心；（b），（c）$Sn_{24}P_{22-x}I_8$ 晶体结构，其中由部分占据的 P_2 原子引起的空位□被突出显示；（d）假定的生长机制[102]

Li 等[102]提出的矿化法制备黑磷的新机制及 $Sn_{24}P_{22-x}I_8$ 三元络合物催化剂的结构受到了很多同行的关注。但是，该制备方法采用价格较高的高纯红磷为原料，且 $Sn_{24}P_{22-x}I_8$ 三元络合物制备过程耗时较长（反应时间长达 10 天），不利于黑磷的高效制备。此外，他们提出的黑磷气-固-固相原位生成机制还有待进一步探究。

针对以上问题，昆明理工大学磷化工课题组[103-105]开展了矿化法制备黑磷的一系列研究，为黑磷的低成本、规模化制备奠定了坚实的基础。①针对矿化法制备黑磷所用原料大都是高纯红磷（约 34.4 元/克）导致黑磷制备成本较高的现状，开发了一种以分析纯红磷（约 0.2 元/克）为原料制备黑磷的方法（黑磷收率高达 98%），一定程度上降低了黑磷的制备成本；②针对矿化法制得的黑磷含有红磷、锡化物、碘化物等杂质的问题，开发了一种净化黑磷的方法，实现了以分析纯红磷为原料制备高纯黑磷的目标；③针对矿化法制备黑磷存在锡、碘等物质消耗且导致制得的黑磷含有杂质需要净化的问题，探讨了矿化法制备黑磷的机理，阐明矿化法实际上就是催化法的理论。并对 $Sn_{24}P_{22-x}I_8$ 三元络合物催化剂的制备程序进行优化以缩短制备时间（缩短至约 20 h）。开发出了可循环使用催化剂的方法，实现了催化剂重复使用且制得的黑磷无需净化就可以达到较高纯度的目的（能谱分析结果表明该方法制得的黑磷未经净化也不含有任何杂质）。同时，提出了一种不同于 Li 等的黑磷的生长机制，机理如图 1-10 所示，从室温到 500 ℃过程中，红磷气化形成 P_4 分子（三元络合物在 500 ℃是以固体形式存在的），在 500 ℃保温过程中三元络合物活化 P_4 分子，使其具有活性，多个 P_4 分子可自发形成气态的 P_{6n} 分子，多个气态 P_{6n} 分子结合形成黑磷晶种。后续的降温过程是黑磷长大的过程，而未活化的 P_4 分子和未转化成黑磷的 P_{6n} 分子在降温过程转化为红磷或白磷。即黑磷的生长过程存在气态过渡态 P_{6n} 分子，提出了黑磷生长的"气-固-气"（V-S-V）相生成机制。

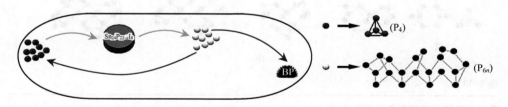

图 1-10

黑磷的形成机理示意[105]

实际上，Shriber 等[106]于 2018 年通过密度泛函理论计算模拟了液态磷中黑磷核和红磷核的生长过程，也证明了黑磷制备过程中存在中间态，在特定的温度和压力下存在中间态向红磷和黑磷转化的竞争，而催化剂的添加使得中间态更倾向于黑磷的转化，但是，这个中间态的具体结构式不清楚。他们将红磷和黑磷的生长过程分别模拟成由连续添加的 P_4 分子组成一维（红磷管）和二维（黑磷片）的聚合过程（如图 1-11 所示）。通过理论计算，当 P_4 分子个数 $N>75$ 时才会以黑磷晶体形式存在，反之以红磷形式存在。并研究压力对黑磷合成的影响，随着压力升高，红磷和黑磷之间的能量差逐渐增大，更有利于黑磷的转化。在较高的压力下，这种熔化后的缓慢冷却过程有利于黑磷的形成，这是由于红磷核的失稳所致。在较低的压力和没有催化剂（Sn/I 化合物）的情况下冷却会导致红磷的重组，有催化剂存在时便得到黑磷。为进一步降低黑磷的制备成本，开展了以工业黄磷为原料催化法制备黑磷的研究工作，黑磷收率可以达到 96% 以上。以黄磷为原料制备黑磷可以降低反应温度，更有利于节能降耗。此外，使用低附加值的黄磷来制备高附加值的黑磷，有望为全国磷化工行业的转型升级奠定实践及理论基础，为磷化工产业发展提供新的支撑点，为磷矿资源的高附加值利用提供一条新途径。

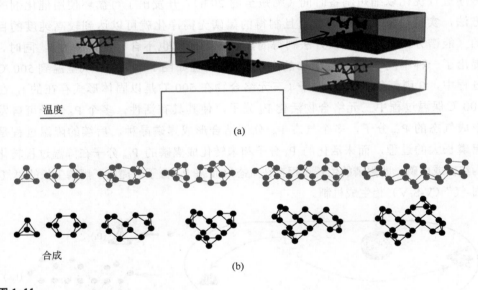

图 1-11

黑磷和红磷的相互竞争合成途径[106]
（a）红磷管在加热时分解成 P_4 分子，当温度再次降低时，再将 P_4 分子组装到黑磷或红磷上；（b）在聚合反应中加入 P_4 分子，形成黑磷或红磷

针对矿化法制备黑磷的机理，仍有一些不一样的看法。例如，2017 年，Zhang 等[107]提出了希拖夫磷（紫磷，HP）是红磷转换为黑磷的中间相的观点。图 1-12 为红磷到黑磷相变过程中成核和生长机制示意图，在恒温加热过程中，他们推测 $Sn_{24}P_{19.3}I_8$ 和 Sn_4P_3 复合物 [反应历程：I_2（s）——I_2（l），RP（s）——P（g），

$Sn(s) \longrightarrow Sn(1)$，$P(g)+I_2(1) \longrightarrow PI_3(g)$，$PI_3(g)+Sn(1) \longrightarrow Sn_{24}P_{19.3}I_8$，$P(g)+Sn(1) \longrightarrow Sn_4P_3$] 中的 P 元素会分离出来，然后在冷区形成 HP。之后，元素 Sn 和 I 可以释放出来，与残留的磷蒸气发生反应。当 P 元素完全转变为 HP 时，$Sn_{24}P_{19.3}I_8$ 和 Sn_4P_3 被吸附在其表面，作为 HP 转化为晶态 HP 的催化中心。随后，在自然冷却过程中，晶态 HP 作为 BP 成核和生长的非均匀成核中心。

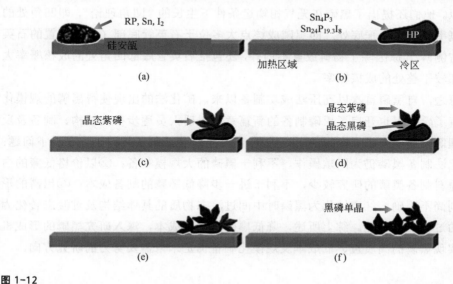

图 1-12

红磷到黑磷相变过程中成核和生长机制示意[107]
（a）初始状态；（b）固体 $Sn_{24}P_{19.3}I_8$ 和 Sn_4P_3 吸附在固体 HP 表面；（c）固态 HP 转化为晶态 HP；（d）晶态 HP 成为晶态黑磷的均相成核位点；（e）黑磷单晶生长；（f）获得高结晶度的黑磷单晶

　　同年，中国矿业大学 Chen 等[108]也提出了类似于 Zhang 等[107]提出的黑磷成核机理——相诱导机制。在没有矿化剂的辅助下，RP 在 550 ℃时转化为 HP。随后，在 $Sn_{24}P_{19.3}I_8$ 催化剂作用下，HP 在 620～485 ℃ 的冷却阶段转化为 BP。并且还发现延长温度在 485 ℃时的保温时间可以使得更多的 HP 向 BP 转化，使得 BP 晶体越来越大。因此，通过延长 485 ℃保温时间，可以提高 BP 的转化率，显著增大黑磷尺寸。总之，研究结果表明，BP 是通过相诱导机制生长的，在催化剂的促进下以 HP 为基础成核，在保温阶段晶体长大，直至 HP 完全反应。此外，南京工业大学 Wang 等[109]在通过矿化法制备黑磷的过程中，也观察到了 HP，认为 HP 是黑磷生长初期的副产品。他们认为 BP 是在 SnI_2 输运的帮助下连续生长的，遵循典型的化学蒸气传输过程。更具体地说，气态 SnI_2 分子首先在高温区与气态 P_4 分子反应，形成 $Sn_{24}P_{19.3}I_8$。中间化合物随后迁移到温度稍低的区域，在那里形成生长位点，值得注意的是，他们也提到了中间化合物的存在[106]。随后，中间化

合物与 $Sn_{24}P_{19.3}I_8$ 反应，生成 BP 并释放 SnI_2 用于进一步反应。反应会像聚合过程一样发生，直到大部分 P_4 分子被消耗掉。最后，当温度降低时，气态 SnI_2 分子在温度较低的区域随机沉积。云南师范大学杜凯翔等[110]则认为在黑磷生长过程中，$620\sim550\ ℃$ 间会生成 HP。$500\ ℃$ 是无气相输运条件下黑磷的生长温度，延长该温度下的保温时间有助于黑磷单晶的生长，提高转化率，这与 Chen 等[108]的结论相类似。他们还提出了黑磷在无气相输运条件下生长的"凹角理论"，即凹角处的成核概率总是大于平底处。即黑磷成核点大多位于石英管底部（水平放置的石英管的右侧），其原因除了物料放置不均外，还包括石英管底部凹角处的成核概率大于顶部较平整处的成核概率。

总之，自黑磷首次以高压法成功制备以来，矿化法的出现使得黑磷的规模化制备有了希望，也开启了黑磷制备的新篇章，科研人员逐步在其结构、制备及反应机理等方面取得了许多新的研究进展。然而，矿化法制备黑磷仍存在以下问题：①矿化法制备黑磷仍为间歇操作，不利于黑磷的大规模制备；②以价格低廉的白磷为原料制备黑磷的研究较少，不利于进一步降低黑磷的制备成本；③黑磷的形成机制尚不明确，红磷转化为黑磷时中间过渡态物质的具体结构及过渡态转化为黑磷的过程仍需探究。综上所述，降低黑磷的制备成本，深入研究黑磷的形成机制，实现黑磷的高质量、低成本及规模化制备仍是未来需要努力的研究方向。

参考文献

[1] 高永峰. 国内外磷化工行业发展情况及发展趋势 [J]. 硫磷设计与粉体工程, 2015,（6）: 1-8.
[2] 叶丽君. 我国磷化工现状分析 [J]. 磷肥与复肥, 2010, 25（1）: 6-9.
[3] 问立宁, 叶丽君. 我国磷化工产业现状及发展建议 [J]. 磷肥与复肥, 2019, 34（09）: 1-4.
[4] 贡长生, 梅毅, 何浩明, 等. 现代磷化工技术和应用 [M]. 北京: 化学工业出版社, 2013.
[5] 冉隆文. 精细磷化工技术 [M]. 北京: 化学工业出版社, 2014.
[6] 陶俊法, 杨建中. 中国磷化工行业现状和发展方向 [J]. 无机盐工业, 2011, 43（1）: 1-4.
[7] 陶俊法. 云南磷化工产业浅析 [J]. 云南化工, 1989, 3: 1-7.
[8] 杨陆华, 马光良, 廖昆生. 云南磷及磷酸盐工业发展现状及前景 [J]. 云南化工, 2001, 28（5）: 9-13.
[9] 马航. 云南精细磷化工产业发展概况及转型升级建议 [J]. 云南化工, 2019, 46（11）: 57-63.
[10] Ralph H, Gingrich N S, Warren B E. The atomic distribution in red and black phosphorus and the crystal structure of black phosphorus [J]. The Journal of Chemical Physics, 1935, 3: 351-355.
[11] Li B, Lai C, Zeng G, et al. Black phosphorus, a rising star 2D nanomaterial in the post - graphene era: synthesis, properties, modifications, and photocatalysis applications [J]. Small, 2019, 15（8）: 1804565.
[12] Qiao J, Kong X, Hu Z, et al. High-mobility transport anisotropy and linear dichroism in few-layer black phosphorus [J]. Nature Communications, 2014, 5（1）: 1-7.
[13] Ling X, Huang S, Hasdeo E H, et al. Anisotropic electron-photon and electron-phonon interactions in black phosphorus [J]. Nano Letters, 2016, 16（4）: 2260-2267.
[14] 刘红红, 陆艳, 张文强, 等. 纳米黑磷制备的研究进展 [J]. 磷肥与复肥, 2018, 33（01）: 26-31.

[15] Sun J, Lee H, Pasta M, et al. A phosphorene-graphene hybrid material as a high-capacity anode for sodium-ion batteries [J]. Nature Nanotechnology, 2015, 10（11）: 980-985.

[16] Ren X, Lian P, Xie D, et al. Properties, preparation and application of black phosphorus/phosphorene for energy storage: a review [J]. Journal of Materials Science, 2017, 52（17）: 10364-10386.

[17] Li L, Yu Y, Ye G J, et al. Black phosphorus field-effect transistors [J]. Nature Nanotechnology, 2014, 9（5）: 372.

[18] Ling X, Wang H, Huang S, et al. The renaissance of black phosphorus[J]. Proceedings of the National Academy of Sciences, 2015, 112（15）: 4523-4530.

[19] Kou L, Chen C, Smith S C. Phosphorene: fabrication, properties, and applications [J]. The Journal of Physical Chemistry Letters, 2015, 6（14）: 2794-2805.

[20] Sun Z, Martinez A, Wang F. Optical modulators with 2D layered materials [J]. Nature Photonics, 2016, 10（4）: 227-238.

[21] Low T, Rodin A S, Carvalho A, et al. Tunable optical properties of multilayer black phosphorus thin films [J]. Physical Review B, 2014, 90（7）: 075434.

[22] Jiang Y, Hou R, Lian P, et al. A facile and mild route for the preparation of holey phosphorene by low-temperature electrochemical exfoliation[J]. Electrochemistry Communications, 2021, 128: 107074.

[23] Chen Y, Ren R, Pu H, et al. Field-effect transistor biosensors with two-dimensional black phosphorus nanosheets [J]. Biosensors and Bioelectronics, 2017, 89: 505-510.

[24] Li D, Castillo A E D R, Jussila H, et al. Black phosphorus polycarbonate polymer composite for pulsed fibre lasers [J]. Applied Materials Today, 2016, 4: 17-23.

[25] He H, Wang H, Tang Y, et al. Current studies of anode materials for sodium-ion battery[J]. Progress in Chemistry, 2014, 26（04）: 572.

[26] He L, Lian P, Zhu Y, et al. Review on applications of black phosphorus in catalysis [J]. Journal of Nanoscience and Nanotechnology, 2019, 19（9）: 5361-5374.

[27] Liu H, Du Y, Deng Y, et al. Semiconducting black phosphorus: synthesis, transport properties and electronic applications [J]. Chemical Society Reviews, 2015, 44（9）: 2732-2743.

[28] Iwasaki H, Kikegawa T, Fujimura T, et al. Synchrotron radiation diffraction study of phase transitions in phosphorus at high pressures and temperatures [J]. Physica B+ C, 1986, 139: 301-304.

[29] Appalakondaiah S, Vaitheeswaran G, Lebegue S, et al. Effect of van der Waals interactions on the structural and elastic properties of black phosphorus [J]. Physical Review B, 2012, 86（3）: 035105.

[30] Lei W, Liu G, Zhang J, et al. Black phosphorus nanostructures: recent advances in hybridization, doping and functionalization [J]. Chemical Society Reviews, 2017, 46（12）: 3492-3509.

[31] Castellanos-Gomez A. Black phosphorus: narrow gap, wide applications[J]. The Journal of Physical Chemistry Letters, 2015, 6（21）: 4280-4291.

[32] Wang Q H, Kalantar-Zadeh K, Kis A, et al. Electronics and optoelectronics of two-dimensional transition metal dichalcogenides [J]. Nature Nanotechnology, 2012, 7（11）: 699-712.

[33] Khandelwal A, Mani K, Karigerasi M H, et al. Phosphorene—the two-dimensional black phosphorous: properties, synthesis and applications [J]. Materials Science and Engineering: B, 2017, 221: 17-34.

[34] Shen Z K, Yuan Y J, Wang P, et al. Few-layer black phosphorus nanosheets: a metal-free cocatalyst for photocatalytic nitrogen fixation [J]. ACS Applied Materials & Interfaces, 2020, 12（15）: 17343-17352.

[35] Cai Y, Zhang G, Zhang Y W. Layer-dependent band alignment and work function of few-layer phosphorene [J]. Scientific Reports, 2014, 4: 6677.

[36] Li L, Kim J, Jin C, et al. Direct observation of the layer-dependent electronic structure in phosphorene [J]. Nature Nanotechnology, 2017, 12（1）: 21.

[37] Rodin A S, Carvalho A, Neto A H C. Strain-induced gap modification in black phosphorus [J]. Physical Review Letters, 2014, 112 (17): 176801.

[38] Peng X, Wei Q, Copple A. Strain-engineered direct-indirect band gap transition and its mechanism in two-dimensional phosphorene [J]. Physical Review B, 2014, 90 (8): 085402.

[39] Manjanath A, Samanta A, Pandey T, et al. Semiconductor to metal transition in bilayer phosphorene under normal compressive strain [J]. Nanotechnology, 2015, 26 (7): 075701.

[40] Liu H, Neal A T, Zhu Z, et al. Phosphorene: an unexplored 2D semiconductor with a high hole mobility [J]. ACS Nano, 2014, 8 (4): 4033-4041.

[41] Yang J, Xu R, Pei J, et al. Optical tuning of exciton and trion emissions in monolayer phosphorene [J]. Light: Science & Applications, 2015, 4 (7): e312.

[42] Hanlon D, Backes C, Doherty E, et al. Liquid exfoliation of solvent-stabilized few-layer black phosphorus for applications beyond electronics [J]. Nature Communications, 2015, 6(1): 1-11.

[43] Qin G, Yan Q B, Qin Z, et al. Anisotropic intrinsic lattice thermal conductivity of phosphorene from first principles [J]. Physical Chemistry Chemical Physics, 2015, 17 (7): 4854-4858.

[44] Zhang Y Y, Pei Q X, Jiang J W, et al. Thermal conductivities of single-and multi-layer phosphorene: a molecular dynamics study [J]. Nanoscale, 2016, 8 (1): 483-491.

[45] Luo Z, Maassen J, Deng Y, et al. Anisotropic in-plane thermal conductivity observed in few-layer black phosphorus [J]. Nature Communications, 2015, 6 (1): 1-8.

[46] Xia F, Wang H, Jia Y. Rediscovering black phosphorus as an anisotropic layered material for optoelectronics and electronics [J]. Nature Communications, 2014, 5: 4458.

[47] Doganov R A, O'Farrell E C T, Koenig S P, et al. Transport properties of pristine few-layer black phosphorus by van der Waals passivation in an inert atmosphere [J]. Nature Communications, 2015, 6: 6647.

[48] Churchill H O H, Jarillo-Herrero P. Two-dimensional crystals: phosphorus joins the family [J]. Nature Nanotechnology, 2014, 9 (5): 330.

[49] Deng Y, Luo Z, Conrad N J, et al. Black phosphorus–monolayer MoS₂ van der Waals heterojunction p–n diode [J]. ACS Nano, 2014, 8 (8): 8292-8299.

[50] Li Y, Yang S, Li J. Modulation of the electronic properties of ultrathin black phosphorus by strain and electrical field [J]. The Journal of Physical Chemistry C, 2014, 118 (41): 23970-23976.

[51] Guo H, Lu N, Dai J, et al. Phosphorene nanoribbons, phosphorus nanotubes, and van der Waals multilayers [J]. The Journal of Physical Chemistry C, 2014, 118 (25): 14051-14059.

[52] Clark S M, Zaug J M. Compressibility of cubic white, orthorhombic black, rhombohedral black, and simple cubic black phosphorus [J]. Physical Review B, 2010, 82 (13): 134111.

[53] Burdett J K, Lee S. The pressure-induced black phosphorus to A7 (arsenic) phase transformation: an analysis using the concept of orbital symmetry conservation [J]. Journal of Solid State Chemistry, 1982, 44 (3): 415-424.

[54] Tran V, Soklaski R, Liang Y, et al. Layer-controlled band gap and anisotropic excitons in few-layer black phosphorus [J]. Physical Review B, 2014, 89 (23): 235319.

[55] Morgan S H, Shevlin S A, Catlow C R A, et al. Compressive straining of bilayer phosphorene leads to extraordinary electron mobility at a new conduction band edge[J]. Nano Letters, 2015, 15(3): 2006-2010.

[56] Jiang J W, Park H S. Mechanical properties of single-layer black phosphorus [J]. Journal of Physics D: Applied Physics, 2014, 47 (38): 385304.

[57] Guan J, Song W, Yang L, et al. Strain-controlled fundamental gap and structure of bulk black phosphorus [J]. Physical Review B, 2016, 94 (4): 045414.

[58] Wei Q, Peng X. Superior mechanical flexibility of phosphorene and few-layer black phosphorus[J]. Applied Physics Letters, 2014, 104 (25): 251915.

[59] Wang J Y, Li Y, Zhan Z Y, et al. Elastic properties of suspended black phosphorus nanosheets[J]. Applied

Physics Letters, 2016, 108（1）: 013104.

[60]Wu M, Zeng X C. Intrinsic ferroelasticity and/or multiferroicity in two-dimensional phosphorene and phosphorene analogues [J]. Nano Letters, 2016, 16（5）: 3236-3241.

[61] Liu N, Hong J, Pidaparti R, et al. Fracture patterns and the energy release rate of phosphorene [J].
Nanoscale, 2016, 8（10）: 5728-5736.

[62]Park C M, Sohn H J. Black phosphorus and its composite for lithium rechargeable batteries[J]. Advanced Materials, 2007, 19（18）: 2465-2468.

[63] Xia F, Wang H, Jia Y. Rediscovering black phosphorus as an anisotropic layered material for optoelectronics and electronics [J]. Nature Communications, 2014, 5（1）: 1-6.

[64]Zeng X M, Yan H J, Ouyang C Y. First principles investigation of dynamic performance in the process of lithium intercalation into black phosphorus [J]. Acta Physica Sinica, 2012, 61（24）: 247101.

[65] Luo X, Lu X, Koon G K W, et al. Large frequency change with thickness in interlayer breathing mode significant interlayer interactions in few layer black phosphorus [J]. Nano Letters, 2015, 15（6）: 3931-3938.

[66] Late D J. Temperature dependent phonon shifts in few-layer black phosphorus [J]. ACS Applied Materials & Interfaces, 2015, 7（10）: 5857-5862.

[67] Chen Y, Jiang G, Chen S, et al. Mechanically exfoliated black phosphorus as a new saturable absorber for both Q-switching and mode-locking laser operation [J]. Optics Express, 2015, 23（10）: 12823-12833.

[68]Lu S B, Miao L L, Guo Z N, et al. Broadband nonlinear optical response in multi-layer black phosphorus: an emerging infrared and mid-infrared optical material [J]. Optics Express, 2015, 23（9）: 11183-11194.

[69] Yuan J, Najmaei S, Zhang Z, et al. Photoluminescence quenching and charge transfer in artificial heterostacks of monolayer transition metal dichalcogenides and few-layer black phosphorus [J]. ACS Nano, 2015, 9（1）: 555-563.

[70] 王玲玲. 基于黑磷的纳米药物载体及其在白血病光热靶向治疗中的应用基础 [D]. 南京: 东南大学, 2018.

[71] 李小平. 黑磷量子点的制备及毒性效应研究 [D]. 太原: 山西大学, 2019.

[72] 陈万松, 刘又年. 黑磷纳米材料及其在生物医药中的应用 [J]. 科学, 2017, 69（06）: 18-21.

[73]Zhao Y, Chen Y, Zhang Y H, et al. Recent advance in black phosphorus: properties and applications [J]. Materials Chemistry and Physics, 2017, 189: 215-229.

[74] 刘艳奇, 何路东, 廉培超, 等. 黑磷烯稳定性增强研究进展[J]. 化工学报, 2020, 71（03）: 936-944.

[75] 严志辉, 刘强. 碳包覆增强黑磷稳定性研究 [J]. 广东化工, 2018, 45（07）: 8-9.

[76] 于波, 杨娜, 王佳宏, 等. 二维黑磷纳米片的液相剥离和稳定性研究 [J]. 集成技术, 2018, 7（03）: 24-30.

[77] Liu H, Lian P, Tang Y, et al. Facile synthesis of an air-stable 3D reduced graphene oxide-phosphorene composite by sonication [J]. Applied Surface Science, 2019, 476: 972-981.

[78]Li H, Lian P, Lu Q, et al. Excellent air and water stability of two-dimensional black phosphorene/MXene heterostructure [J]. Materials Research Express, 2019, 6（6）: 065504.

[79]Bridgman P W. Two new modifactions of phosphorus[J]. Journal of the American Chemical Society, 1914, 36: 1344-1363.

[80] Bridgman P W. Reversible transitions between solids at high pressures [J]. Physical Review, 1914, 3（6）: 489.

[81]Jacobs R B. Phosphorus at high temperatures and pressures[J]. The Journal of Chemical Physics, 1937, 5（12）: 945-953.

[82] Keyes R W. The electrical properties of black phosphorus [J]. Physical Review, 1953, 92（3）:

580.

[83] Shirotani I. Growth of large single crystals of black phosphorus at high pressures and temperatures, and its electrical properties [J]. Molecular Crystals and Liquid Crystals, 1982, 86（1）: 203-211.

[84]Akahama Y, Endo S, Narita S. Electrical properties of black phosphorus single crystals [J]. Journal of the Physical Society of Japan, 1983, 52（6）: 2148-2155.

[85] Sun L Q, Li M J, Sun K, et al. Electrochemical activity of black phosphorus as an anode material for lithium-ion batteries[J]. The Journal of Physical Chemistry C, 2012, 116（28）: 14772-14779.

[86] Dahbi M, Yabuuchi N, Fukunishi M, et al. Black phosphorus as a high-capacity, high-capability negative electrode for sodium-ion batteries: investigation of the electrode/electrolyte interface [J]. Chemistry of Materials, 2016, 28（6）: 1625-1635.

[87] Günther P L, Gesslle P, Rebentisch W. Untersuchungen zum diamantproblem [J]. Zeitschrift Für Anorganische und Allgemeine Chemie, 1943, 250（3－4）: 357-372.

[88] Suryanarayana C. Mechanical alloying and milling[J]. Progress in Materials Science, 2001, 46（1-2）: 1-184.

[89]Nagao M, Hayashi A, Tatsumisago M. All-solid-state lithium secondary batteries with high capacity using black phosphorus negative electrode[J]. Journal of Power Sources, 2011, 196（16）: 6902-6905.

[90] Sun J, Zheng G, Lee H W, et al. Formation of stable phosphorus-carbon bond for enhanced performance in black phosphorus nanoparticle-graphite composite battery anodes [J]. Nano Letters, 2014, 14（8）: 4573-4580.

[91] Jin H, Xin S, Chuang C, et al. Black phosphorus composites with engineered interfaces for high-rate high-capacity lithium storage [J]. Science, 2020, 370（6513）: 192-197.

[92]Krebs H, Weitz H, Worms K H. Über die struktur und eigenschaften der halbmetalle. ⅷ die katalytische darstellung des schwarzen phosphors [J]. Zeitschrift Für Anorganische und Allgemeine Chemie, 1955, 280（1－3）: 119-133.

[93]Brown A, Rundqvist S. Refinement of the crystal structure of black phosphorus[J]. Acta Crystallographica, 1965, 19（4）: 684-685.

[94]Maruyama Y, Suzuki S, Kobayashi K, et al. Synthesis and some properties of black phosphorus single crystals [J]. Physica B+ C, 1981, 105（1-3）: 99-102.

[95]Baba M, Izumida F, Takeda Y, et al. Preparation of black phosphorus single crystals by a completely closed bismuth-flux method and their crystal morphology [J]. Japanese Journal of Applied Physics, 1989, 28（6R）: 1019.

[96] Lange S, Schmidt P, Nilges T. Au₃SnP₇@ black phosphorus: an easy access to black phosphorus [J]. Inorganic Chemistry, 2007, 46（10）: 4028-4035.

[97]Xu Y, Shi X, Zhang Y, et al. Epitaxial nucleation and lateral growth of high-crystalline black phosphorus films on silicon [J]. Nature Communications, 2020, 11（1）: 1-8.

[98] Nilges T, Kersting M, Pfeifer T. A fast low-pressure transport route to large black phosphorus single crystals [J]. Journal of Solid State Chemistry, 2008, 181（8）: 1707-1711.

[99] Kpf M, Eckstein N, Pfister D, et al. Access and in situ growth of phosphorene-precursor black phosphorus [J]. Journal of Crystal Growth, 2014, 405: 6-10.

[100]Zhao M, Qian H, Niu X, et al. Growth mechanism and enhanced yield of black phosphorus micro-ribbons [J]. Crystal Growth & Design, 2016, 16（2）: 1096-1103.

[101] Zhao M, Niu X, Guan L, et al. Understanding the growth of black phosphorus crystals [J]. CrystEngComm, 2016, 18（40）: 7737-7744.

[102] Li S, Liu X, Fan X, et al. New strategy for black phosphorus crystal growth through ternary clathrate [J]. Crystal Growth & Design, 2017, 17（12）: 6579-6585.

[103] 王波, 汤永威, 郭瑞玲, 等. 黑磷的低成本制备研究 [J]. 无机盐工业, 2018, 50（02）: 29-32.

[104] 卢秋菊, 汤永威, 赵俊平, 等. 高纯黑磷的低成本宏量制备研究 [J]. 磷肥与复肥, 2019, 34（09）:
    43-47.

[105] 汤永威. 黑磷的催化制备及其催化机制研究 [D]. 昆明: 昆明理工大学, 2019.

[106] Shriber P, Samanta A, Nessim G D, et al. First-principles investigation of black phosphorus synthesis
    [J]. The Journal of Physical Chemistry Letters, 2018, 9（7）: 1759-1764.

[107] Zhang Z, Xing D H, Li J, et al. Hittorf's phosphorus: the missing link during transformation of
    red phosphorus to black phosphorus [J]. CrystEngComm, 2017, 19（6）: 905-909.

[108] Chen Z, Zhu Y, Lei J, et al. A stage-by-stage phase-induction and nucleation of black phosphorus
    from red phosphorus under low-pressure mineralization [J]. CrystEngComm, 2017, 19（47）:
    7207-7212.

[109] Wang D, Yi P, Wang L, et al. Revisiting the growth of black phosphorus in Sn-I assisted reactions
    [J]. Frontiers in Chemistry, 2019, 7: 21.

[110] 杜凯翔, 邓书康, 陈小波, 等. 黑磷单晶的矿化法制备及性能表征 [J]. 光学学报, 2019, 39（12）:
    248-255.

第 2 章

纳米黑磷及其制备方法

第 1 章介绍了黑磷优越的性质及其制备方法，它的这些优异性能也使得其在储能、阻燃、场效应晶体管（FET）、太阳能电池、气体传感器、生物医药、催化等领域展现出诱人的应用前景。但是，理论及实践表明，这些应用，都需要制备纳米黑磷。相较于大块黑磷，当应用于储能领域时，纳米黑磷可以使得离子、电子的传输距离变得更短[1]。当应用于阻燃领域时，只需要加入少量的纳米黑磷，就能起到很好的阻燃效果[2]。当应用于场效应晶体管时，伴随着电子设备越来越小的发展趋势，场效应晶体管也趋向于往更小化的方向发展。纳米黑磷具有更小的体积，因此在应用于场效应晶体管时更具有优势。当应用于太阳能电池时，研究表明黑磷烯与单层二硫化钼组成的太阳能电池系统的光伏电池效率（PCE）会随着黑磷烯层数的增加而减小（17.5%～1.5%）[3]，说明黑磷烯层数越少，光电转化效率越高，即少层甚至单层黑磷烯在应用于太阳能电池领域时具有优越性。当应用于气体传感器时，纳米黑磷具有更大的比表面积、更高的电子迁移率，因此对周围环境更敏感，更适用于气体传感器的制作[4]。黑磷在各个领域的应用均表明黑磷在应用时需要纳米化制备纳米黑磷。本章将对纳米黑磷的分类及其制备方法进行系统的介绍，并分析各种制备方法存在的优缺点，为低成本、高质量纳米黑磷的制备提供更翔实的参考资料。

2.1　纳米黑磷的分类

纳米材料是指单个单元的尺寸（至少一维）在 1～100 nm 之间的材料。根据维数的不同，纳米材料可分为以下三类：①零维纳米材料。空间三维尺度均处于纳米尺度，如纳米颗粒、量子点等。②一维纳米材料。在空间有两维处于纳米尺度，如纳米线、纳米管等。③二维纳米材料。在三维空间中有一维处于纳米尺度，如纳米片、超薄膜等[5, 6]。目前报道的纳米黑磷有零维黑磷量子点（BPQDs）、一维黑磷纳米带/管以及二维黑磷烯，还有一些新型的纳米黑磷，如二维的多孔黑磷烯以及三维黑磷海绵等。不同结构形貌的纳米黑磷如图 2-1 所示。结构决定性质，性质反映应用。不同结构的纳米黑磷会表现出独特的性质，故其应用与对应的结构形貌有很大的关系。

图 2-1

不同结构形貌纳米黑磷的透射电镜图
（a）BPQDs；（b）黑磷纳米带；（c）多孔黑磷烯；（d）二维黑磷烯

2.1.1 黑磷量子点

BPQDs 即零维纳米黑磷。BPQDs 具有超小的尺寸，直径为几纳米（如图 2-2 所示），由于量子约束和边缘效应而表现出独特的电子和光学性质[7, 8]，其带隙比单层黑磷烯（2.0 eV）更宽，表现出近红外光响应特性，在光电转化、光热转化、

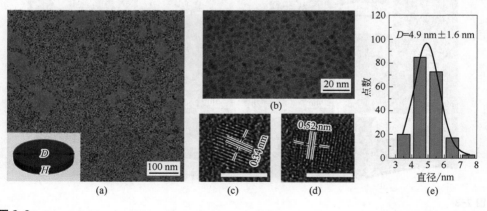

图 2-2

BPQDs 的表征
（a）BPQDs 的 TEM 图；（b）放大的 TEM 图；（c），（d）具有不同晶格条纹的 BPQDs 的 HRTEM 图；（e）TEM（200 nm）图中的 BPQDs 尺寸统计分析[8]

光热电转化、催化等领域表现出了良好的应用前景。此外，由于 BPQDs 具有良好的近红外光热性能和生物相容性，在癌症治疗方面具有极好的"光热治疗效应"。同时，其超小的尺寸使得 BPQDs 在血液内具有较长的循环时间，能够为靶向光热治疗癌症附加额外的非免疫原性或者细胞靶向分子[9]。BPQDs 还具有荧光效应，在蓝紫色波长区域具有强烈且稳定的荧光发射，可应用于荧光传感、细胞成像等生物医学领域[10, 11]。

2.1.2　黑磷纳米带/管

黑磷纳米带即具有一维结构的纳米黑磷，带宽为几纳米到几十纳米不等（如图 2-3 所示）。纳米黑磷由于其特殊的结构，在扶手椅形和锯齿形方向的光学、导热、载流子迁移率、力学性质均存在很强的各向异性，而一维黑磷纳米带表现出更强的面内和面间各向异性，其带隙大小和载流子迁移率对带宽和晶体取向非常敏感。理论研究表明，黑磷纳米带的电子结构、载流子能动性、光学和力学性能可以通过改变带宽、厚度、边缘钝化或功能化来调节[12]，在热电器件、高容量快速充电电池、光催化水裂解、集成高速电子电路、太阳能电池等领域[13-15]具有广阔的应用前景。然而，黑磷纳米带的制备较为困难，目前报道的制备黑磷纳米带的方法有电子束光刻和反应离子蚀刻技术[16]、扫描透射电镜（STEM）纳米切割技术[17]、超低温插层剥离法[18]、电化学阳极剥离法[19]。

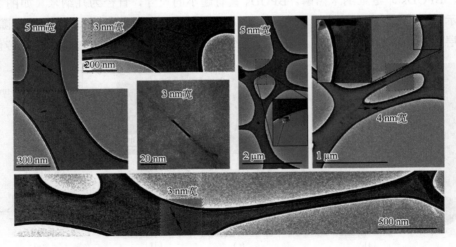

图 2-3

不同宽度的黑磷纳米带[18]

此外，一维黑磷纳米管（如图 2-4 所示），在 2000 年被 Seifer 等[20]理论预测为稳定的、均匀的半导体，弹性模量约为 300 GPa，但目前仍未有成功制备出黑磷纳米管的案例。

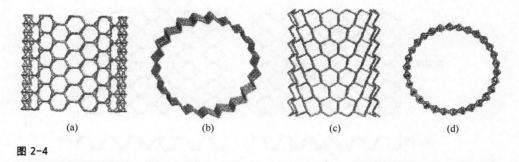

（a）　　　　　（b）　　　　　（c）　　　　　（d）

图 2-4

黑磷纳米管结构示意[20]

2.1.3　黑磷烯/多孔黑磷烯

黑磷烯是一种类似石墨烯的二维片层纳米黑磷，是单层或者少层的黑磷[21]。与石墨烯类似，黑磷烯中磷原子呈六边形排列，不同的是黑磷烯表面有轻微的褶皱，其比表面积更大，同时褶皱结构也表现出强的各向异性，各向异性体现在光学、导热、载流子迁移率、力学性能上。此外，黑磷烯的带隙值大小与黑磷烯的层数有关，层数的减小导致带隙的增大，从而具有从紫外光到红外光的吸收性能。由于带隙的存在，黑磷烯可以在绝缘和导电状态之间切换，而且它的电荷可快速流动，从而具有高电子迁移率[22]。黑磷烯容易通过黑磷剥离制得，同时具有可调的直接带隙、强的各向异性、高的载流子迁移率、生物相容性等性质，使其在场效应晶体管、储能、催化、生物医药、传感等领域都具有良好的应用[23, 24]。

众所周知，由石墨烯可衍生出具有多孔结构的多孔石墨烯，同样，由黑磷烯也可衍生出具有多孔结构的多孔黑磷烯。多孔黑磷烯是一种具有纳米孔隙结构的新型纳米黑磷（如图 2-5 所示），多孔黑磷烯由于其特殊的多孔结构，除保留了纳米黑磷原有的优势外，离子传输效率更高、比表面积更大、反应活性位点更多。2016 年，Zhang 等[25]通过理论计算，揭示了多孔黑磷烯是一种很有前途的氢气净化膜。随后，多次理论预测多孔黑磷烯在气体膜分离、储氢等领域具有很好的应用前景[26, 27]。目前仅有电池辅助制备法[28]和低温电化学剥离法[29]制备出多孔黑磷烯。

除了二维结构的纳米黑磷，三维结构的纳米黑磷也吸引着研究人员的探索欲望。三维结构的黑磷海绵由超薄的黑磷纳米片（BPNSs）组成（如图 2-6 所示），三维结构不仅增加了纳米黑磷的比表面积和反应活性位点，同时还提供了大量的通道和孔隙，为离子扩散和电子传输提供了多重路径，有利于进一步提升纳米黑磷的应用性能[30]。

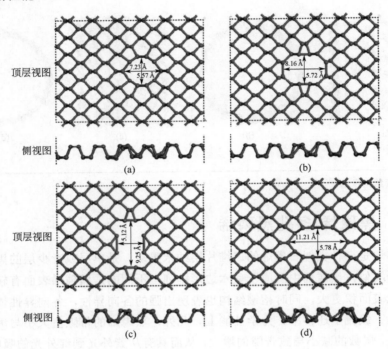

图 2-5

不同孔径的多孔黑磷烯示意[27]

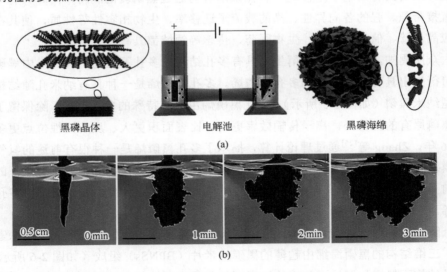

图 2-6

三维黑磷海绵的合成
（a）黑磷晶体、电解池、黑磷海绵的示意；（b）合成过程中不同时间拍摄的照片[30]

2.2　纳米黑磷制备方法

目前纳米黑磷的制备方法可归纳为"自上而下"和"自下而上"两种方法。自上而下是指通过一种、两种或两种以上的外场力（电场、超声波、微波等）剥离大块黑磷制备得到纳米黑磷的一种方法，包括机械剥离法和液相剥离法。其中，液相剥离法又可分为超声剥离法、剪切剥离法、微波剥离法、电化学剥离法以及其他的剥离方法（如激光刻蚀、液氮剥离、溶剂热等）；自下而上是指通过原子或分子重组的方式直接制备得到纳米黑磷的一种方法，包括溶剂热法、化学气相沉积法和高压法。图 2-7 为纳米黑磷制备方法的分类示意图。

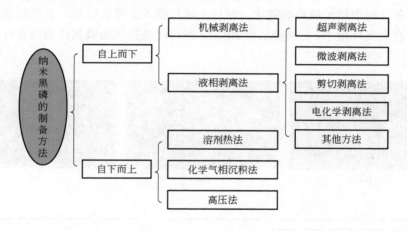

图 2-7

纳米黑磷的制备方法

2.2.1　自上而下法

（1）机械剥离法

机械剥离法是借助胶带等工具通过外力将二维层状材料剥离得到少层甚至单层（原子层）厚度纳米材料的一种方法。Novoselov 和 Geim 等[31]首次通过胶带将单层石墨烯从块状石墨上撕了下来，得到了原子层厚度的石墨烯。黑磷具有类似于石墨的层状结构，层与层之间通过弱范德华力相互作用，故也可以模仿石墨烯的制备方法，通过机械剥离的手段得到层数较少的黑磷烯。

2014 年，Li 等[23]首次利用胶带通过机械剥离法制备出黑磷薄片，并将其附着于具有一层二氧化硅的硅片上制备出了性能优越的场效应晶体管。2015 年，Chen 等[32]也以胶带辅助剥离的方法制备出了黑磷薄膜。然而，剥落的黑磷烯暴露于空气中容易被氧化，导致其制备产率大打折扣。为了提高单层黑磷烯的产率，研究人员对传统的机械剥离法进行了改进。Castellanos-Gomez 等[33]借助硅树脂的传输层对机械剥离法进行了改进从而提高了单层黑磷烯的产率。Lu 等[34]通过机械剥离和 Ar^+ 等离子体相结合的方法制备了稳定的单层黑磷烯，并且通过表征发现，黑磷烯的结构没有被破坏，说明通过等离子体减薄辅助机械剥离的方法不仅能够成功制备出单层黑磷烯，而且还能防止黑磷烯的氧化。图 2-8 所示为 Ar^+ 等离子体处理前后的光学对比图像和单层黑磷烯的透射电镜图。

虽然机械剥离法能成功制备黑磷烯，所需实验条件也比较简单，但是这种方法比较耗时，劳动强度较大，只能制备单一片状的黑磷烯，且产量较低。目前，机械剥离法只适用于实验室的基础研究。此外，虽然惰性气体的引入能一定程度缓解制备过程中纳米黑磷的氧化，但这不能从根本上解决问题。剥离制备的黑磷烯暴露在大气环境中，会使得二维 BPNSs 不可逆地转化为磷氧化物或者可降解的磷酸。

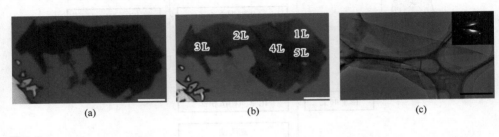

(a)　　　　　　　　　　　　(b)　　　　　　　　　　　　(c)

图 2-8

等离子体减薄辅助机械剥离黑磷制备
（a）多层黑磷烯原始光学图像；（b）Ar^+等离子体减薄后黑磷烯的光学图像；（c）黑磷烯的透射电镜图（比例尺：500 nm）[34]

（2）液相剥离法

液相剥离法是制备纳米材料（尤其是二维纳米材料）最常用的一种方法。它是将块状黑磷研磨成粉末后再将其分散于有机溶剂或水等其他液体溶剂中，或者直接以块状黑磷为前驱体，借助其他外场作用力（超声波、剪切力、微波、电场等）打破黑磷层间的弱范德华力或者层内的化学键，从而制备出纳米黑磷。

① 超声剥离法。一般来说，超声波可以有效地破坏二维材料层间较弱的范德华力，当超声功率过大、超声时间过长时甚至可以破坏层内较强的共价键，制备出更小尺寸的纳米黑磷。研究表明，超声原理源于液相汽蚀，实际上是利用超声在溶液中产生空穴破裂后的能量冲击块状黑磷，块状黑磷由于受到高能量的冲击而被剥离成纳米黑磷（BPNSs 或 BPQDs）。自纳米黑磷（黑磷烯）首次通过超声

剥离法成功制备以来，剥离溶剂的选择成为其发展的一条主线，剥离的溶剂主要可分为三类：有机溶剂、水以及离子液体，接下来将按此发展顺序对超声剥离黑磷制备纳米黑磷作一个系统的概述。

Brent 等[35]首次将 N-甲基吡咯烷酮（NMP）作为溶剂，并采用超声波清洗器超声 24 h，再经过高速离心，剥离出了 1~5 层不同尺寸的黑磷烯。但是普通超声波清洗器的功率较小，制备的黑磷烯产率较低、纵向尺寸较厚。为了制备高产率、少层数的黑磷烯，Yasaei 等[36-38]以较大功率的细胞粉碎机代替普通超声波清洗器制备出产率较高的原子层厚度的黑磷烯，并研究了不同有机溶剂对剥离效果的影响，结果表明极性疏质子溶剂［如 N,N-二甲基甲酰胺（DMF）和二甲基亚砜（DMSO）］对于剥离黑磷为原子层厚度的黑磷烯具有很好的效果，并且超声后能得到均匀、稳定的分散液。虽然仅借助超声波的能量能够制备出少层数的黑磷烯，但是超声所需要的时间较长（一般超过 12 h），会增加黑磷烯氧化的风险。为了降低制备时间，Yan 等[39]首次提出了一种超临界二氧化碳辅助快速制备黑磷烯的方法，时间缩短为 5 h。该方法主要是将预超声后的黑磷与二氧化碳加入高压反应釜反应一段时间，随后再进一步超声得到层数为 3~5 层、尺寸约为 4 μm×10 μm 的高质量黑磷烯。

超声剥离法除了可以制备黑磷烯以外，通过控制超声功率以及其他外界条件（超声时间、温度等）还可以制备出 BPQDs。Zhang 等[8]首次采用超声剥离的方法制备出平均横向尺寸为（4.9±1.6）nm，厚度为（1.9±0.9）nm 的 BPQDs。他们先将黑磷和有机溶剂 NMP 一起研磨 20 min 后再进行冰浴超声，最后在高达 7000 r/min 的转速下离心分离得到含有 BPQDs 的上清液，但该方法制备得到的 BPQDs 浓度较低。为了提高制备 BPQDs 的产率，Lee 课题组[40]对超声剥离法进行了改进，重复超声的策略，将超声剥离后的分散液静置一段时间后取上清液再进行超声，重复两次该过程，一定程度上提高了 BPQDs 的制备产率，最终得到平均尺寸约为 10 nm 的 BPQDs。由于单一冰浴超声的效率比较低，因此，Xu 等[7]将探头超声与冰浴超声相结合，制备了横向尺寸约为 2.6 nm、厚度为 1.5 nm 的 BPQDs。此外，探头超声代替研磨的过程还可提高实验的可重复性。

纳米材料在应用于生物医疗领域时需有良好的生物相容性，而 BPQDs 虽然在水中有较好的分散性，但是，当有盐存在时 BPQDs 会发生团聚现象，难免对其生物相容性有一定的影响。因此，为了使得 BPQDs 更好地应用于生物医药领域，提高 BPQDs 的生物相容性，Sun 等[9]用聚乙二醇（PEG）对 BPQDs 进行了修饰，提高了 BPQDs 的生物相容性，为其在医药领域的应用奠定了基础。图 2-9 为 BPQDs 的合成与表面改性修饰原理。

以上研究基本都是采用传统的 NMP、DMSO 等有机溶剂进行超声剥离，所制备纳米黑磷尺寸较小且不均一，转移至水中时不能够长期稳定存在。基于以上问

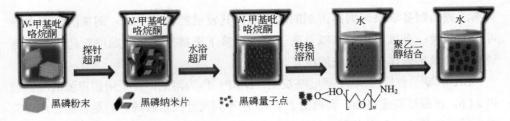

黑磷粉末　　　黑磷纳米片　　黑磷量子点

图 2-9

BPQDs 的合成与表面改性修饰原理[9]

题，Guo 等[41]以 NMP 作为基础溶剂的同时添加 NaOH 饱和溶液辅助剥离制备了能在水中稳定存在的黑磷烯，其制备路线如图 2-10 所示。研究表明 OH⁻能吸附在黑磷烯表面导致其带负电荷，增强了黑磷烯在水中的稳定性。大尺寸且均一的黑磷烯对其应用（尤其是光电子器件领域）及性质研究都是很有利的，为了制备均一且具有较大尺寸的黑磷烯薄膜，Xu 等[42]猜测富含羟基的极性小分子可能与极性的黑磷相互作用，从而增加黑磷在溶剂中的溶解性。基于这一假设，他们首次报道了一种植酸辅助液相剥离的方法，成功制备出了超薄、均一、横向尺寸达到几十微米的超薄亚磷纳米片，这为光电子器件的制备创造了有利的条件，图 2-11为小分子（植酸）辅助液相剥离块状黑磷制备 BPNSs 的原理。

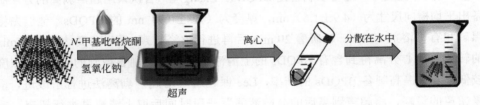

超声

图 2-10

碱性 NMP 制备水稳定黑磷烯路线[41]

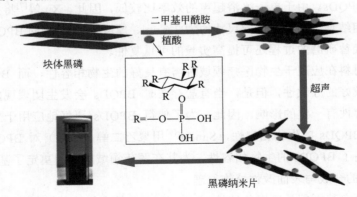

块体黑磷

黑磷纳米片

R=—O—P=O
OH
OH

图 2-11

小分子（植酸）辅助液相剥离块状黑磷制备 BPNSs 原理[42]

虽然采用有机溶剂超声剥离制备黑磷烯一定程度上可以避免黑磷烯与水、氧接触带来的氧化问题，但是有机溶剂的沸点较高，导致其在纳米黑磷表面吸附紧密而难以被彻底清除，难免影响纳米黑磷在应用时的性能，此外，有机溶剂对环境和人体都是有害的。因此，很有必要探索并开发一种绿色溶剂以用于纳米黑磷的剥离制备。离子液体作为一种绿色溶剂，具有不挥发性、高热稳定性、高离子电导率、无毒、可回收等优异特性，故可将其作为有机溶剂的替代品。科研人员也对离子液体剥离黑磷制备纳米黑磷开展了一系列的研究工作，Zhao 和 Lee 课题组[43, 44]报道了一种采用离子液体作为溶剂超声剥离黑磷制备黑磷烯的方法，他们对比了 9 种不同离子液体的剥离情况，发现采用 1-羟乙基-3-甲基咪唑三氟甲磺酸盐离子液体超声得到的黑磷烯不仅稳定、分散性好，而且还具有较高的浓度（0.95 mg/mL）。但是，离子液体的价格相对较高，使得黑磷烯的制备成本偏高，不利于其低成本制备。因此，Chen 等[45]以价格低廉的去离子水为溶剂，通过超声剥离得到浓度较高、能稳定分散的黑磷烯。然而，单一超声剥离黑磷制备纳米黑磷的效率较低，为了解决这一问题，Yang 等[46]以脱氧水为溶剂，开展了超声与微波协同辅助剥离黑磷制备黑磷烯的研究工作，制备原理如图 2-12 所示。与单独超声剥离的方法相比，超声与微波协同作用可以实现更高的剥离效率，将剥离时间降低至约 2 h。该方法操作简单、经济、高效、环保，制备黑磷烯的层数为 4～5 层。为了制备出具有更高浓度的黑磷烯分散液，Kang 等[47]采用添加了 2% 的十二烷基苯磺酸钠无氧水为溶剂，超声剥离制备了稳定、高浓度的黑磷烯分散液，并且其结构和化学特性与机械剥离法制备的黑磷烯相当。

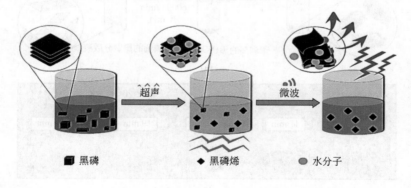

■ 黑磷　　　◆ 黑磷烯　　　● 水分子

图 2-12

超声与微波协同辅助制备纳米黑磷[46]

目前的超声剥离法虽可成功制备黑磷烯及 BPQDs，但纳米黑磷的尺寸不易控制，产率较低，稳定性也有待提高。超声处理时间是决定所得分散体质量的关键因素之一，因此可以通过延长超声处理时间来提高剥离效率及分散液浓度，但是，长时间的超声不仅会使得黑磷烯横向尺寸减小，还会破坏纳米黑磷的结构形貌，从而对其应用造成影响。研究显示，当超声处理从 24 h 增加到 48 h 时，横向尺寸的减小是非常明显的。所以，从以上发展进程可以看出超声剥离法正在朝着以环境友好的溶剂进行剥离的方向发展。与此同时，制备出稳定、高产率、均一、超薄、大尺寸的 BPNSs 或者小尺寸、高产率的 BPQDs 更是其发展的"宏伟目标"。

② 微波剥离法。微波剥离法也是制备二维材料的一种有效方法。国内外的科研人员已经使用微波剥离法制备了石墨烯及 TMDs 等各种二维材料[48-50]。因此，使用微波剥离同样可以制备出黑磷烯。

余夏辉[51]以 NMP 和 DMSO 为溶剂，微波辅助剥离 4 h 得到了 40 nm×200 nm、平均厚度为 7 nm 的纳米黑磷。虽然该法可以成功制备纳米黑磷，但耗时相对较长。为了降低剥离时间，提高剥离效率，Bat-Erdene 团队[52]通过微波剥离法在极短的时间内成功剥离出了高质量的 BPNSs，原理如图 2-13 所示。其制备过程可分为以下两步，第一步把块状黑磷置于 NMP 中形成分散液，然后用高功率（600 W）的微波 50 ℃处理分散液 11 min，第二步再用低功率（220 W）微波 70 ℃处理 3 min，最后离心获得平均厚度为（6.5±2.6）nm（4～11 层）、横向尺寸为数百纳米到几微米不等的层状 BPNSs。研究表明：若第一次微波超过 15 min，会使得产物浓度降低，故控制微波处理时间是关键。

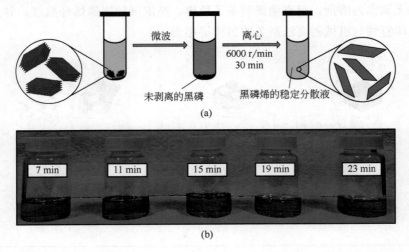

图 2-13

（a）微波辅助剥离原理；（b）不同微波剥离时间制备纳米黑磷分散液的对照图[52]

微波剥离法操作简单，快速高效，不需要太长的制备时间，为纳米黑磷的制备提供了新思路，但纳米黑磷的制备产率还有待提升。想要获得较高产率的纳米黑磷，还需要大量的实验来探索微波参数（时间、功率、温度等）对制备纳米黑磷产率、质量、尺寸的影响。此外，与超声制备纳米黑磷类似，微波制备纳米黑磷仍采用有机溶剂作为剥离溶剂，有机溶剂残留物吸附在 BPNSs 上难以去除，污染环境，故廉价绿色溶剂的开发是非常有必要的。

③ 剪切剥离法。剪切剥离法是指以家用厨房搅拌机或高速剪切机为制备工具，借助其高速旋转产生的剪切力来打破黑磷层间的范德华力或层内化学键的一种方法，使黑磷分解为黑磷烯或 BPQDs。Paton 等[53]的研究结果表明，石墨在合适稳定的液体中借助高速剪切力可制备石墨烯。模仿剪切石墨制备石墨烯的制备方法，故也可以通过剪切剥离法制备黑磷烯。

Xu 等[54]首次通过剪切剥离制备出了黑磷烯。他们采用预定的时间和转速进行剪切剥离得到黑磷烯浑浊分散液，然后通过离心以除去大尺寸未剥离的黑磷，最终得到棕色或浅黄色的黑磷烯。此外，通过剪切剥离法还可以制备出 BPQDs。Sofer 等[55]先将块体黑磷研磨成黑磷粉末，然后进行超声处理，随后将超声得到的悬浮液用高速剪切机进行分散，最后离心分离得到 BPQDs。但是，研磨、超声之后再通过剪切剥离法制备 BPQDs 的步骤比较繁琐，制备过程所需时间较长（约 3 h）。为了使 BPQDs 的制备更加高效，Zhu 等[56]以大块黑磷为原料，直接通过家用厨房搅拌机超快速地制备了平均尺寸为（2.6±0.4）nm 的 BPQDs，时间缩短至 0.66 h，制备过程如图 2-14（a）所示。同时，他们运用流体力学知识阐明了 BPQDs 的形成机理，即 BPQDs 是由黑磷一层一层瓦解得到的，如图 2-14（b）所示为不同剪切时间下 BPQDs 透射电镜的对比图，从图中可看出 BPQDs 是由黑磷烯层层瓦解而来。相对于超声剥离法来说，剪切剥离法制备纳米黑磷所需的时间相对缩短了，但它们也具有类似的缺点，例如剥离纳米黑磷尺寸不可控、产率低、使用有机溶剂作为分散剂，强的剪切力同样会使纳米黑磷的结构遭到破坏。

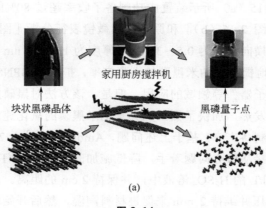

块状黑磷晶体　　家用厨房搅拌机　　黑磷量子点

(a)

图 2-14

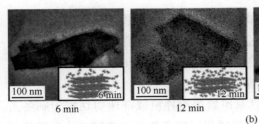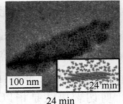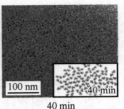

| 6 min | 12 min | 24 min | 40 min |

(b)

图 2-14

家用厨房搅拌机制备 BPQDs[56]

（a）原理图；（b）不同剪切时间下 BPQDs 的透射电镜图

④ 电化学剥离法。早期研究发现电化学剥离的方法可规模化制备横向尺寸较大的石墨烯和二硫化钼[57, 58]。该方法的基本原理为，通过施加电场驱动溶液中的离子或气体分子进入黑磷层间，使材料体积发生膨胀，进而削弱黑磷层间的范德华力，将黑磷层与层之间分开最终获得纳米黑磷。相对于以上纳米黑磷的制备方法，电化学剥离法是目前较为常用的制备纳米黑磷的方法。电化学剥离法具有相对高效、较为绿色环保、成本低、可控性较强等优点[59]，对于实现纳米黑磷的规模化可控制备具有重要意义。根据剥离过程中黑磷原料所放位置的不同，电化学剥离法可分为阳极剥离、阴极剥离和电解液剥离三类。

阳极剥离法是以黑磷为阳极，铂丝/铂箔为阴极，硫酸盐或者 H_2SO_4 溶液为电解液，在电场作用下，阴离子或气体分子插入黑磷层间制备得到纳米黑磷的一种方法。2015 年，Erande 等 [60]将大块黑磷作阳极，铂丝作阴极，浓度为 0.5 mol/L 的 Na_2SO_4 溶液作为电解液，制备出横向尺寸为 5～10 μm、厚度为 1～5 nm 的 BPNSs。该方法首次通过电化学剥离法制备了 BPNSs，为纳米黑磷的制备提供了新思路，但是他们并未在此基础上讨论 BPNSs 的产率以及其形成机制。2016 年，该团队[61]利用图 2-15（a）所示装置成功制备了收率超过 80% 的 BPNSs，分别对其进行透射电镜 [图 2-15（b）] 和原子力显微镜表征分析 [图 2-15（c）]，分析结果表明纳米片的横向尺寸为 0.5～30 μm、厚度为 1.4～10 nm 不等。与初次制备相比，该方法有效地提高了纳米黑磷的剥离产率，扩大了 BPNSs 的尺寸，更有利于纳米黑磷在光电子器件等领域的应用。但是，该方法对黑磷施加电压过大，剥离过程中黑磷电极发热，加快了黑磷尤其是纳米黑磷的氧化速度，在一定程度上降低了纳米黑磷的制备产率。基于上述问题，Ambrosi 等[62]于 2017 年对实验做出了一定的改进，直接从核心问题着手，降低施加的电压。他们将阳极和阴极平行插入浓度为 0.5 mol/L 的 H_2SO_4 溶液中，并保持 2 cm 的距离。具体实施步骤为，首先施加 1 V 的电压并维持 2 min 来促进材料润湿，然后开始增加电压，当电压增加到 3 V 时可以看到有一些微粒释放同时液体颜色缓慢地变成橙色，然后维持

3 V 的电压不变，2 h 后发现液体颜色变成暗橘色，再经过一系列净化工序得到黑磷烯分散液。该方法制备出了薄层（约 2 层）的黑磷烯，但是，制备的材料含有金属锡等杂质，且氧化程度高，限制了黑磷烯的后续应用［如图 2-15（d）所示］。

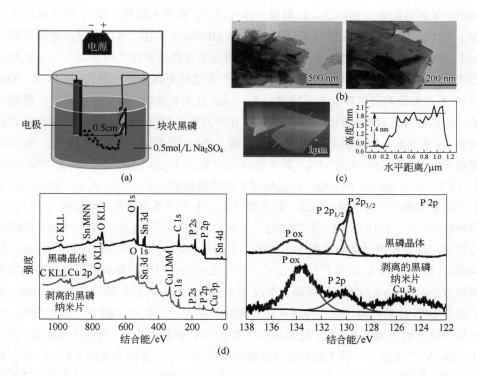

图 2-15

阳极剥离制备的 BPNSs[61]
（a）示意图；（b）TEM 图；（c）AFM 图；（d）原料黑磷和黑磷纳米片的 XPS 图[62]

以上电化学阳极剥离黑磷制备纳米黑磷的方法均采用无机溶液为电解液，比较绿色环保，但剥离后的纳米黑磷种类单一且在制备过程中容易被氧化，阻碍了纳米黑磷的应用与发展。针对以上问题，Jiang 等[29]开发了一种低温（-5 ℃）阳极剥离黑磷制备新型纳米黑磷——多孔黑磷烯的方法。以黑磷为阳极，硫酸（非有机溶剂）为电解液，不仅对环境友好，还能降低纳米黑磷的氧化程度，丰富纳米黑磷的种类，并有望拓宽纳米黑磷的应用领域。通过调控电压的大小，可对多孔黑磷烯的孔大小进行调控。

阴极剥离法是将黑磷作为阴极，铂丝/铂箔为阳极，长链烷烃铵盐的有机溶液或水溶液为电解液，通过施加电压，驱动电解质中的阳离子插入层间使黑磷膨胀，从而得到纳米黑磷的一种方法。根据阴极剥离黑磷制备的纳米黑磷的种类，本小节将分别从 BPNSs、BPQDs 及新型纳米黑磷（多孔黑磷烯、三维纳米黑磷）等几种不同结构的纳米黑磷进行概述。

2017 年，Huang 等[63]提出了一种通过控制四烷基铵离子插层速率来制备层数可调的纳米黑磷的阴极剥离法。以黑磷晶体为阴极、铂片为阳极，在 5 V 的电压下获得了尺寸达到几十微米的大面积无氧缺陷的 BPNSs，并且，可以通过改变电压的大小来控制纳米黑磷的层数（2～10 层）。该方法首次将黑磷作为阴极制备了无氧缺陷的纳米黑磷，但未对纳米黑磷的横向尺寸和产率进行更深一步的研究。2018 年，Xiao 等[64]通过阴极剥离黑磷制备了厚度为 2～7 nm 且无氧缺陷的黑磷纳米薄片。遗憾的是，他们也没有对制备纳米黑磷的横向尺寸和产率加以讨论，且制备的 BPNSs 含有金属 Sn 等杂质，影响其后续应用。2018 年，Yang 等[65]采用如图 2-16（a）所示装置剥离黑磷，得到产率为 78%、最大横向尺寸为 20.6 μm［图 2-16（b）］、平均厚度为（3.7±1.3）nm 的 BPNSs。该法研究了纳米黑磷的产率和尺寸大小，并进一步减小了纳米黑磷的片层厚度。但是，纳米黑磷在 24 h 后才被剥离出来，耗时太长。为了缩短剥离时间，2018 年，Li 等[66]提出了一种采用超快电化学阴极剥离黑磷制备 BPNSs 的方法，几分钟内制备出产率大于 80%、平均厚度约 5 层、平均侧面积约 10 μm² 的 BPNSs。2019 年，Luo 等[67]开发出了一种在更短的时间内阴极剥离黑磷制备纳米黑磷的方法，约 20 s 内就可以剥离出厚度为 5～8 nm 且具有很好稳定性的 BPNSs。为了提高 BPNSs 的产量，以上方法在进行电化学剥离后还要进行超声处理，然而，该过程不仅使纳米黑磷被氧化，还会减少二维 BPNSs 的横向尺寸。针对上述问题，2019 年，Zu 等[68]报道了一种不需要超声波辅助剥离的方法，获得厚度约 3.4 nm、尺寸数百微米、产率高达 93.1% 的 BPNSs，避开了超声的步骤，不仅降低了 BPNSs 被氧化降解及碎片化的概率，还能提高纳米黑磷的产率，降低片层的厚度。

与 BPNSs 不同，BPQDs 三个维度的尺寸均为纳米数量级，受量子约束和边缘效应的影响，零维的 BPQDs 在光电子学方面比二维 BPNSs 具有更优异的性能。2018 年，Valappil 等[10]将黑磷分散液物理吸附到玻碳电极上作阴极，铂丝为参比电极，铂网为对电极，制备出产率为 88.7%、平均直径为（6±1.5）nm 的氮掺杂 BPQDs。该方法首次通过电化学法制备出氮掺杂 BPQDs，并预测其在生物成像等领域具有广阔的应用前景。此外，该课题组[11]通过改进实验方法，得到如图 2-16（c）所示的平均直径为（8±1.5）nm，产率约 84%的单一 BPQDs，并且，所制备的 BPQDs 表现出了优异的结构稳定性，在 20 天内未发现其结构发生明显变化。

2016 年，Zhang 等[25]利用密度泛函理论计算预测出一种具有新型结构的纳米黑磷——多孔黑磷烯，相较于普通 BPNSs，多孔黑磷烯具有更大的比表面积以及更多的反应活性位点。然而，多孔黑磷烯的制备难度比较大，其制备鲜有报道。

如图 2-16（d）所示，2019 年，Liu 等[28]以钠箔为阳极、黑磷为阴极组装扣式电池，恒流放电结束后将阴极材料置于脱氧水中超声反应并离心，得到多孔黑磷烯分散液，对其进行原子力显微镜表征［图 2-16（e）］可知，多孔黑磷烯厚度为 1～2 nm、孔径为几到几十纳米不等。该方法首次利用电化学辅助法制备出多孔黑磷烯，丰富了纳米黑磷的种类。此外，侯冉冉等[69]还利用类似的方法制备了长为202～737 nm、宽为 7.9～13.2 nm 的黑磷纳米带，并研究了纳米带不同于普通黑磷烯的光学吸收性能。最后，对纳米带的形成机理进行了阐述，在钠离子电池放电的过程中，钠插入黑磷层间，当钠与磷的原子比高于 0.25 时，插层过程变为合金化过程，即 P—P 键断裂，Na 与 P 形成无定形的 Na_xP。通过控制放电比容量，Na^+ 会沿着黑磷的锯齿形方向合金化生成 NaP_5，该过程会出现独特的带状钠化途径。放电结束后，将阴极材料取出与水反应，会有很多气泡生成。具体原因如下，黑磷层间的金属钠与水反应生成氢气，削弱黑磷层间的范德华力，使黑磷层与层分离。同时，NaP_5 也与水反应生成磷化氢气体，进一步使黑磷片层分离，反应结束后，片状黑磷会沿着 NaP_5 的带状方向脱落，变成黑磷纳米带。

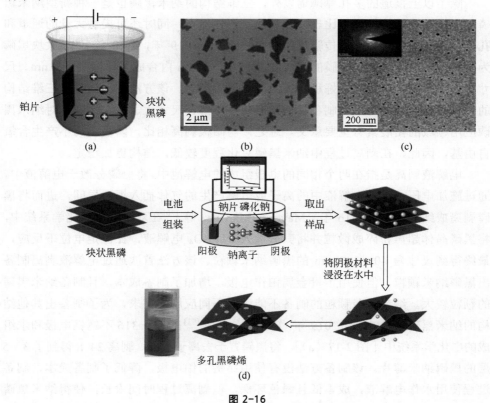

图 2-16

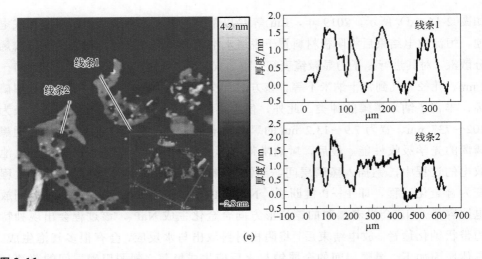

(e)

图 2-16

（a）阴极剥离黑磷制备的 BPNSs 反应示意图；（b）SEM 图[65]；（c）BPQDs SEM 图[11]；（d）多孔黑磷烯合成路线示意图；（e）多孔黑磷烯 AFM 图[28]

除了以上报道的多孔黑磷烯以外，三维结构的纳米黑磷也是一种新型纳米黑磷，三维结构不仅能增加比表面积和反应活性位点，同时还可提供大量的通道和孔隙，为离子扩散和电子传输提供丰富的路径。2019 年，Wen 等[30]以大块黑磷为阴极，在带阳离子交换膜的 H 型电解槽中，3 min 内合成了厚度小于 4 nm、尺寸超过几十微米、具有良好稳定性的三维黑磷海绵。该方法首次制备出三维结构的纳米黑磷，且耗时短，制备的纳米黑磷厚度薄、尺寸大、稳定性强，对纳米黑磷应用领域的拓展具有重要意义。总之，与阳极剥离相比，阴极剥离不产生含氧自由基，因此，在剥离过程中纳米黑磷氧化程度较低，结构更加稳定。

电解液剥离是指在两个相同的电极组成的电解池中，将黑磷分散于电解液中，通过施加电压，促使电解液中的离子或电解产生的气体插入黑磷层间，进而将黑磷剥离成纳米黑磷。2016 年，Mayorga-Martinez 等[70]在双铂电极电化学系统中，将黑磷晶体超声粉碎成微粒并将其分散入 Na_2SO_4 电解液，在恒定电位下反应，最终得到尺寸为 40～200 nm 的黑磷纳米颗粒。该方法首次通过电解液剥离制备出黑磷纳米颗粒，但使用了贵金属铂作电极，增加了制备成本，且制备纳米黑磷的颗粒较大。纳米黑磷颗粒的制备不能满足不同应用的需求，为了制备出其他结构的纳米黑磷如 BPNSs，2019 年，Baboukani 等[71]在两个 316 不锈钢电极和水组成的电化学系统中［图 2-17（a）］，将黑磷置于去离子水中，剥离 24 h 得到了 3～5层的黑磷纳米薄片。该制备方法没有使用昂贵的铂电极，降低了制备成本，制备过程使用水作电解液，成本低且绿色环保，但剥离过程时间太长，使得纳米黑磷氧化程度高［图2-17（b）］，不利于纳米黑磷的规模化制备及应用。

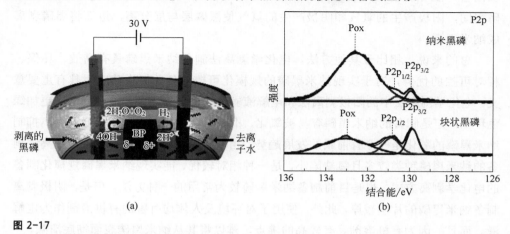

图2-17

水溶液中制备纳米黑磷[71]

（a）示意图；（b）纳米黑磷与块状黑磷 XPS 谱图

　　电解液剥离将小颗粒的黑磷置入电解液中，杜绝了剥离过程电极发热造成的黑磷加速氧化，使用无机溶液/水作电解液，虽具有环境友好的优势，但电解过程中产生的氧气易使纳米黑磷被氧化。

　　上文说到，根据黑磷放置位置的不同，电化学剥离黑磷制备纳米黑磷具有三种不同的剥离机理。在阳极剥离黑磷过程中，SO_4^{2-} 插入黑磷层间，同时，电解水产生的含氧自由基攻击黑磷边缘，随后，含氧自由基被氧化成 O_2 并在黑磷层间膨胀，进而削弱了黑磷层间的范德华力，最终，黑磷的层与层分离并从电极上脱落得到纳米黑磷。2016 年，Erande 等[61]首次阐述了阳极剥离黑磷的机制，他们认为剥离过程经历了含氧自由基的攻击，离子的嵌入，气体的膨胀，最终导致黑磷的剥离。

　　阴极剥离法是驱动电解质中的阳离子插入层间使黑磷膨胀，从而将黑磷剥离成纳米黑磷的过程。2017 年，Huang 等[63]首次讨论了阴极剥离法制备纳米黑磷的机制，研究表明在恒压下，四丁基铵阳离子在黑磷层间的逐渐插入，导致了黑磷卷曲和剥离。2018 年，Yang 等[65]提出在阴极剥离过程中，不仅存在大尺寸阳离子的插层过程，还存在离子解离后产生的气体膨胀过程，在二者的协同作用下，黑磷的相邻层间距不断扩大，当扩展距离大于 0.89 nm 时，黑磷被剥离成 BPNSs。随后，Luo 等[67]和 Zu 等[68]也相继讨论了阴极剥离机理，他们认为在电场作用下，首先出现大尺寸阳离子的插层，使黑磷发生轻微膨胀，随后，大尺寸阳离子和 H^+ 被还原成气体，气体的膨胀使黑磷变为纳米黑磷，这与 Yang 等提出的机理相一致。

　　电解液剥离法不同于以上两种剥离方式，它将黑磷分散在电解液中，同时对浸入电解液的两个驱动电极施加电压以完成黑磷的剥离。在该过程中，黑磷表面会产生电势差，可驱动黑磷表面的不对称反应，溶液中的 H^+ 和 OH^- 插入黑磷层间，阳极产生的氧气和阴极产生的氢气使黑磷层与层分离，进而将黑磷剥离成纳米黑磷。

总的来说，相比于其他方法，电化学剥离法制备纳米黑磷具有高效、环保、相对可控的优势，对于实现纳米黑磷的规模化可控制备并促进其应用具有重要意义。电化学剥离法中的阳极剥离法和电解液剥离法由于使用无机溶液，所以更加绿色环保，但是制备的纳米黑磷容易被氧化，不利于纳米黑磷的应用，低温剥离抑制纳米黑磷的氧化是一个有前景的发展趋势。相较于这两种剥离方式，阴极剥离法制备的纳米黑磷种类较多且氧缺陷小，是一种相对较优、能实现纳米黑磷规模化制备的电化学剥离方式，也是目前制备纳米黑磷较为常用的一种方法。但是，阴极剥离制备纳米黑磷的片层较厚，此外，使用了对环境及人体均有害的有机溶剂作为电解液。而且，因为有机溶剂具有较高的沸点，难以将其从纳米黑磷表面彻底清除。

尽管通过电化学剥离法剥离黑磷制备纳米黑磷具有较好的发展前景，甚至有规模化制备纳米黑磷的前景，但仍存在一些亟须解决的问题，也正是这些问题阻碍了其较好的发展前景。a. 制备的纳米黑磷不可控。此处所谓的不可控包括"两类"不可控，首先是纳米黑磷种类的不可控。其次就是制备纳米黑磷结构形貌上的不可控，即不能制备出同一尺寸的纳米黑磷。b. 产率仍待提高。高的产率是其规模化制备的前提，然而，目前电化学剥离法制备纳米黑磷的产率都不高，原因在于制备方法的局限性以及离心洗涤过程中的损失。

⑤ 其他方法。激光刻蚀是制备纳米黑磷的一项新技术。2015 年，Yang 等[72]采用等离子体溅射（PLD）技术在石墨烯/铜或 SiO_2/Si 衬底上生长了 2～10 nm 的非晶态黑磷超薄薄膜，并开展了黑磷薄膜用于场效应晶体管的研究工作。Suryawanshi 等[73]通过一步简易激光照射技术合成了少层的 BPNSs。将黑磷置于异丙醇中，通过高能量的激光照射，产生热冲击，使得异丙醇中的大块黑磷出现裂纹，从而坍塌分解成微米大小的二维 BPNSs。使用激光刻蚀的方法除了能制备黑磷薄膜以外，还能够制备出 BPQDs。Ge 等[74]报道了一种在乙醚中采用脉冲激光刻蚀的方法来制备 BPQDs。将黑磷置于含有乙醚的器皿底部，采用脉冲激光对目标进行刻蚀 20 min，得到平均尺寸为 7 nm 的 BPQDs。

然而，以上使用激光照射的方法均需使用大型的精密仪器，价格高昂，并且制备纳米黑磷的产率低，晶型也容易受到破坏，限制了纳米黑磷的低成本制备与应用。针对上述问题，昆明理工大学廉培超教授团队[75, 76]以液氮为插层剂，采用液氮辅助的方法，直接以黑磷粉末为原料制备得到尺寸为 10 nm 的 BPQDs（图 2-18）。液氮是一种绿色无污染的液体，气化后产生的氮气也是空气中的主要成分，因此该方法具有绿色、环保的优点。另外，液氮气化后不会在产品中留下任何杂质，得到的 BPQDs 纯度高，便于后续应用。更重要的是，氮气也是一种惰性气体，因此制备过程中无须额外的惰性气体保护，使得制备过程更为简单、易行，但其产率仍待提高。

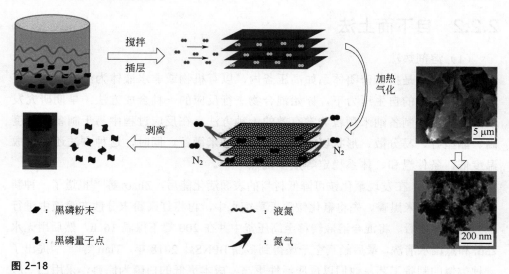

图 2-18

液氮辅助剥离黑磷制备纳米黑磷原理[75]

此外，通过溶剂热法也能制备出纳米黑磷。Xu 等[7]首次采用溶剂热法制备出平均尺寸为（2.1±0.9）nm 的 BPQDs。首先将块体的黑磷晶体研磨成黑磷粉末，并以 1∶1 的比例调制出 20 mL 黑磷的 NMP 分散液。然后再将体积为 180 mL 的 NMP 和 200 mL 的 NaOH 以及上述黑磷分散液加入烧瓶内，于 140 ℃条件下强力搅拌 6 h。最后取上清液以 7000 r/min 的转速离心分离 20 min。离心分离后得到的亮黄色的悬浮液即是黑磷量子点与 NMP 的混合液，合成原理如图 2-19 所示。

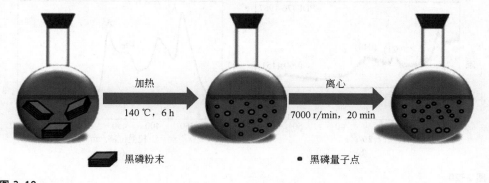

图 2-19

以 NMP 为溶剂采用溶剂热法制备 BPQDs 的合成示意[7]

为了避免纳米黑磷氧化，整个实验过程在氮气气氛下进行。该方法中的 NMP 作为黑磷的良好分散液，而 NaOH 则起到稳定纳米黑磷的作用。随后，Wang 和 Gu 等也采用类似的方法合成了 BPQDs[77, 78]。

2.2.2 自下而上法

（1）溶剂热法

溶剂热法是指在密闭体系如高压釜内，以有机物或非水液体为溶剂，在一定的温度和溶液的自生压力下，原始混合物进行反应的一种合成方法。早期研究发现溶剂热法是制备纳米颗粒非常有效的一种方法，在反应过程中易于制备出纯度高、晶型好、易分散、形状以及大小可控的纳米微粒。同时，这种方法还有合成温度低、条件温和、体系稳定等众多优点[79-81]。

2017 年，在发现氟化铵可降低材料的表面活化能后，Zhao 等[82]报道了一种新的方法制备纳米黑磷。先将氟化铵溶于蒸馏水中，再将红磷粉末分散在溶液中进行磁力搅拌，随后，将混合溶液转移至高压釜中并在 200 ℃下保温 16 h，然后用无水乙醇和蒸馏水清洗，最后经真空干燥得到多晶 BPNSs。2018 年，Tian 等[83, 84]提出了一种类似的制备工艺，他们以反应活性更高、成本更低的白磷为原料，采用乙二胺为溶剂降低表面活化能，通过溶剂热法合成了 BPNSs。该法制备过程如图 2-20 所示，

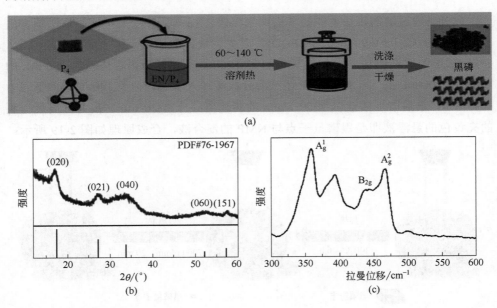

图 2-20

溶剂热法制备 BPNSs[83, 84]

（a）合成路线；（b）XRD 谱图；（c）Raman 谱图

将白磷置于一定量的乙二胺溶液中使其溶解，将混合物转移到以聚四氟乙烯为内衬的不锈钢反应釜中，然后在 60～140 ℃下加热 12 h。自然冷却至室温后，收集的沉淀物依次用苯、乙醇和蒸馏水洗涤，在 60 ℃下真空干燥即可得到 BPNSs。

最近，Zhu 等[85]以乙二胺为溶剂，红磷为原料，采用溶剂热法制备了 BPNSs（制备步骤及表征如图 2-21 所示）。首先用研钵研磨 0.5 g 红磷，然后将其加入 75 mL 的乙二胺溶液中。剧烈搅拌 30 min 后，将混合物转移到含 100 mL 聚四氟乙烯内衬的不锈钢高压釜中，并在 165 ℃下加热 24 h。用冷水快速冷却至室温后，收集产物，用乙醇洗涤三次。最终产物在 40 ℃的温度下真空干燥。与 Zhao 等[82]的制备工序相比，他们降低了反应温度，但也相应地增加了反应的时间。有趣的是，Zhang 等[86]以红磷为原料、乙醇为溶剂，通过溶剂热法制备出了多孔磷基复合纳米片（由无定形磷、黑磷和氧化磷组成），并阐述了其连续蒸发-冷凝过程驱动的固-气-固相转变形成机制（图 2-22）。

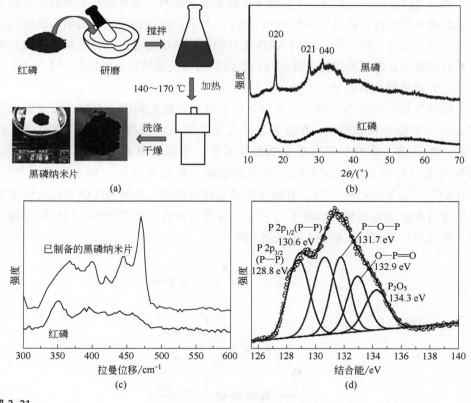

图 2-21

溶剂热合成纳米片[85]

（a）步骤示意图；（b）XRD 图谱；（c）红磷原料和制备的 BPNSs 的相应拉曼光谱；（d）制备的 BPNSs 的 P 2p 精细扫描光谱

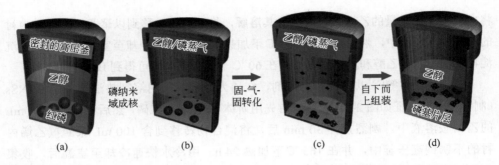

图 2-22

不同反应时间下高温溶剂热反应过程中红磷块体材料的形貌演变[86]

（a）红磷块体材料的升华；（b）初始阶段在乙醇溶液中形成磷纳米畴（乙醇/磷蒸气在顶部）；（c）通过自下而上的组装过程在乙醇蒸气（接近超临界流体）中形成磷纳米片；（d）最终在乙醇溶液中形成产物

　　迄今为止，溶剂热法因操作简单、成本低廉而被广泛用于 BPNSs 的制备。然而，纳米黑磷应用的"方向标"是纳米黑磷基复合材料，故开发基于溶剂热法制备纳米黑磷基复合材料是亟须发展的一个方向。此外，溶剂热法制备的纳米黑磷的晶型比较差，从图 2-20、图 2-21 的 XRD 表征图可以清晰地看出制备的纳米黑磷具有较差的结晶性且容易被氧化，这也是将来溶剂热法发展所需要解决的一个问题。

　　（2）化学气相沉积法

　　化学气相沉积法是一种典型的自下而上法，主要是利用含有薄膜元素的一种或几种气相化合物或单质，高温下进行化学反应后在衬底表面生成薄膜的一种方法，制备的二维材料具有优良的晶体质量、可调的厚度及尺寸。发展至今，这种方法已经可以用来制备较大面积的超薄二维纳米材料，如石墨烯[87-101]、TMDs[102-111]、h-BN[112-118]等，且制备技术也相对成熟。典型的化学气相沉积模型为浓度边界层理论模型，如图 2-23 所示。该图简单地描述了化学气相沉积过程中的主要过程：即成核、吸附、生长过程[119]。

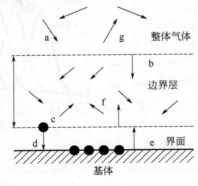

图 2-23

浓度边界层模型示意[119]

人们也尝试通过化学气相沉积法来制备二维黑磷薄膜。研究表明，化学气相沉积法可以成功制备出二维黑磷薄膜。Smith 等[120]首次采用化学气相沉积的方法制备了黑磷薄片。该制备方法主要分为两个步骤，即无定形红磷薄膜的制备和二维基底黑磷的生长。首先通过加热红磷粉末或块体黑磷在硅衬底上形成非晶红磷薄膜，随后转移到含有 Sn 和 SnI$_4$ 的石英管中，再将石英管放入压力装置中密封，抽真空后用氩气回填，经过 950 ℃的加热处理得到二维黑磷薄膜，具体原理如图 2-24 所示，最终制备出了平均面积大于 3 μm^2，层数约为 4 层的黑磷薄膜。该方法可用于制备二维黑磷及黑磷的复合材料，其特点是生长速度快且制备过程较为简便，但存在白磷、红磷及锡化物等杂质。2016 年，Jiang 等[121]在常压下通过气相沉积制备出少层黑磷。先将红磷在 200 ℃热处理 2 h，除去表面氧化物，在惰性气氛下将红磷加热至 450 ℃使其气化后升温至 650 ℃，以 Ti 箔或碳纳米管为基底，在钛箔和碳纳米管表面生长出少层黑磷，然而，经过表征发现，沉积在基底上的少层黑磷并未达到纳米级别。2019 年，Izquierdo 等[122]对二维黑磷薄膜的化学气相沉积法制备进行了更深一步的研究。他们以红磷、锡、碘化高锡为原料，SiO$_2$/Si 为衬底，制备出了横向尺寸为 10 μm×85 μm、厚为 115 nm 的黑磷单晶，但黑磷表面仍含有锡及锡化物等杂质。最后，Xu 等[123]通过热蒸发沉积在绝缘硅衬底上生长了一层≤100 nm 的金薄膜，然后以红磷、锡、碘化高锡为原料，通过化学气相沉积法在覆盖金的绝缘硅衬底上直接生长了横向尺寸达毫米、厚度为几到几百纳米不等的黑磷薄膜。所生长的黑磷薄膜显示出优异的电学性能，室温下的场效应和霍尔迁移率分别超过 1200 cm^2/（V·s）和 1400 cm^2/（V·s），但是后续分离以及黑磷薄膜尺寸不可控的问题仍然存在。

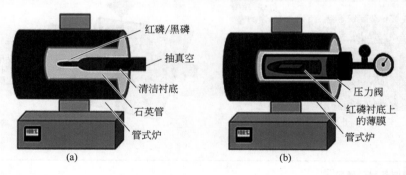

图 2-24

（a）红磷粉末/黑磷化学气相沉积生长红磷薄膜；（b）压力槽反应器中红磷薄膜在基底上生长黑磷原理[120]

化学气相沉积法可直接从廉价磷原料出发一步制备纳米黑磷，反应时间短、工艺简单，省去了制备大块黑磷的繁琐步骤，节约了制备成本。但是，目前化学气相沉积法制备纳米黑磷还处于初始探索阶段，研究手段与研究技术尚不成熟，而且，制备的少层黑磷还残留白磷、红磷及锡化物等杂质。此外，目前报道的化学气相沉积法仅用来制备黑磷薄膜，通过调控化学气相沉积过程中用到的基底形态及条件（温度、时间等）或许可以制备出其他形态的纳米黑磷。总之，化学气相沉积法在制备高质量纳米黑磷及纳米黑磷基复合材料方面具有一定的潜力，但目前存在的很多问题阻碍了其研究。

（3）高压法

高压法除了可以制备黑磷外，还能够制备纳米黑磷。两者不同的地方是制备纳米黑磷采用的高压法是针对红磷薄膜施加压力，让其相变之后转化为纳米黑磷薄膜。2015 年，Li 等[124]通过高压法在柔性聚酯衬底上合成了厚度约为 40 nm 的黑磷薄膜（图 2-25）。高压在此过程中起到了很重要的作用，是红磷薄膜转换为黑磷薄膜的关键。其制备步骤为：首先在尺寸为 40 mm×50 mm×75 μm 的 PET（聚对苯二甲酸乙二醇酯）衬底上沉积一层红磷薄膜，然后在高压单元中施加压力，压力在 4 h 内增加到 10 GPa，然后保持 6 h 不变，最后在 9 h 内释放到环境压力，使红磷薄膜转化为黑磷薄膜。

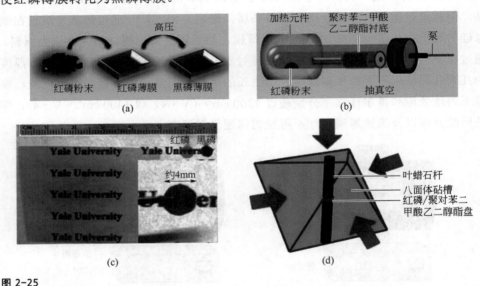

图 2-25

高压装置制备黑磷薄膜[124]

（a）黑磷薄膜的合成路线；（b）红磷薄膜沉积装置原理图；（c）PET 基材上的红磷薄膜照片和将其加压后的 BP/PET 膜照片，插图显示了 BP/PET 膜的透明度；（d）用于转换的高压装置图（箭头表示在转换过程中施加压力的方向）

最近，Li 等[125]也通过加压的方法在蓝宝石衬底上制备了厚约为 50 nm 的多晶黑磷薄膜（图 2-26）。首先让红磷在 400 ℃下沉积 0.5 h，得到红磷薄膜，然后将剥离的横向尺寸为数十微米、厚为 5～10 nm 的 h-BN 薄膜覆盖在红磷薄膜上，最后在 700 ℃ 的高温和 1.5 GPa 的高压下维持 4 h 不变。与 Li 等的工作相比，他们降低了反应温度及压强，同时在红磷薄膜表面覆盖了一层 h-BN 薄膜，降低了纳米黑磷的氧化程度。

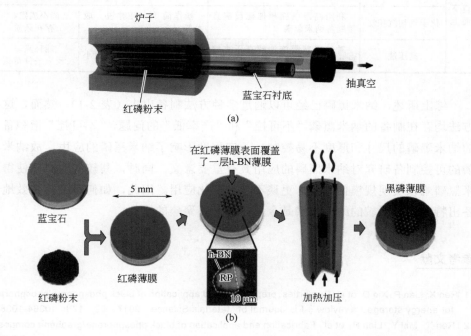

图 2-26

加压制备黑磷薄膜[125]
（a）黑磷薄膜合成工艺流程；（b）蓝宝石圆盘沉积黑磷薄膜装置原理

实际上，通过比较高压法制备纳米黑磷薄膜的工作不难发现一个规律，温度的提高往往会使得黑磷的相变压力变小。但是，总的来说，与高压法制备黑磷情况类似，高压法制备纳米黑磷薄膜也需要很高的能耗，不利于高质量纳米黑磷的低成本、规模化制备。

表 2-1　纳米黑磷的制备方法

	方法	原理	优点	缺点
自上而下	机械剥离法	利用外力剥离，如胶带等	操作简单	耗时、费力、产率低、易氧化，仅能制备黑磷烯
	液相剥离法	在溶剂中借助外场作用力（超声波、剪切力、微波、电场等）剥离	剥离效率高、可制备不同形貌的纳米黑磷（黑磷烯、BPQDs、多孔黑磷烯、黑磷纳米带）	有机溶剂不环保、产率低、易氧化

	方法	原理	优点	缺点
自下而上	溶剂热法	利用密闭反应体系的温度、压力以及溶剂的催化作用直接制备纳米黑磷	操作简单、成本低	晶型较差、BPNSs 较厚
	化学气相沉积法	利用高温气固相催化反应直接制备纳米黑磷	操作简单、耗时短、成本低	尚不成熟、存在杂质
	高压法	对红磷薄膜施加超高压直接转化为黑磷薄膜	黑磷薄膜尺寸大、厚度小	能耗高、反应条件苛刻

综上所述，纳米黑磷已经可以通过多种方法制备出来（表 2-1）。然而，这些方法均存在制备的纳米黑磷"不可控"和"产率低"的问题，"不可控"指制备出的纳米黑磷的尺寸和厚度不易控制，一定程度影响了纳米黑磷的应用，故纳米黑磷的可控制备研究对纳米黑磷的应用具有重要意义。同时，其较低的产率使得纳米黑磷难以实现规模化制备，更谈不上规模化应用。因此，如何可控、高效地制备出特定结构形貌的纳米黑磷是今后研究所要聚焦的重点。

参考文献

[1]Ren X, Lian P, Xie D, et al. Properties, preparation and application of black phosphorus/phosphorene for energy storage: a review [J]. Journal of Materials Science, 2017, 52（17）: 10364-10386.

[2] Ren X, Mei Y, Lian P, et al. Fabrication and application of black phosphorene/graphene composite material as a flame retardant [J]. Polymers, 2019, 11（2）: 193.

[3] 郭宏艳. 二维纳米材料的理论设计与性能调控 [D]. 合肥: 中国科学技术大学, 2014.

[4] Mayorga-Martinez C C, Sofer Z, Pumera M. Layered black phosphorus as a selective vapor sensor [J]. Angewandte Chemie, 2015, 127（48）: 14525-14528.

[5] 李世超, 高婷婷, 周国伟. 三维分级结构二氧化钛纳米材料的可控合成与应用研究进展 [J]. 化工进展, 2015, 34（12）: 4272-4279.

[6] 乔正阳, 刘非拉, 肖鹏, 等. 一维贵金属纳米材料的控制合成与应用 [J]. 化工进展, 2012, 31（10）: 2252-2259.

[7] Xu Y, Wang Z, Guo Z, et al. Solvothermal synthesis and ultrafast photonics of black phosphorus quantum dots [J]. Advanced Optical Materials, 2016, 4（8）: 1223-1229.

[8]Zhang X, Xie H, Liu Z, et al. Black phosphorus quantum dots[J]. Angewandte Chemie International Edition, 2015, 54（12）: 3653-3657.

[9] Sun Z, Xie H, Tang S, et al. Ultrasmall black phosphorus quantum dots: synthesis and use as photothermal agents [J]. Angewandte Chemie, 2015, 127（39）: 11688-11692.

[10] Valappil M O, Ahlawat M, Pillai V K, et al. A single-step, electrochemical synthesis of nitrogen doped blue luminescent phosphorene quantum dots [J]. Chemical Communications, 2018, 54（83）: 11733-11736.

[11] Ozhukil V M, Joshi K, John L, et al. Role of structural distortion in stabilizing electrosynthesized blue-emitting phosphorene quantum dots [J]. The Journal of Physical Chemistry Letters, 2019, 10（5）: 973-980.

[12] Ramasubramaniam A, Muniz A R. Ab initio studies of thermodynamic and electronic properties of phosphorene nanoribbons [J]. Physical Review B, 2014, 90 (8): 085424.

[13] Zhang J, Liu H J, Cheng L, et al. Phosphorene nanoribbon as a promising candidate for thermoelectric applications [J]. Scientific Reports, 2014, 4 (1): 1-8.

[14] Yao Q, Huang C, Yuan Y, et al. Theoretical prediction of phosphorene and nanoribbons as fast-charging Li ion battery anode materials [J]. The Journal of Physical Chemistry C, 2015, 119 (12): 6923-6928.

[15] Hu W, Lin L, Zhang R, et al. Highly efficient photocatalytic water splitting over edge-modified phosphorene nanoribbons [J]. Journal of the American Chemical Society, 2017, 139 (43): 15429-15436.

[16] Lee S, Yang F, Suh J, et al. Anisotropic in-plane thermal conductivity of black phosphorus nanoribbons at temperatures higher than 100 K [J]. Nature Communications, 2015, 6 (1): 1-7.

[17] Masih Das P, Danda G, Cupo A, et al. Controlled sculpture of black phosphorus nanoribbons [J]. ACS Nano, 2016, 10 (6): 5687-5695.

[18] Watts M C, Picco L, Russell-Pavier F S, et al. Production of phosphorene nanoribbons [J]. Nature, 2019, 568 (7751): 216-220.

[19] Liu Z, Sun Y, Cao H, et al. Unzipping of black phosphorus to form zigzag-phosphorene nanobelts [J]. Nature Communications, 2020, 11 (1): 1-10.

[20] Seifert G, Hernández E. Theoretical prediction of phosphorus nanotubes [J]. Chemical Physics Letters, 2000, 318 (4-5): 355-360.

[21] Kou L, Chen C, Smith S C. Phosphorene: fabrication, properties, and applications [J]. The Journal of Physical Chemistry Letters, 2015, 6 (14): 2794-2805.

[22] Samuel Reich E. Phosphorene excites materials scientists [J]. Nature News, 2014, 506 (7486): 19.

[23] Li L, Yu Y, Ye G J, et al. Black phosphorus field-effect transistors [J]. Nature Nanotechnology, 2014, 9 (5): 372.

[24] Carvalho A, Wang M, Zhu X, et al. Phosphorene: from theory to applications [J]. Nature Reviews Materials, 2016, 1 (11): 1-16.

[25] Zhang Y, Hao F, Xiao H, et al. Hydrogen separation by porous phosphorene: a periodical DFT study [J]. International Journal of Hydrogen Energy, 2016, 41 (48): 23067-23074.

[26] Feng J R, Wang G C. First-principles analysis of seven novel phases of phosphorene with chirality [J]. RSC Advances, 2016, 6 (27): 22277-22284.

[27] Liang X, Ng S P, Ding N, et al. Enhanced hydrogen purification in nanoporous phosphorene membrane with applied electric field [J]. The Journal of Physical Chemistry C, 2018, 122 (6): 3497-3505.

[28] Liu H, Lian P, Zhang Q, et al. The preparation of holey phosphorene by electrochemical assistance [J]. Electrochemistry Communications, 2019, 98: 124-128.

[29] Jiang Y, Hou R, Lian P, et al. A facile and mild route for the preparation of holey phosphorene by low-temperature electrochemical exfoliation [J]. Electrochemistry Communications, 2021, 128: 107074.

[30] Wen M, Liu D, Kang Y, et al. Synthesis of high-quality black phosphorus sponges for all-solid-state supercapacitors [J]. Materials Horizons, 2019, 6 (1): 176-181.

[31] Novoselov K S, Geim A K, Morozov S V, et al. Electric field effect in atomically thin carbon films. [J]. Science, 2004, 306 (5696): 666-669.

[32] Chen Y, Jiang G, Chen S, et al. Mechanically exfoliated black phosphorus as a new saturable absorber for both Q-switching and mode-locking laser operation [J]. Optics Express, 2015, 23 (10): 12823-12833.

[33] Castellanos-Gomez A, Vicarelli L, Prada E, et al. Isolation and characterization of few-layer black phosphorus [J]. 2D Materials, 2014, 1 (2): 025001.

[34]Lu W, Nan H, Hong J, et al. Plasma-assisted fabrication of monolayer phosphorene and its Raman characterization [J]. Nano Research, 2014, 7 (6): 853-859.

[35] Brent J R, Savjani N, Lewis E A, et al. Production of few-layer phosphorene by liquid exfoliation of black phosphorus [J]. Chemical Communications, 2014, 50 (87): 13338-13341.

[36] Yasaei P, Kumar B, Foroozan T, et al. High - quality black phosphorus atomic layers by liquid - phase exfoliation [J]. Advanced Materials, 2015, 27 (11): 1887-1892.

[37]Kang J, Wood J D, Wells S A, et al. Solvent exfoliation of electronic-grade, two-dimensional black phosphorus [J]. ACS Nano, 2015, 9 (4): 3596-3604.

[38]Hao C, Yang B, Wen F, et al. Flexible all - solid - state supercapacitors based on liquid - exfoliated black - phosphorus nanoflakes [J]. Advanced Materials, 2016, 28 (16): 3194-3201.

[39] Yan S, Wang B, Wang Z, et al. Supercritical carbon dioxide-assisted rapid synthesis of few-layer black phosphorus for hydrogen peroxide sensing [J]. Biosensors and Bioelectronics, 2016, 80: 34-38.

[40] Lee H U, Park S Y, Lee S C, et al. Black phosphorus (BP) nanodots for potential biomedical applications [J]. Small, 2016, 12 (2): 214-219.

[41] Guo Z, Zhang H, Lu S, et al. From black phosphorus to phosphorene: basic solvent exfoliation, evolution of Raman scattering, and applications to ultrafast photonics [J]. Advanced Functional Materials, 2015, 25 (45): 6996-7002.

[42]Xu J Y, Gao L F, Hu C X, et al. Preparation of large size, few-layer black phosphorus nanosheets via phytic acid-assisted liquid exfoliation [J]. Chemical Communications, 2016, 52 (52): 8107-8110.

[43] Zhao W, Xue Z, Wang J, et al. Large-scale, highly efficient, and green liquid-exfoliation of black phosphorus in ionic liquids [J]. ACS Applied Materials & Interfaces, 2015, 7 (50): 27608-27612.

[44]Lee M, Roy A K, Jo S, et al. Exfoliation of black phosphorus in ionic liquids [J]. Nanotechnology, 2017, 28 (12): 125603.

[45] Chen L, Zhou G, Liu Z, et al. Scalable clean exfoliation of high - quality few - layer black phosphorus for a flexible lithium ion battery [J]. Advanced Materials, 2016, 28 (3): 510-517.

[46] Yang Y, Chen X, Lian P, et al. Production of phosphorene from black phosphorus via sonication and microwave co-assisted aqueous phase exfoliation [J]. Chemistry Letters, 2018, 47 (12): 1478-1481.

[47]Kang J, Wells S A, Wood J D, et al. Stable aqueous dispersions of optically and electronically active phosphorene[J].Proceedings of the National Academy of Sciences,2016, 113(42):11688-11693.

[48]Liu Z, Wang Y, Wang Z, et al. Solvo-thermal microwave-powered two-dimensional material exfoliation [J]. Chemical Communications, 2016, 52 (33): 5757-5760.

[49] Matsumoto M, Saito Y, Park C, et al. Ultrahigh-throughput exfoliation of graphite into pristine 'single-layer'graphene using microwaves and molecularly engineered ionic liquids [J]. Nature Chemistry, 2015, 7 (9): 730-736.

[50] Voiry D, Yang J, Kupferberg J, et al. High-quality graphene via microwave reduction of solution-exfoliated graphene oxide [J]. Science, 2016, 353 (6306): 1413-1416.

[51] 余夏辉. 低维黑磷的制备及其性能研究 [D]. 昆明: 云南师范大学, 2019.

[52] Bat-Erdene M, Batmunkh M, Shearer C J, et al. Efficient and fast synthesis of few-layer black phosphorus via microwave-assisted liquid-phase exfoliation [J]. Small Methods, 2017, 1 (12): 6.

[53]Paton K R, Varrla E, Backes C, et al. Scalable production of large quantities of defect-free few-layer graphene by shear exfoliation in liquids [J]. Nature Materials, 2014, 13 (6): 624-630.

[54] Xu F, Ge B, Chen J, et al. Shear-exfoliated phosphorene for rechargeable nanoscale battery [J]. Mathematics, 2015.

[55]Sofer Z, Bouša D, Luxa J, et al. Few-layer black phosphorus nanoparticles[J]. Chemical Comm-unications, 2016, 52 (8): 1563-1566.

[56] Zhu C，Xu F，Zhang L，et al．Ultrafast preparation of black phosphorus quantum dots for efficient humidity sensing [J]．Chemistry-A European Journal，2016，22（22）：7357-7362．

[57] Liu N，Kim P，Kim J H，et al．Large-area atomically thin MoS₂ nanosheets prepared using elect-rochemical exfoliation [J]．ACS Nano，2014，8（7）：6902-6910．

[58] Abdelkader A M，Cooper A J，Dryfe R A W，et al．How to get between the sheets：a review of recent works on the electrochemical exfoliation of graphene materials from bulk graphite [J]．Nanoscale，2015，7（16）：6944-6956．

[59] 平蕴杰，龚佑宁，潘春旭．电化学剥离制备石墨烯及其光电特性研究进展 [J]．中国激光，2017，44（7）：0703007．

[60] Erande M B，Suryawanshi S R，More M A，et al．Electrochemically exfoliated black phosphorus nanosheets—prospective field emitters[J]．European Journal of Inorganic Chemistry，2015，（19）：3102-3107．

[61] Erande M B，Pawar M S，Late D J，et al．Humidity sensing and photodetection behavior of electrochemically exfoliated atomically thin-layered black phosphorus nanosheets [J]．ACS Applied Materials & Interfaces，2016，8（18）：11548-11556．

[62] Ambrosi A，Sofer Z，Pumera M，et al．Electrochemical exfoliation of layered black phosphorus into phosphorene [J]．Angewandte Chemie，2017，56（35）：10443-10445．

[63] Huang Z，Hou H，Zhang Y，et al．Layer‐tunable phosphorene modulated by the cation insertion rate as a sodium‐storage anode [J]．Advanced Materials，2017，29（34）：1702372．

[64] Xiao H，Zhao M，Zhang J，et al．Electrochemical cathode exfoliation of bulky black phosphorus into few-layer phosphorene nanosheets[J]．Electrochemistry Communications，2018，89：10-13．

[65] Yang S，Zhang K，Ricciardulli A G，et al．A delamination strategy for thinly layered defect-free high-mobility black phosphorus flakes [J]．Angewandte Chemie，2018，57（17）：4677-4681．

[66] Li J，Chen C，Liu S，et al．Ultrafast electrochemical expansion of black phosphorus toward high-yield synthesis of few-layer phosphorene [J]．Chemistry of Materials，2018，30（8）：2742-2749．

[67] Luo F，Wang D，Zhang J，et al．Ultrafast cathodic exfoliation of few-layer black phosphorus in aqueous solution [J]．ACS Applied Nano Materials，2019，2（6）：3793-3801．

[68] Zu L，Gao X，Lian H，et al．Electrochemical prepared phosphorene as a cathode for supercapacitors [J]．Journal of Alloys and Compounds，2019，770：26-34．

[69] 侯冉冉，曹昌蝶，刘岚君，等．电化学辅助制备黑磷纳米带 [J]．磷肥与复肥，2020，35（10）：4-7．

[70] Mayorga Martinez C C，Latiff N M，Eng A Y，et al．Black phosphorus nanoparticle labels for immu-noassays via hydrogen evolution reaction mediation [J]．Analytical Chemistry，2016，88（20）：10074-10079．

[71] Baboukani A R，Khakpour I，Drozd V，et al．Single-step exfoliation of black phosphorus and deposition of phosphorene via bipolar electrochemistry for capacitive energy storage application [J]．Journal of Materials Chemistry，2019，7（44）：25548-25556．

[72] Yang Z，Hao J，Yuan S，et al．Field‐effect transistors based on amorphous black phosphorus ultrathin films by pulsed laser deposition [J]．Advanced Materials，2015，27（25）：3748-3754．

[73] Suryawanshi S R，More M A，Late D J．Laser exfoliation of 2D black phosphorus nanosheets and their application as a field emitter [J]．RSC Advances，2016，6（113）：112103-112108．

[74] Ge S，Zhang L，Wang P，et al．Intense，stable and excitation wavelength-independent photolumin-escence emission in the blue-violet region from phosphorene quantum dots[J]．Scientific Reports，2016，6：27307．

[75] Liu H，Lian P，Tang Y，et al．The preparation of black phosphorus quantum dots by gas exfoliation with the assistance of liquid N₂ [J]．Journal of Nanoscience and Nanotechnology，2020，20（10）：6458-6462．

[76]廉培超，刘红红，梅毅，等. 一种液氮剥离黑磷制备纳米黑磷的方法 [P]. CN108467021A. 2018-08-31.

[77]Gu W，Pei X，Cheng Y，et al. Black phosphorus quantum dots as the ratiometric fluorescence probe for trace mercury ion detection based on inner filter effect[J]. ACS Sensors，2017，2(4): 576-582.

[78] Wang Z，Xu Y，Dhanabalan S C，et al. Black phosphorus quantum dots as an efficient saturable absorber for bound soliton operation in an erbium doped fiber laser [J]. IEEE Photonics Journal，2016，8 (5): 1-10.

[79]Wang G，Wang B，Park J，et al. Synthesis of enhanced hydrophilic and hydrophobic graphene oxide nanosheets by a solvothermal method [J]. Carbon，2009，47 (1): 68-72.

[80]Wang P，Jiang T，Zhu C，et al. One-step，solvothermal synthesis of graphene-CdS and graphene-ZnS quantum dot nanocomposites and their interesting photovoltaic properties [J]. Nano Research，2010，3 (11): 794-799.

[81] Nam D E，Song W S，Yang H. Facile，air-insensitive solvothermal synthesis of emission-tunable CuInS$_2$/ZnS quantum dots with high quantum yields [J]. Journal of Materials Chemistry，2011，21 (45): 18220-18226.

[82] Zhao G，Wang T，Shao Y，et al. A novel mild phase - transition to prepare black phosphorus nanosheets with excellent energy applications [J]. Small，2017，13 (7): 1602243.

[83] Tian B，Tian B，Smith B，et al. Supported black phosphorus nanosheets as hydrogen-evolving photocatalyst achieving 5.4% energy conversion efficiency at 353 K [J]. Nature Communications，2018，9 (1): 1-11.

[84] Tian B，Tian B，Smith B，et al. Facile bottom-up synthesis of partially oxidized black phosphorus nanosheets as metal-free photocatalyst for hydrogen evolution [J]. Proceedings of the National Academy of Sciences，2018，115 (17): 4345-4350.

[85] Zhu S，Liang Q，Xu Y，et al. Facile solvothermal synthesis of black phosphorus nanosheets from red phosphorus for efficient photocatalytic hydrogen evolution [J]. European Journal of Inorganic Chemistry，2020，(9): 773-779.

[86] Zhang Y，Rui X，Tang Y，et al. Wet - chemical processing of phosphorus composite nanosheets for high-rate and high - capacity lithium - ion batteries [J]. Advanced Energy Materials，2016，6 (10): 1502409.

[87]Somani P R，Somani S P，Umeno M. Planer nano-graphenes from camphor by CVD [J]. Chemical Physics Letters，2006，430 (1-3): 56-59.

[88]Yu Q，Lian J，Siriponglert S，et al. Graphene segregated on Ni surfaces and transferred to insulators [J]. Applied Physics Letters，2008，93 (11): 113103.

[89]Reina A，Jia X，Ho J，et al. Large Area，Few-layer graphene films on arbitrary substrates by chemical vapor deposition [J]. Nano Letters，2009，9 (1): 30-35.

[90] Zhao Y，Jang H，et al. Large-scale pattern growth of graphene films for stretchable transparent electrodes [J]. Nature，2009，457 (7230): 706-710.

[91] De Arco L G，Zhang Y，Kumar A，et al. Synthesis，transfer，and devices of single- and few-layer graphene by chemical vapor deposition [J]. Ieee Transactions on Nanotechnology，2009，8(2): 135-138.

[92] Li X S，Cai W W，An J H，et al. Large-area synthesis of high-quality and uniform graphene films on copper foils [J]. Science，2009，324 (5932): 1312-1314.

[93] Sun J，Lindvall N，Cole M T，et al. Low partial pressure chemical vapor deposition of graphene on copper [J]. Ieee Transactions on Nanotechnology，2012，11 (2): 255-260.

[94]Li X，Magnuson C W，Venugopal A，et al. Large-area graphene single crystals grown by low-pressure chemical vapor deposition of methane on copper [J]. Journal of the American Chemical Society，2011，133 (9): 2816-2819.

[95] Mueller N S，Morfa A J，Abou-Ras D，et al. Growing graphene on polycrystalline copper foils by

ultra-high vacuum chemical vapor deposition ［J］. Carbon, 2014, 78（18）: 347-355.

［96］Zhang Y, Zhang L, Kim P, et al. Vapor trapping growth of single-crystalline graphene flowers: synthesis, morphology, and electronic properties ［J］. Nano Letters, 2012, 12（6）: 2810-2816.

［97］宋瑞利, 刘平, 张柯, 等. 铜箔表面化学气相沉积少层石墨烯 ［J］. 材料科学与工程学报, 2016, 34（01）: 96-100.

［98］Bolotin K I, Sikes K J, Jiang Z, et al. Ultrahigh electron mobility in suspended graphene ［J］. Solid State Communications, 2008, 146（9-10）: 351-355.

［99］Abidi I H, Liu Y, Pan J, et al. Regulating top-surface multilayer/single-crystal graphene growth by "gettering" carbon diffusion at backside of the copper foil ［J］. Advanced Functional Materials, 2017, 27（23）: 1700121.

［100］Han J, Lee J Y, Yeo J S. Large-area layer-by-layer controlled and fully bernal stacked synthesis of graphene ［J］. Carbon, 2016, 105（5）: 205-213.

［101］Gao Z, Zhang Q, Naylor C H, et al. Crystalline bilayer graphene with preferential stacking from Ni-Cu gradient alloy ［J］. ACS Nano, 2018, 12（3）: 2275-2282.

［102］Liu K K, Zhang W, Lee Y H, et al. Growth of large-area and highly crystalline MoS$_2$ thin layers on insulating substrates ［J］. Nano Letters, 2012, 12（3）: 1538-1544.

［103］Lee Y H, Zhang X Q, Zhang W J, et al. Synthesis of large-area MoS$_2$ atomic layers with chemical vapor deposition ［J］. Advanced Materials, 2012, 24（17）: 2320-2325.

［104］Ling X, Lee Y H, Lin Y, et al. Role of the seeding promoter in MoS$_2$ growth by chemical vapor deposition ［J］. Nano Letters, 2014, 14（2）: 464-472.

［105］Yu Y, Li C, Liu Y, et al. Controlled scalable synthesis of uniform, high-quality monolayer and few-layer MoS$_2$ films ［J］. Scientific Reports, 2013, 3（1）: 1866.

［106］Gnanasekar P, Periyanagounder D, Nallathambi A, et al. Promoter-free synthesis of monolayer MoS$_2$ by chemical vapour deposition ［J］. Crystengcomm, 2018, 20（30）: 4249-4257.

［107］Qian S, Yang R, Lan F, et al. Growth of continuous MoS$_2$ film with large grain size by chemical vapor deposition ［J］. Materials Science in Semiconductor Processing, 2019, 93（13）: 317-323.

［108］Zhan Y, Liu Z, Najmaei S, et al. Large-area vapor-phase growth and characterization of MoS$_2$ atomic layers on a SiO$_2$ substrate ［J］. Small, 2012, 8（7）: 966-971.

［109］Lin Y C, Zhang W, Huang J K, et al. Wafer-scale MoS$_2$ thin layers prepared by MoO$_3$ sulfurization ［J］. Nanoscale, 2012, 4（20）: 6637-6641.

［110］Hyun C M, Choi J H, Lee S W, et al. Synthesis mechanism of MoS$_2$ layered crystals by chemical vapor deposition using MoO$_3$ and sulfur powders ［J］. Journal of Alloys and Compounds, 2018, 765（10）: 380-384.

［111］Ahn C, Lee J, Kim H U, et al. Low-temperature synthesis of large-scale molybdenum disulfide thin films directly on a plastic substrate using plasma-enhanced chemical vapor deposition ［J］.
Advanced Materials, 2015, 27（35）: 5223-5229.

［112］Nagashima A, Tejima N, Gamou Y, et al. Electronic dispersion relations of monolayer hexagonal boron nitride formed on the Ni（111）surface ［J］. Physical Review B, Condensed Matter, 1995, 51（7）: 4606-4613.

［113］Shi Y, Hamsen C, Jia X, et al. Synthesis of few-layer hexagonal boron nitride thin film by chemical vapor deposition ［J］. Nano Letters, 2010, 10（10）: 4134-4139.

［114］Kim K K, Hsu A, Jia X, et al. Synthesis of monolayer hexagonal boron nitride on Cu foil using chemical vapor deposition ［J］. Nano Letters, 2012, 12（1）: 161-166.

［115］Guo N, Wei J, Fan L, et al. Controllable growth of triangular hexagonal boron nitride domains on copper foils by an improved low-pressure chemical vapor deposition method ［J］. Nanotechnology, 2012, 23（41）: 415605.

[116] Cretu O, Lin Y C, Suenaga K. Evidence for active atomic defects in monolayer hexagonal boron nitride: a new mechanism of plasticity in two-dimensional materials [J]. Nano Letters, 2014, 14 (2): 1064-1068.

[117] Lu G, Wu T, Yuan Q, et al. Synthesis of large single-crystal hexagonal boron nitride grains on Cu-Ni alloy [J]. Nature Communications, 2015, 6 (1): 1-7.

[118] 王立锋. 大尺寸六方氮化硼二维晶体的 CVD 生长及机制研究 [D]. 哈尔滨: 哈尔滨工业大学, 2016.

[119] Jensen K F. Chemical vapor deposition [M]. ACS Publications, 1989.

[120] Smith J B, Hagaman D, Ji H F. Growth of 2D black phosphorus film from chemical vapor deposition [J]. Nanotechnology, 2016, 27 (21): 215602.

[121] Jiang Q, Xu L, Chen N, et al. Facile synthesis of black phosphorus: an efficient electrocatalyst for the oxygen evolving reaction [J]. Angewandte Chemie, 2016, 128 (44): 14053-14057.

[122] Izquierdo N, Myers J C, Seaton N C A, et al. Thin-film deposition of surface passivated black phosphorus [J]. ACS Nano, 2019, 13 (6): 7091-7099.

[123] Xu Y, Shi X, Zhang Y, et al. Epitaxial nucleation and lateral growth of high-crystalline black phosphorus films on silicon [J]. Nature Communications, 2020, 11 (1): 1-8.

[124] Li X, Deng B, Wang X, et al. Synthesis of thin-film black phosphorus on a flexible substrate [J]. 2D Materials, 2015, 2 (3): 031002.

[125] Li C, Wu Y, Deng B, et al. Synthesis of crystalline black phosphorus thin film on sapphire [J]. Advanced Materials, 2018, 30 (6): 1703748.

第3章

纳米黑磷在能源领域的应用

随着人类科技发展以及日常生活需求的增加，人们对于能源的需求量以及消耗量与日俱增，同时由于对化石能源的过度开采以及污染物的过度排放，能源及环境问题日益凸显，已经成为全人类亟待解决的问题，所以开发一种绿色环保的环境友好型能源迫在眉睫。而以太阳能电池以及新型二次电池为代表的储能电池更是成为新能源开发与利用的翘楚。世界各国都在不断研究开发高效储能的新材料。纳米黑磷作为一种新型的储能材料，在储能领域表现出了优异的特性，在太阳能电池以及二次电池领域具有很好的应用前景。本章将介绍黑磷在太阳能电池、锂离子电池、钠离子电池、锂-硫电池、超级电容器及储氢领域的应用。

3.1 太阳能电池

能源短缺和环境污染已成为当今世界各国共同面临的问题。太阳能作为一种清洁能源，逐渐得到了人们的重视，被认为是解决能源衰竭和环境污染等一系列重大问题的最佳选择。首先，地球所接收到的太阳能只占太阳表面发出全部能量的约二十亿分之一，这些能量相当于全球所需总能量的 30000～40000 倍，可谓取之不尽，用之不竭。其次，宇宙空间没有昼夜和四季之分，也没有乌云和阴影，辐射能量十分稳定。而且在无重量、高真空的宇宙环境中，对设备构件的强度要求也不太高。再次，太阳能和石油、煤炭等矿物燃料不同，不会导致"温室效应"和全球性气候变化，也不会造成环境污染。正因为如此，太阳能的利用受到许多国家的重视，各国正在竞相开发各种光电新技术和光电新型材料，以扩大太阳能资源的应用领域。

光伏效应的发现始于 20 世纪。1839 年，法国人 Edmund Bequerel 首次发现了光伏效应，到 1954 年，贝尔实验室的 Chapin Fuller 和 Pearsan 制备了世界上第一个效率为 6%的晶体硅太阳能电池。从此，晶硅太阳能电池迅速发展，效率很快由最初的 6%提高到 10%，并于 1958 年首次在航天器件上得到应用。在后来的十多年里，硅太阳能电池的应用不断扩大，工艺不断改进，电池设计不断改型，新的光伏材料也在不断的探索之中，这是硅太阳能电池发展的第一个时期。第二个发展时期开始于 20 世纪 70 年代初，在这个时期对太阳能电池材料、结构和工艺进行了广泛的研究，背表面电场、细栅金属化、浅结表面扩散和表面织构化开始引入电池的制造工艺中，太阳能电池转换效率有了较大的提高。与此同时，硅太阳能电池开始在地面应用，到了 20 世纪 70 年代末，地面用太阳能电池产量已超过空间电池产量，但单晶硅太阳能电池高昂的成本促使科学家们把目光转移到其他光伏电池。其间最具影响力的是 1976 年制成的 AM1（代表地表上太阳正射的情况，此状态下的光强度为 925 W/m^2）效率达 10%的多晶硅太阳能电池。同年，D.E.Carlson 制成了世界上第一个可供应用的非晶硅太阳能电池（光电转换效率为 2.4%），在这个消息的鼓舞下，迅速掀起了非晶硅太阳能电池的研究热潮，并且取得了很大的成果，另外 CdTe/CdS（集成型薄膜太阳能电池）等光伏电池的研究也取得了可喜的成就。在 20 世纪 90 年代，硅太阳能电池进入快速发展的第三个时期。这个时期的主要特征是把表面钝化技术、降低接触复合效应、后处理提高载流子寿命、改进陷光效应引入电池的制造工艺中。以各种高效电池为代表，电池效率大幅度提高，商业化生产成本进一步降低，应用不断扩大，形成了非晶硅、多晶硅和单晶硅三足鼎立之势[1]。多线切割技术的发展使得制备更薄的晶体硅片成为可能。然而，采用薄的晶体硅片时，载流子的表面复合问题突出，碎片率的上升促使人们必须重新设计电极的制备工艺，只有这样，才能保证得到更高的性价比。进入 21 世纪后，光伏专家们对缺陷晶体硅中的载流子行为进行了更深一步的研究，并将高效工艺产业化，努力将这一具有广阔发展前景的太阳能电池稳步推向市场。

此后，太阳能技术发展大致经历了三个阶段：第一代太阳能电池主要指单晶硅和多晶硅太阳能电池，其在实验室的光电转换效率已经分别达到 25%和 20.4%；第二代太阳能电池主要包括多晶硅和非晶硅薄膜电池；第三代太阳能电池主要指具有高转换效率的一些新概念电池，如染料敏化太阳能电池、钙钛矿太阳能电池以及有机太阳能电池等。

3.1.1　太阳能电池的分类及其工作原理

太阳能是人类取之不尽、用之不竭的可再生能源，也是环保无污染的清洁能源。在太阳能的有效利用中，太阳能光电利用是近些年来发展最快、最具活力的研究领域，是其中最受瞩目的项目之一。太阳能是一种辐射能，它必须借助于能量转换器才能变换为电能。这个把太阳能（或其他光能）变换成电能的能量转换器叫作太阳能电池。太阳能电池一般用于光伏电站或供电不方便的用电场所，例如太阳能路灯、庭院照明、室外气象监测、水库水利检测、小型基站等。

随着太阳能电池行业的不断发展，现在已经衍生出了多种太阳能电池，按所用电池材料的不同，太阳能电池可分为硅太阳能电池、多元化合物薄膜太阳能电池、聚合物太阳能电池、染料敏化太阳能电池以及钙钛矿太阳能电池。下面将分别对各类电池进行简单的介绍。

（1）硅太阳能电池

硅太阳能电池是以硅为基体材料的太阳能电池，其结构主要包括衬底、pn结结构、防反射层、支构面、导电电极，以及背面电极，如图3-1（a）所示。

硅太阳能电池的工作原理如图3-1（b）所示，该原理是基于半导体pn结的"光生伏特效应"。当太阳光照射到半导体的pn结时，pn结结区中被束缚的价电子吸收太阳光光子能量，摆脱束缚形成电子-空穴对。结区附近生成的部分载流子会通过复合的形式抵消掉，而没有被复合的载流子会到达空间电荷区，受内部电场的吸引，电子进入n区，空穴流入p区，导致n区储存过剩的电子，p区有过剩的空穴。它们会在pn结附近形成与势垒方向相反的光生电场。光生电场除了部分抵消势垒电场的作用外，还使得p区带正电，n区带负电，在p区和n区之间产生电动势（即光生伏特效应，光生伏特效应是太阳能电池工作的基本原理）。此时，将n区、p区用外电路连通，即可在外电路中形成电流。

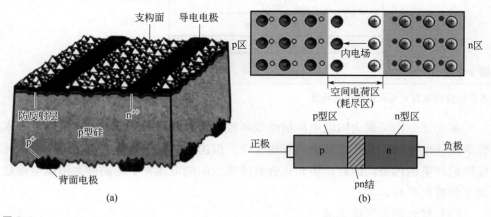

（a）

（b）

图 3-1

（a）硅太阳能电池结构示意；（b）硅太阳能电池工作原理示意[2]

按照硅材料的结晶形态不同，硅太阳能电池可分为单晶硅太阳能电池、多晶硅太阳能电池和非晶硅太阳能电池三种。其中，单晶硅太阳能电池转换效率最高（在实验室研究中最高转换效率可达 24.7%，规模生产时效率为 15%），技术也最为成熟，在大规模应用和工业生产中仍占据主导地位。然而，单晶硅是以多晶硅为原料拉制而成的，因此单晶硅较多晶硅的成本高，且工艺复杂，不适合长远发展。为了降低太阳能电池的制备成本，薄膜太阳能电池应运而生。其中，多晶硅薄膜太阳能电池和非晶硅薄膜太阳能电池就是典型代表。将硅薄膜生长在低成本的衬底材料上，减少了硅材料的消耗。然而，多晶硅薄膜太阳能电池虽然降低了材料成本，但其光电转换效率远不及单晶硅太阳能电池，仅为 12%左右。非晶硅薄膜电池虽然在较低的成本下实现了较高的光电转换效率（最高可达 17.4%），但其缺陷较多，导致其应用受到限制。因此，寻找硅太阳能电池的替代品成为发展太阳能电池的一条重要途径。

（2）多元化合物薄膜太阳能电池

多元化合物薄膜太阳能电池主要包括砷化镓Ⅲ～Ⅴ族化合物、硫化镉、碲化镉及铜铟硒薄膜电池等。多元化合物薄膜太阳能电池主要由玻璃衬底、金属背电极、光吸收层、缓冲层、窗口层及金属栅状电极几部分构成（图3-2）。多元化合物薄膜太阳能电池的工作原理与硅太阳能电池相似，其中，光吸收层相当于 p 型区，用于传输空穴，而窗口层相当于 n 型区，用于传输电子。

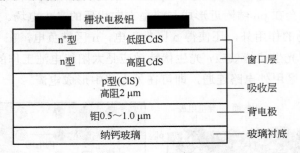

图 3-2

多元化合物薄膜太阳能电池结构示意

多元化合物薄膜太阳能电池虽然效率较非晶硅薄膜太阳能电池效率高，成本较单晶硅电池低，并且也易于大规模生产，但由于材料中的镉含有剧毒，会对环境造成严重的污染。因此，多元化合物薄膜太阳能电池并不是晶硅太阳能电池最理想的替代产品。

（3）聚合物太阳能电池

聚合物太阳能电池是以聚合物代替无机材料的一种太阳能电池，其结构组成如图 3-3（a）所示，由导电玻璃、正极材料（氧化铟锡 ITO）、聚合物活性层（聚合物给体和富勒烯衍生物受体的共混薄膜活性层）、金属负极四部分组成。其工作原理如图 3-3（b）所示，当太阳光透过氧化铟锡电极照射到聚合物活性层上时，活性层中的给体或受体材料吸收光子产生激子，激子迁移到受体/给体的界面上发生电荷分离，在给体上产生空穴，在受体上产生电子。随后，空穴沿给体传输到正极并被收集，电子沿受体传输至负极并被收集。此时，将外电路连接起来可形成光电流和光电压。

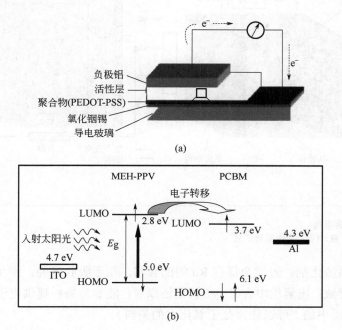

图 3-3

聚合物多层修饰电极型太阳能电池
（a）结构示意；（b）原理示意

　　虽然有机材料具备柔性好、来源广泛、成本低等优势，但以有机材料制备太阳能电池的研究才刚刚开始，无论是使用寿命，还是电池效率都不能和无机材料（特别是硅材料）相比。因此，聚合物太阳能电池的发展还有待进一步研究。

　　（4）染料敏化太阳能电池

　　染料敏化太阳能电池（DSSCs）是模仿光合作用原理研制出来的一种新型太阳能电池。该电池以低成本的纳米二氧化钛和光敏染料为主要原料，模拟自然界中的植物利用太阳能进行光合作用，从而将太阳能转化为电能，是目前最高效和经济的光伏器件之一。染料敏化太阳能电池主要由导电基底、纳米多孔半导体薄膜、染料敏化剂、氧化还原电解质和对电极等几部分组成［图 3-4（a）］。

① 导电玻璃：掺杂氟的 SnO_2 或氧化铟锡，用于收集和传输电子。

② 纳米多孔半导体薄膜：采用金属氧化物（TiO_2、SnO_2、ZnO 等）作为光阳极，不仅是染料敏化剂的载体，同时能够使电荷分离并传输载体。

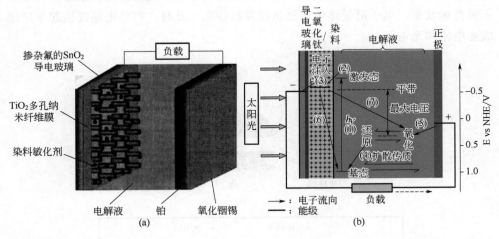

图 3-4

染料敏化太阳能电池
（a）结构组成示意；（b）工作原理示意[3]

③ 染料敏化剂：过渡金属钌 Ru 的配合物，用于吸收光能，产生载流子。

④ 电解液：电解质中含有 I_3^-/I^- 氧化还原对，能够为染料提供电子，并使染料再生（电解质中的 I^- 可以还原处于氧化态的染料）。

⑤ 对电极：通过在 SnO_2 玻璃表面镀一层铂作为还原催化剂，还原催化电解液中的 I_3^-/I^- 与电子的反应。

染料敏化太阳能电池的工作原理如图 3-4（b）所示，染料分子吸收光能后跃迁到激发态，激发态不稳定，电子会快速注入紧邻的 TiO_2 导带，电子扩散至导电基底后流入外电路。处于氧化态的染料被电解质中的 I^- 还原再生，氧化态的电解质在对电极接受电子后被还原，完成第一个循环。

染料敏化太阳能电池的主要优势首先在于其使用寿命较长，可达 15～20 年。其次，该电池成本低、能耗少，且生产过程无毒无污染，有望成为传统硅基太阳能电池的有力竞争者。但该电池中的染料分子经光照时产生的电子在金属氧化物薄膜层中能扩散的距离较短，使得大量的电子到达外部导线前就已复合在薄膜层内，无法为外部回路提供光电子，因而光电转换效率不高。

（5）钙钛矿太阳能电池

钙钛矿太阳能电池是用钙钛矿型有机金属卤化物半导体作为吸光材料的太阳能电池，即将染料敏化太阳能电池中的染料做了相应的替换。其主要材料为钙钛矿，钙钛矿材料的结构是 ABX_3，一般为立方体或八面体结构。在钙钛矿晶体中，B 离子位于立方晶胞的中心，被 6 个 X 离子包围成配位立方八面体；A 离子位于立方晶胞的角顶，被 12 个 X 离子包围成配位八面体，A 一般为甲氨基，B 多为金属 Pb 原子，金属 Sn 也有少量报道，X 为 Cl、Br、I 等卤素单原子或混合原子。其在高温时大多会出现对称结构，在低温时晶体结构会发生畸变，对称性降低。目前在高效钙钛矿型太阳能电池中，最常见的钙钛矿材料是碘化铅甲胺（$CH_3NH_3PbI_3$）（图 3-5）。

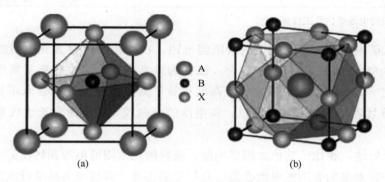

（a）   （b）

A
B
X

图 3-5

钙钛矿晶体结构示意[4]

钙钛矿太阳能电池由上到下分别为玻璃、掺杂氟的 SnO_2 导电玻璃（FTO）、电子传输层（ETM）、钙钛矿光敏层、空穴传输层（HTM）和金属电极（图 3-6）。其中，电子传输层一般为致密的 TiO_2 纳米颗粒，以阻止钙钛矿层的载流子与 FTO 中的载流子复合。通过调控 TiO_2 的形貌、元素掺杂或使用其他的 n 型半导体材料（如 ZnO）等手段可以改善该层的导电能力，以提高电池的性能[5]。钙钛矿太阳能电池的工作原理为：当太阳光照射时，钙钛矿层首先吸收光子产生电子-空穴对，由于钙钛矿材料激子束缚能的差异，这些载流子可能形成自由载流子，或者形成激子。其次，这些钙钛矿材料往往具有较低的载流子复合概率和较高的载流子迁移率，所以载流子的扩散距离和寿命较长。这些未复合的电子和空穴分别被电子传输层和空穴传输层收集（即电子从钙钛矿层传输到 TiO_2 等电子传输层，最后被 FTO 收集；空穴从钙钛矿层传输到空穴传输层，最后被金属电极收集），最后通过连接 FTO 和金属电极的电路而产生光电流。然而，该过程会导致部分载流子的损失，要提高电池的整体性能，应使这些载流子的损失降到最低。

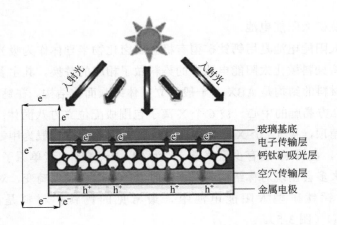

图 3-6

钙钛矿太阳能电池结构及工作原理[6]

钙钛矿电池作为一种新型的太阳能电池，在短短十年里其光电转换效率从最早的 3.8%发展到了目前的 25.5%，被视为最具有应用潜力的新型高效率太阳能电池之一。然而，大多数性能较高的钙钛矿太阳能电池均包含水溶性铅，该物质有毒且容易氧化分解。所以，该电池的寿命较短，寿命最长也仅能达到几千小时。

综上所述，相比于其他太阳能电池，染料敏化太阳能电池和钙钛矿太阳能电池作为一种新型的太阳能电池在最近几年发展迅速，有望成为单晶硅太阳能电池的理想替代品。同时，聚合物太阳能电池的优势及其发展潜力也不可小觑。然而，这些电池目前仍存在一些问题（如光电转换效率不高等），因此如何解决这些问题是目前发展太阳能电池并拓宽其应用领域的关键。

将其他材料与电池主材料复合是提高太阳能电池光电转换效率的一条有效途径。在各领域应用中都表现出优良特性的新型材料——黑磷，也逐渐在太阳能电池领域崭露头角。黑磷独特的带隙决定了其特殊的光电特性，包括光的吸收、发射和调制。它可以吸收可见光到红外区间的光波，这使得黑磷有望对太阳能电池的光电转换效率起到进一步优化的作用。其次，由于黑磷独特的量子限制效应和边缘效应而赋予其吸收和发射特性，使得其更适用于太阳能电池。黑磷在太阳能电池领域的应用将有助于实现新型太阳能电池取代传统晶硅太阳能电池，成为光伏领域的主导目标，并使人类对能源的有效利用上一个新的台阶。

3.1.2 纳米黑磷在聚合物太阳能电池中的应用

聚合物太阳能电池成本低、质量轻，具有机械灵活性，被认为是硅基太阳能电池的一种潜在替代品。目前聚合物太阳能电池的光电转换效率已经达到 17.4%。

然而，有机半导体的载流子迁移率较低，导致器件的电荷收集效率低，这成为限制聚合物太阳能电池发展的主要瓶颈。

Lin 等[7]通过溶液剥离黑磷制得黑磷纳米片（BPNSs），并首次将其用作聚合物太阳能电池的电子传输层，显著提高了器件的性能。相较于未加黑磷的器件，其光电转换效率从 7.37%提高到了 8.18%。这是由于黑磷的加入有利于电子传输，并阻止了阴极附近的载流子复合。通过对工艺条件进行优化，得到了最佳层厚度约为 10 nm 的黑磷。Li 等[8]将液相法制得的尺寸为 6 nm 的黑磷量子点（BPQDs）用于 Si/有机混合太阳电池的空穴传输层，使其转换效率从 10.03%提高到 13.60%，主要原因是 BPQDs 带来更高的内建电势，提高了开路电压（VOC）和填充因子（FF），改善了电池在可见区域的光子响应。

除了将纳米黑磷添加至电子传输层外，Zhao 等[9]将 BPNSs 作为电荷传输介质引入聚合物太阳能电池的活性层中，以改善其光电转换效率。他们将 BPNSs 与 PTB7-Th 聚合物供体和 PC71BM 受体混合，构建了三元共混膜，使得器件显示出显著增强的特性。如图 3-7 所示，在 150 nm 厚的薄膜中，当黑磷的含量为 10%（质量分数）时，聚合物太阳能电池的填充因子（FF）为 74.2%，光电转换效率为 10.5%，与无黑磷的二元器件相比，其效率提高了 20%。这是由于 BP 的高空穴迁移率有助于更好地提取载流子和抑制复合，从而提高了效率。此外，研究表明，尽管活性层具有明显的不均一性，但 BP 的加入对薄膜的结晶度和纳米尺度的影响很小。

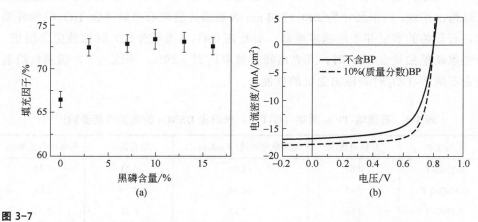

图 3-7

（a）PTB7-Th/PCBM 器件在不同黑磷含量下的填充因子；（b）聚合物太阳能电池的 J-V 曲线[9]

3.1.3 纳米黑磷在染料敏化太阳能电池中的应用

传统的 DSSCs 的阳极一般由可见光吸收染料（如 N719）敏化的二氧化钛组

成，对构成太阳光谱 43% 的近红外线不敏感，并且该单一半导体的应用也表现出光生电子和空穴的生产效率低且复合率高的缺点，将采光区域扩大到近红外同时减少电子空穴对的复合是提高光伏效率的一个有效途径。黑磷作为一种新型的二维结构半导体，其具有直接可调的带隙和高的载流子迁移率，对可见光及红外光具有积极响应的特性[10]，在太阳能电池领域中具有巨大的潜力。基于此，Wang等[11]猜想将黑磷应用到染料敏化太阳能电池的 TiO_2 半导体薄膜中，以期提高其对可见光和近红外光的吸收效率。他们采用球磨结合凝胶溶胶和水热技术成功制备了一种 TiO_2-$BiVO_4$-BP/RP 高性能薄膜，该薄膜原位结合及其 z-构型协同促进了电子-空穴对的分离，并保留了较强的氧化还原电位，不仅有效提高了光的吸收率，同时表现出了良好的催化稳定性。在此基础上，万婷婷[12]提出结合石墨烯的高导电率特性以及黑磷对近红外光的高吸收特性，将石墨烯和黑磷与 TiO_2 进行复合，以两者兼备的优异电子分离和传输性能，以及黑磷独有的可调带隙至近红外区的特点，改善 TiO_2 光阳极。该课题组将 BPNSs 的分散液分别与不同含量的石墨烯-TiO_2 进行复合及光阳极自组装，并对黑磷自组装前后光阳极的电池性能进行电流密度-电压曲线（J-V）（表 3-1）测试研究。同时该实验还探究了不同黑磷和石墨烯复合量对电池效率的影响。发现当石墨烯含量为 0.4%（质量分数）时，电池的光电转换效率与黑磷复合前相比提升了将近 32%，而黑磷复合石墨烯含量超过0.4%（质量分数）的 G-T 纳米纤维，复合光阳极电池的性能增长开始变缓。这说明，黑磷与石墨烯复合 TiO_2 存在一个合适的比例，由表 3-1 总结的电池性能参数可以得出结论，纳米尺寸为 200～300 nm 的黑磷片层与石墨烯复合 TiO_2 纳米纤维时，石墨烯的含量并不是越多越好，而是在 0.4%（质量分数）时性能更为理想。而当黑磷单独复合 TiO_2 时，其光电转换效率达到 3.28%，相比之下，黑磷自组装复合石墨烯-TiO_2 时表现出更好的性能。

表 3-1　石墨烯-TiO_2-黑磷（G-T-P）光阳极 DSSCs 的电池性能参数[12]

不同比例	开路电压/V	短路电流密度/（mA/cm²）	填充因子	光电转换效率/%
0.2%G-T	0.67	15.02	0.21	2.13
0.2%G-T-P	0.65	14.49	0.28	2.66
0.4%G-T	0.66	17.13	0.32	3.61
0.4%G-T-P	0.74	16.02	0.40	4.76
0.6%G-T	0.73	15.48	0.43	3.97
0.6%G-T-P	0.72	15.42	0.45	4.99

　　总的来说，通过 J-V 测试发现，黑磷和石墨烯复合 TiO_2 纳米纤维时，由于黑

磷和石墨烯所具有的协同效果，比石墨烯单独复合时表现出更可观的光电转换效率，这可归因于石墨烯和纳米黑磷独特的各向异性结构对电子传输的有益性。此外，纳米黑磷的可调节带隙又可以提高对近红外光的吸收率，从而提高了光利用效率，最终实现共同增益。

万婷婷[12]对有无黑磷复合的光电材料的光电转换效率进行实验对比，进一步阐明了黑磷复合后提高电池性能的机理。图 3-8 为 0.4%（质量分数）G-T-P 与 0.4%（质量分数）G-T 复合光阳极 DSSCs 的入射单色光电转换效率对比图，黑磷的加入使得电池对可见光的利用效率明显上升，与石墨烯-TiO₂ 相比，光电转换效率（IPCE）曲线在可见光区域的增长可认为是黑磷的作用。通过液相剥离以及高速离心获取的纳米黑磷在石墨烯复合 TiO₂ 的基础上，又杂化了能量接近的 TiO₂ 能级，窄化了 TiO₂ 禁带间隙，同时拓展了光响应区域，且黑磷具有较高的载流子迁移速率，在石墨烯促进电子传输的基础上，双重促进使得光电子快速高效传输。此外，由于二维材料所具备的大比表面积，复合纤维在染料吸附方面也具备一定优势，基于以上原因，黑磷-石墨烯复合 TiO₂ 纳米纤维，一方面有效提高了染料吸附量和电子传输效率，另一方面也拓展了光谱响应区域，提高了太阳能的利用率。

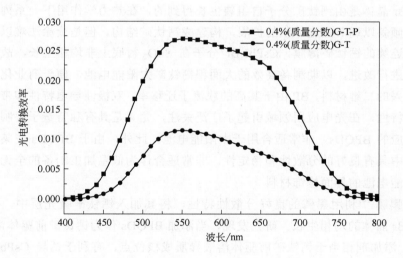

图 3-8

石墨烯-TiO₂-黑磷（G-T-P）光阳极 DSSCs 的光电转换效率（IPCE）曲线[12]

通过以上研究不难发现，将一种基于 BPQDs 的光电阴极引入到准固态双面 n 型 DSSC 中，有助于提高光伏性能。与大多数只能用作光吸收体的 NIR 活性分子染料不同，BPQDs 既是近红外光吸收层，又是电荷转移层，在 NIR 光吸收、电荷输运和电子复合等方面具有明显的优势。相应地，基于 BPQDs 的 DSSCs 的光电转换效率为 6.85%，几乎比聚苯胺（PANI）阴极器件的光电转换效率（5.82%）高 20%。这不仅揭示了一种实现宽带双面 n 型 DSSCs 的实用方法，也实现了 DSSCs 对光能的高效率转换。

目前，基于黑磷的染料敏化太阳能电池都是将黑磷组分加入 TiO_2 半导体薄膜之中，除此之外，是否还能将其加入其他组分当中呢？Bai 等[13]设计了一种新型黑磷/铂（半导体/金属）异质结，由于负载较小，使得 BPNSs 的稳定性显著增强。与此同时，该异质结构能够有效地吸收太阳能，其吸收范围覆盖至红外区域，实现了太阳能的高效利用，为 BP 在下一代光伏和光电子器件中的应用提供了理论依据。

与大多数仅作为光吸收层材料的近红外活性分子染料不同，BPQDs 既可作为近红外光吸收层材料，也可作为电荷传输层材料，因此，一定程度上增加了对近红外光的吸收，减少了电荷的复合，有利于电荷传输。

3.1.4　纳米黑磷在钙钛矿太阳能电池中的应用

现今制备钙钛矿材料最常用的方法为旋涂法，具有高对称、角共享 α 相的 $CsPbI_2Br$ 晶体是由钙钛矿分子自组装生长得到的，在热力学作用下一系列八面体旋转或倾斜以调节晶胞体积的扩展，构建成钙钛矿结构。但是旋涂法难以生成大面积、连续的钙钛矿薄膜，$CsPbI_2Br$ 分子在 SnO_2 衬底上非均相生长，故还需对其方法进行改进，以期制备高效的大面积钙钛矿太阳能电池，便于商业化生产。作为新兴的二维材料，BP 由于其高的载流子迁移率，双极性导电特性和带隙可调等优异特性，在光电应用领域引起了广泛关注，尤其是具有独特量子限制效应和边缘效应的 BPQDs，非常适合用于太阳能电池。此外，由于 BPQDs 在某些低沸点溶剂中具有良好的分散性和稳定性，非常适合作为低温加工制备的全无机钙钛矿太阳能电池的界面修饰材料。

程鹏鹏[14]利用黑磷的良好分散性特性，将其加入钙钛矿吸光层中，实现了 $CsPbI_2Br$ 晶体的均相生长。研究发现，当添加 BPQDs 作为钙钛矿前驱体溶液时，BPQDs 添加剂相当于钙钛矿前驱体溶液异质成核位点，有利于诱导 $CsPbI_2Br$ 晶体的快速成核。BPQDs 提供异质成核位点的同时，通过释放孤对电子所产生的排斥力诱导 $CsPbI_2Br$ 晶体均匀生长，从而形成覆盖均匀、表面光滑的无机钙钛矿薄膜。

Gong 等[15]采用密度泛函理论（DFT）对晶体生长过程中的分子间吸附能进行了计算，以 SnO_2 纳米晶体作为吸附基底时，$PbI_2/CsBr$ 和 $CsBr/PbI_2$ 分子分别显示出-0.713 eV 和-1.180 eV 的最低吸附能 [图 3-9（a）]。添加 BPQDs 后，钙钛矿分子在 BPQDs 上的吸附能量显著降低至-1.218 eV 和-2.084 eV［图 3-9（b）］，这表明 CsPbI$_2$Br 晶体在 BPQDs 上更容易成核生长，从而形成稳定的钙钛矿薄膜。这些研究结果表明，将 BPQDs 嵌入钙钛矿基质中可以有效起到相互促进和协同增强的作用，从而有利于各组分在共生中发挥各自的优势特征，实现 CsPbI$_2$Br 晶体的均相生长。

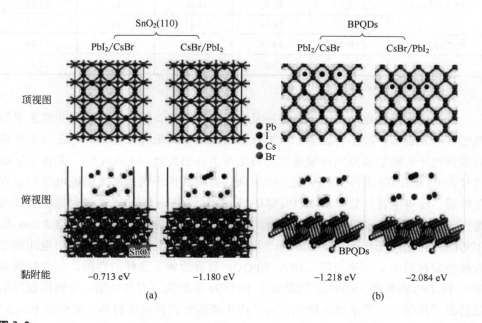

图 3-9

PbI$_2$/CsBr 和 CsBr/PbI$_2$ 在（a）SnO$_2$ 衬底和（b）BPQDs 成核位点上的几何结构优化和黏附能[15]

除此之外，BPQDs 的嵌入是否会对钙钛矿太阳能电池的电池效率产生影响，这是值得研究的。龚秀[16]对基于纯 CsPbI$_2$Br 的参比器件和 BPQDs 掺杂 CsPbI$_2$Br 晶体的光电效率进行试验对比（表 3-2），发现纯 CsPbI$_2$Br 的光电转换效率（IPCE）为 9.26%，开路电压（V_{oc}）为 1.07 V，短路电流密度（J_{sc}）为 13.23 mA/cm^2，填充因子（FF）为 0.64。随着 BPQDs 质量分数的增加，IPCE 逐渐提高，这可能是由于吸光层薄膜结晶度的提高。当采用融入 0.7%（质量分数）BPQDs 的 β 相杂化膜作为光吸收层时，IPCE 达到 13.26%，V_{oc}、J_{sc} 和 FF 参数分别为 1.17 V、14.95 mA/cm^2 和 0.75%。显然，IPCE 的改善主要是由于 FF 的增加以及 V_{oc} 和 J_{sc} 的显著增强所造成的，这表明杂化薄膜器件能够抑制非辐射复合并增强载流子的提取和传输。由于钝化缺陷是抑制非辐射复合的有效方法，因此，采用 BPQDs 修饰钙钛矿层也有助于光电转换效率的提高。

表 3-2 在 AM1.5 G（100 mW/cm²）光照下，参比 CsPbI₂Br 和 CsPbI₂Br+xBPQDs 杂化薄膜钙钛矿太阳能电池器件的光伏性能参数[16]

CsPbI₂Br+xBPQDsᵃ（黑色膜）		短路电流密度/（mA/cm²）	开路电压/V	填充因子/%	光电转换效率/%
50 ℃/10 min	x=0	13.23	1.07	64	9.26
	x=0.3%	13.92	1.09	67	10.22
	x=0.5%	14.38	1.13	72	11.78
50 ℃/15 min	x=0.7%	14.95	1.17	75	13.23
50～200 ℃	x=0.7%	15.86	1.25	78	15.47

注：x 为 BPQDs 掺杂质量分数。

钙钛矿太阳能电池的电子传输层及空穴传输层在器件中也扮演着非常重要的角色。研究表明，除了将黑磷加入钙钛矿层以增强其吸光性能之外，还可将黑磷添加到电子传输层或空穴传输层以加快电荷的传输性能。Muduli 等[17]制备了平均尺寸为 63 nm，带隙为 1.8 eV 的二维黑磷，并将其用于钙钛矿太阳能电池的空穴传输层，使电池转换效率从 13.1%提高到 16.4%。Chen 等[18]以红磷为原料在高温高压下合成黑磷，采用超声法在异丙醇（IPA）中制备了平均大小为 5.2 nm 的 BPQDs，其空穴迁移率超过 100 cm²/（V·s），然后将其加入钙钛矿太阳电池的空穴传输层材料中。结果表明，加入 BPQDs 显著改善了器件的性能，使其转换效率从 14.10%提高到 16.69%，这是由于 BPQDs 可加快空穴的传输，抑制阳极界面处的激子再结合。基于以上研究，为了解决商用空穴传输层材料（聚合物 PTAA）与钙钛矿界面的缺陷态密度较大的问题，董维等[19]将少层 BPNSs 掺杂的 PTAA 作为空穴传输层应用于器件中，发现掺杂黑磷后的 PTAA 的 p 型导电特性显著提高，有利于空穴的有效提取，减少了载流子的界面复合损失。此外，基于掺杂黑磷的 PTAA 器件的光电转换效率也有所提高，并表现出更好的稳定性（图 3-10）。该研究表明，少层的 BPNSs 掺杂空穴传输层是一种简单、有效的提升器件性能和稳定性的策略。

在钙钛矿电池中，电子传输层通常为 TiO₂、ZnO、SnO₂ 等金属氧化物或 PCBM 等有机材料，与常用的空穴传输层材料相比，这些材料的迁移率较低，限制了电池效率的进一步提高。此外，这些材料由于热稳定性和化学稳定性较差，在紫外线照射下会催化钙钛矿分解，导致器件严重失稳。而 BPQDs 的双极性和可调带隙有助于电子的传输，防止空穴注入电子传输层，抑制电子和空穴的重组。Fu 等[20]将 BPQDs 作为钙钛矿电池的电子传输层材料，制备了转换效率达 11.26%的平面钙钛矿太阳能电池，与不加 BPQDs 的电池相比，其 IPCE 提高了 3.15 倍。并且通过对 BPQDs 进行化学改性有望进一步提高电池效率。

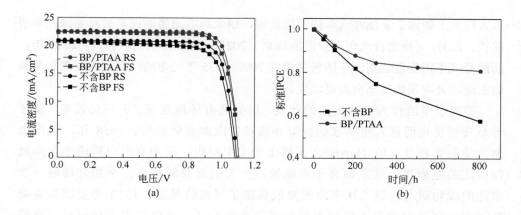

图 3-10

（a）基于 BP/PTAA 和 PTAA 空穴传输层的器件 *J-V* 性能曲线；（b）器件的长期稳定性测试[19]

通过以上研究不难发现，基于黑磷提高钙钛矿太阳能电池效率的方法可分为两种：一种是将其应用于钙钛矿吸光层中，根据其随层数可调节的直接带隙特性，以拓宽太阳能电池对光谱的吸收范围，增强对不同波段光的吸收，进而提高太阳能电池的光电转换效率；另一种是将其应用于空穴传输层或电子传输层中，黑磷具有载流子迁移率高和双极性的特性，不仅能够加快空穴与电子的传输，同时能够减少载流子的复合。

目前，太阳能电池已经逐渐应用于人们的生活。然而，太阳能电池的关键结构——太阳能电池板，由于工作环境复杂，容易老化，存在火灾隐患。通过向电池中添加阻燃剂或使电极本身具有阻燃功能是提升电池安全性的一种有效途径。在多种阻燃剂中，磷系阻燃剂具有环保、低毒，添加量少且阻燃效率高的特点，一方面，其在燃烧时能产生自由基捕获剂 PO 和捕捉链式反应的 H·和 HO·，达到抑制燃烧的效果。另一方面，磷系阻燃剂受热分解出含磷化合物覆盖在聚合物基体表面，形成保护层；同时磷酸化合物具有脱水作用，使聚合物脱水炭化，在表面形成致密的炭层，阻碍环境与聚合物之间的热传递，从而起到阻燃作用。Ren 等[21]首次将纳米黑磷应用于阻燃领域，证明了纳米黑磷对高分子材料具有阻燃功效，且较少的添加量便可起到优异的阻燃效果。所以，将黑磷用于柔性钙钛矿太阳能电池，不仅可以提高柔性钙钛矿太阳能电池的光电转换效率，还有望解决太阳能电池的安全性问题。

3.2 锂离子电池

能源和环境问题的日益凸显以及我国 2030 碳达峰、2060 碳中和目标的提出，很大程度上加速了新能源汽车的发展进程，越来越多的燃油汽车被新能源汽车所取代。此外，《新能源汽车产业发展规划（2021—2035 年）》指出，到 2025 年，新能源汽车销售量达到汽车销售总量的 20%，2035 年纯电动汽车成为新销售车辆的主流，公共领域用车全面电动化。

锂离子电池作为二次电池的代表，因其具有环境友好、无记忆效应、循环寿命长等优点而进入科学家的视野并成功实现商业化应用。1958 年，美国加州大学伯克利分校的 Harris 在其博士论文中提出，采用有机电解质作为金属锂电池的电解质，这是锂离子电池发展史上的重要转折点。早期金属锂一次电池的成功研发为锂二次电池的发展奠定了坚实的基础。1972 年美国埃克森公司率先研发出世界上第一个锂金属二次电池（二硫化钛为正极材料，金属锂为负极材料），然而锂金属二次电池至今仍无法实现商业化，这主要是由于锂枝晶的出现，锂枝晶的形成和生长会给电池体系带来不可逆的容量损失，造成材料的循环性能下降。更糟糕的是，锂枝晶在生长过程中会刺穿隔膜造成电池内部短路，引发电动汽车燃烧爆炸，存在很大的安全隐患。1980 年，Armand 等提出了电池两极采用嵌锂化合物替代金属锂的构想，在充放电的过程中，锂离子不断地在正负极间嵌入和脱嵌，故而被称为"摇椅式电池"。同年，美国物理学教授 John Goodenough 研发出了具有层状结构的过渡金属氧化物 Li_xMO_y（M=Co、Ni、Mn）。1990 年，日本的索尼（Sony）公司率先研制出了 $LiCoO_2/C$ 体系的"锂离子电池"。1992 年，锂离子电池被成功推向市场实现商业化应用。1996 年，John Goodenough 又发现了目前锂离子电池使用的主流正极材料——具有橄榄树结构的 $LiFePO_4$，它具备更高的安全性和热稳定性。近年来，国家大力支持锂电新能源行业，中国锂离子电池市场规模正逐年扩大。

锂离子电池主要由正极材料、负极材料、电解质、隔膜、正极集流体、负极集流体以及电池壳组成（图 3-11）。

① 正极材料选用氧化还原电位高的材料。目前，商用锂离子电池的正极材料主要是 $LiFePO_4$。此外，具有层状结构的 $LiMO_2$（M=Co、Ni、Mn）、尖晶石结构的 $LiMn_2O_4$ 和橄榄石结构的 $LiMPO_4$（M=Mn 和 Co），这些材料具有较高的电压平台（大于 3 V），并且在空气中能够保持稳定。

② 负极材料选用氧化还原电位低的材料，主要分为三类：一是各种碳材料，例如石墨、硬碳、多孔碳微球、软碳等，这类材料与锂离子反应表现为插层机制，结构保持稳定；二是基于合金机制的硅基、锡基、磷基材料等；三是基于转换机制的过渡金属化合物，如金属氧化物、硫化物等。目前商用石墨材料的比容量为 372 mA·h/g，尽管石墨负极材料已实现商业化应用，但其比容

量较低。因此，硅基、磷基、锡基等高比容量材料的开发利用对提高锂离子电池能量密度具有重要意义。

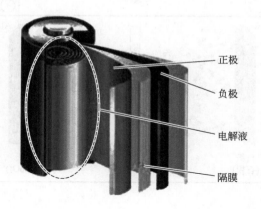

正极

负极

电解液

隔膜

图 3-11

锂离子电池结构示意

③ 电解质在锂离子电池正、负极之间起到传递锂离子的作用，是提高锂离子电池能量密度、循环稳定性的关键。因此，电解质需要满足高的电导率、高的热稳定性、制备容易和成本低廉等条件。锂离子电池的电解质主要分为液体电解质、凝胶型电解质（在凝胶状的聚合物基体上吸附了液态电解液）和固体电解质（聚合物电解质和无机固态电解质）。目前商业化的锂离子电池常用的是液体电解质，通常按照一定的体积比将几种溶剂和锂盐（$LiPF_6$ 或 $LiClO_4$）混合均匀，常用的溶剂有碳酸乙烯酯（EC）、碳酸丙烯酯（PC）、碳酸二乙酯（DEC）和碳酸二甲酯（DMC）。此外，研发人员会根据电极材料的特性在电解液中加入添加剂，以达到防止电解液分解和稳定电极材料的目的。

④ 隔膜是一种具有微孔结构的薄膜，它可以让锂离子自由地穿过，而电子被阻挡在外，同时它也可以防止电池的正负极直接接触而发生短路。目前已经商业化的锂离子电池隔膜一般以微孔聚合物膜为主，如聚乙烯（PE）膜和聚丙烯（PP）微孔膜。

锂离子电池实质上是一种浓差电池，其工作原理是利用具有一定化学势差的正极和负极通过可控氧化还原反应实现化学能与电能间的相互转化。该电池的工作原理示意如图 3-12 所示，以 $LiCoO_2$ 为正极，石墨为负极，$EC+DMC+LiPF_6$ 作电解液为例，其充放电电极发生的化学反应如下：

正极反应　　$LiCoO_2 \underset{\text{放电}}{\overset{\text{充电}}{\rightleftharpoons}} Li_{1-x}CoO_2 + xLi^+ + xe^-$

负极反应　　$6C + xLi^+ + xe^- \underset{\text{放电}}{\overset{\text{充电}}{\rightleftharpoons}} Li_xC_6$

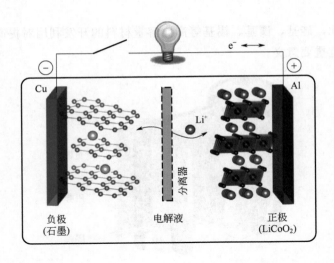

图 3-12

锂离子电池的工作原理示意

　　当电池充电时，锂离子在外电场的作用下从 $LiCoO_2$ 中脱出，途经电解液和隔膜向负极迁移，嵌入石墨的层间，此时负极材料属于"富锂"状态，电能转化为化学能存储在电池中；在放电过程中，石墨层间嵌入的锂离子脱出，经由电解液和隔膜迁移到 $LiCoO_2$ 的层状晶格中，使得正极材料处于"富锂"状态，此时化学能转化为电能。

3.2.1　纳米黑磷储锂机制

　　在锂离子电池负极材料中，研究较广泛的有石墨（LiC_6，372 mA·h/g）、硅（$Li_{4.4}Si$，4200 mA·h/g）、锡（$Li_{4.4}Sn$，900 mA·h/g）和磷（Li_3P，2596 mA·h/g）（其性质见表 3-3）。其中，石墨负极材料虽然具有较好的循环稳定性，但其比容量较低。硅负极材料具有高的理论比容量，但其在充放电过程中具有很大的体积膨胀，容易使电极粉化脱落，降低电池的循环寿命。与石墨相比，黑磷的理论比容量约是商业化石墨负极材料的 7 倍，将黑磷用于锂离子电池负极有利于提升电池的能量密度；与硅相比，黑磷的体积膨胀不及硅，同时黑磷特殊的结构使其电导率优于硅，具有快速充放电的能力；与锡基材料相比，黑磷具有较高的理论比容量。因此，将黑磷作为锂离子电池负极材料具有极大的优势。

表 3-3　锂离子电池负极材料

元素	理论质量比容量 /（mA·h/g）	充电电压 /V	放电电压 /V	体积变化 /%	锂化相
C	372	0.1	0.17	12	LiC_6

元素	理论质量比容量 /（mA·h/g）	充电电压 /V	放电电压 /V	体积变化 /%	锂化相
Si	4200	0.2	0.45	420	$Li_{4.4}Si$
BP	2596	0.45	0.9	300	Li_3P
Sn	994	0.4	0.6	257	$Li_{4.4}Sn$

黑磷作为锂离子电池负极材料，在嵌锂过程中发生如下反应：$P+xLi \rightarrow Li_xP \rightarrow Li_3P$，最终形成 Li_3P 的理论比容量为 2596mA·h/g。根据反应机制可分为两步（图 3-13）[22]：首先锂离子插入黑磷层间发生插层反应：$P+0.19Li^+ \rightarrow Li_{0.19}P$，在此过程，锂离子的插入没有破坏黑磷的结构，P—P 键未断裂；随着锂离子的进一步嵌入，由插层反应转变为合金化反应：$Li_{0.19}P+xLi^+ \rightarrow Li_3P$，此过程 P—P 键发生断裂，同时伴随着体积膨胀。在嵌锂过程中，体积膨胀呈各向异性，东南大学 Xia 等[23]对黑磷嵌锂过程进行了原位观察，锂离子的迁移沿 z 方向的传输速率比较快，这与黑磷特殊的褶皱结构有关。然而，黑磷在嵌锂过程中存在体积膨胀大的问题，使得电极材料粉化并从集流体表面脱落，导致电池的电化学性能降低。围绕这一关键问题，研究者们开展了一系列研究工作。

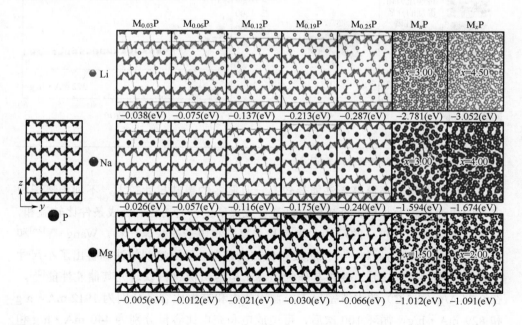

图 3-13

黑磷在锂离子电池中的储能机理[22]

3.2.2　单一纳米黑磷在锂离子电池中的应用

2007 年，Park 等[24]首次采用机械球磨法以红磷为原料合成黑磷，并将其应用于锂离子电池。研究结果表明，单一黑磷首次充电比容量为 1279 mA·h/g，库仑效率仅为 57%，循环 30 次后充电比容量为 220 mA·h/g，通过引入导电碳，充电比容量增至 1814 mA·h/g，然而其循环性能依然较差，这主要归因于放电后形成 Li_3P，同时插层过程中黑磷体积变化较大，导致黑磷从负极极片上粉化脱落，循环稳定性差。之后通过调控电压范围为 0.78～2 V，放电到 0.78 V 形成 LiP 与 BP 进行可逆反应，有效提升了循环性能，循环 100 次后，容量为 600 mA·h/g。虽然减小电压范围能提升循环性能，但却降低了比容量。Sun 等[25]采用高温高压法合成黑磷并研究了其储锂性能（图 3-14），循环 60 次后充电比容量为 703 mA·h/g。相比 Park 等的研究工作，该工作没有添加导电剂并且通过减小电压范围来提高电池的电化学性能，但其电化学性能仍与 Park 等制备的电池相当。

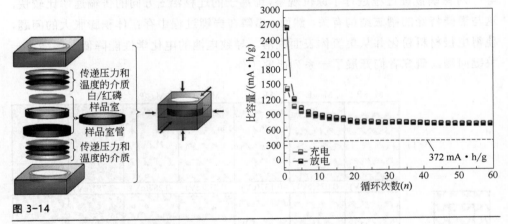

图 3-14

高温高压法制备黑磷及其储锂性能表征[25]

机械球磨法和高温高压法能耗较高，且制备的黑磷尺寸较大，不利于离子和电子的快速传输及扩散。溶剂热法也是合成黑磷的一种方法，合成条件比较温和，且合成的黑磷具有较小的尺寸，更有利于离子和电子的快速迁移。Wang 等[26]和 Zhao 等[27]以红磷为原料，乙二胺或氟化铵为溶剂，采用溶剂热法制备出了小尺寸的黑磷［图 3-15（a）］。并将其作为锂离子电池负极材料以研究其储能性能[26]，在 0.74 A/g（0.5 C）的电流密度下，首次放电和充电比容量分别为 1912 mA·h/g 和 829 mA·h/g，循环 100 次后，可逆放电和充电比容量分别为 440 mA·h/g 和 433 mA·h/g。Zhang 等[28]则通过溶剂热法合成了多孔黑磷烯复合物。他们以红磷为原料，乙醇为溶剂，在 400 ℃下反应 24 h，制备出厚度小于 5 nm，层数小于 8

层的多孔黑磷烯［图 3-15（b）］。在 0.2 A/g 的电流密度下，首次放电和充电容量约为 2696 mA·h/g 和 1969 mA·h/g，循环 100 次后可逆容量为 1600 mA·h/g。该工作制备的黑磷厚度小，同时多孔结构有利于离子及电子传输，从而获得较好的电化学性能。

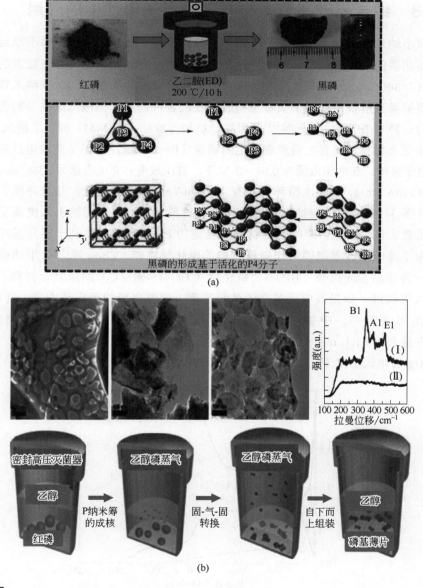

图 3-15

（a）以乙二胺为溶剂制备纳米黑磷[26]；（b）以乙醇为溶剂制备多孔黑磷烯[28]

结晶度高且厚度小、尺寸小的（纳米）黑磷更易表现出良好的电化学性能。黑磷的制备方法对其结构形貌具有较大的影响，最终影响其电化学性能。球磨法制备的黑磷晶型差，尺寸大。采用溶剂热法制备的黑磷尺寸较小，但其结晶度仍然较差。因此，提高结晶度是该方法下一步研究的重点。

3.2.3　纳米黑磷基复合材料在锂离子电池中的应用

减小纳米黑磷的尺寸有利于电化学性能的提升，然而，纳米黑磷不稳定，容易出现团聚的现象，且单一纳米黑磷导电性较差，循环充放电时存在较大的体积膨胀（＞300%），一般通过引入具有高导电性的碳材料如石墨烯、碳纳米管等可同时缓解甚至解决黑磷用于负极材料时存在的各种问题。机械球磨法是制备复合材料的一种有效手段，Sun 等[29]采用高能机械球磨法（HEMM）制备了纳米黑磷-石墨烯复合材料，两者之间形成稳定的磷碳（P—C）键，保证了充放电过程中良好的电子接触。在电压范围为 0.01～2 V 下，首次放电和充电容量为 2786 mA·h/g 和 2382 mA·h/g，100 次循环后具有 1849 mA·h/g 的比容量，并且降低了电压滞后（图 3-16）。与单一纳米黑磷用作电极材料相比，石墨烯的引入提高了导电性，缓解了体积膨胀，同时复合材料以稳定的 P—C 结合，有利于提升循环稳定性。为了进一步改善黑磷用作电极材料的电化学性能，Zhou 等[30]采用球磨法制备了一种非晶三元黑磷（BP）-二氧化钛（TiO_2）-碳（C）纳米复合材料，TiO_2的引入可以进一步提高电子及离子传导速率，改善电极的反应动力学，同时 BP 与 TiO_2 形成 Ti—O—P 键，进一步提高了电子接触界面。在 0.1 A/g 电流密度下，可逆容量为 1581.1 mA·h/g，循环 300 次后，可逆容量为 935.8 mA·h/g，即使在 7 A/g 的电流密度下，仍表现出优异的倍率性能（可逆容量为 947.4 mA·h/g）。

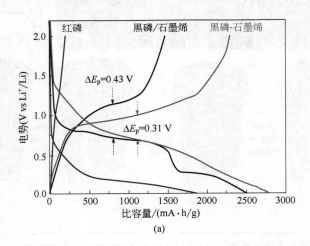

(a)

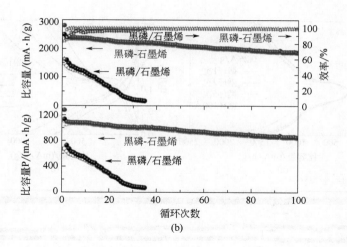

图 3-16

BP-G（形成 P—C 键）、BP/G（未形成 P—C 键）和 RP 电极电化学储锂性能[29]
（a）BP-G、BP/G 和 RP 电极在电压介于 0.01～2.0 V，电流密度为 0.2 C 时的首次充放电容量对比；
（b）在 0.2 C 的电流密度下，BP-G 和 BP/G 的循环性能和库仑效率

　　碳纳米管由于其高的长径比具有一系列优异性能，少量的添加就可形成充分连接纳米黑磷的导电网络，具有优异的电子传导和离子运输能力，有利于提高电池的容量和循环稳定性。Haghighat-Shishavan 等[31]通过球磨法制备了 BP-CNT 复合材料，通过化学交联形成 P—O—C 键，循环 400 次后，充电比容量为 1681 mA·h/g。碳纳米管特殊的结构不仅提高了导电性，还有利于缓冲体积变化，最终提高了电池的电化学性能。

　　然而，以上工作均不能打破传统复合材料的设计理念，电解液和电极材料之间仍然会发生副反应导致容量衰减，电池性能仍然有很大的提升空间。2020 年，Jin 等在黑磷用于新型锂离子电池电极材料研究方面取得了重大突破[32]，他们提出了"界面工程"的策略，报道了一种具有高容量、高倍率性能及循环性能的 BP-G/PANI 复合材料，通过球磨法将黑磷和石墨以共价键连接在一起，在稳定材料结构的同时提升了黑磷/石墨复合材料内部对锂离子的传导能力。采用聚苯胺（PANI）对黑磷烯/石墨烯复合材料进行包覆，一方面提高了复合材料的导电性，另一方面能防止黑磷与电解液发生副反应，从而提升电池的循环稳定性。结果表明，锂离子电池具有惊人的快充性能，充电 9 min 即可恢复约 80% 的电量。电化学性能如图 3-17 所示，在 2.6 A/g 电流密度下，2000 次循环后可逆容量为 910 mA·h/g，容量保持率高达 90%。该研究工作所设计的黑磷复合材料制备的锂离子电池兼具高容量、充电快速且寿命长的优点，这也是迄今为止报道的将黑磷用于锂离子电池负极材料所具有的最佳性能，这一工作的报道为黑磷作为锂离子电池负极材料的商业化应用提供了更多的可能。

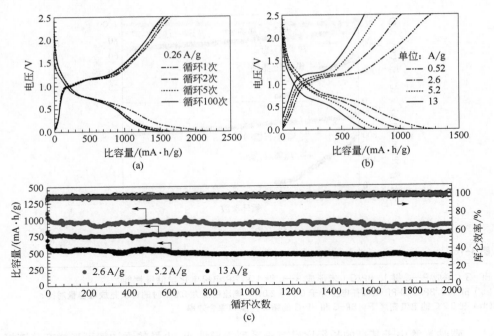

图 3-17

（BP-G）/PANI 电化学性能[32]

（a）0.26 A/g 的电流密度下，不同循环次数对应的充放电容量；（b）不同电流密度对应的首次充放电比容量；（c）2.6 A/g、5.2 A/g、13 A/g 对应的比容量和库仑效率

就方法而言，机械球磨法由于制备条件的不可控，故而导致制备的黑磷粒径大小得不到精确控制。Jiang 等[33]首次采用气相沉积法以红磷为原料在碳纸上合成尺寸较为均一的黑磷（图 3-18），此方法合成的黑磷结晶度高，导电性好，直接沉积在碳纸上形成了强作用力，从而具有优异的电化学性能，首次放电比容量为2168.8 mA·h/g，200 次循环后容量保持率为 75.58%。

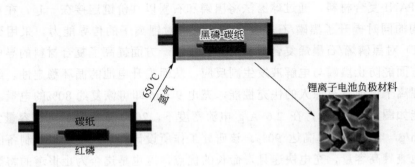

图 3-18

黑磷-碳纸制备示意[33]

可是，不管是机械球磨法还是气相沉积法，只能得到尺寸较小的黑磷，而不能制备具有纳米尺寸的纳米黑磷。为了制备纳米黑磷，大部分研究者采用易于实现的自上而下法，即首先制备出块状黑磷，然后通过剥离制备出纳米黑磷及纳米黑磷基复合材料。Liu 等[34]先通过超声剥离法制备了黑磷烯，然后采用溶剂热法以 NMP 为溶剂，在 140 ℃下制备出 BP/rGO 复合材料，通过溶剂作用形成 P—C 键及 P—O—C 键，最后通过真空抽滤制备出具有三明治结构的 G-BPGO（图 3-19），夹层结构可以起到保护 BP 以防止其氧化的目的。在 0.1 A/g 的电流密度下，首次可逆容量为 1836 mA·h/g，循环 200 次后，容量保持率为 76.3%。

除了引入高导电性的碳材料，Jin 等[35]报道了 BP/NiCo 纳米复合材料用作锂离子电池负极材料的应用。制备的 NiCo 具有纳米多孔的结构，为离子及电子传输提供了良好的传输路径，同时缓冲了体积膨胀，这也与之前 Hembram 等[36]的设计理念相类似。该材料可逆容量为 853 mA·h/g（在电流密度 0.5 A/g 下），循环寿命和倍率性能优异（在 5 A/g 电流密度下，循环 1000 次后，可逆容量为 398 mA·h/g）。

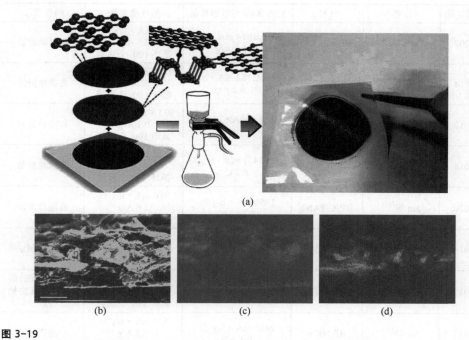

图 3-19

（a）G-BPGO 薄片的合成工艺和照片；（b）扫描电镜图像和相应的 EDS 元素图；（c）P 元素；（d）C 元素[34]

与平面二维材料相比，三维结构不仅能提供离子高速传输的通道，还能提高电极材料的体积比容量。Wang 等[37]通过真空辅助过滤法制备了 BP@NC（Nanocellulose）阳极材料，多孔的 NC 薄膜基底具有一定的弹性，延伸率可达 10.2%，可抑制充放电过程中 BP 的体积变化。在 0.1 A/g 电流密度下，循环 230 次后，可逆容量高达 1020.1 mA·h/g。类似地，具有三维结构和丰富孔洞的多孔碳也被用来与黑磷复合以改善锂离子电池的电化学性能。Zhou 等[38]通过超声剥离的方法制备出黑磷（BP）纳米片，然后将其与多孔碳（HPC）通过溶剂热反应合成 BP/HPC 复合材料用作锂离子电池负极材料。在 1 A/g 电流密度下，循环 1000 次后，可逆容量为 350 mA·h/g。多孔碳具有大的比表面积和短的扩散通道，能提供优异的离子传输效率，BP 纳米片通过溶剂热反应与 HPC 形成了 P—C 键和 P—O—C 键，从而获得了优良的循环稳定性。

各种方法制备的纳米黑磷基材料用于锂离子电池负极时对应的电化学性能如表 3-4 所示。

表 3-4 黑磷基负极材料储锂电化学性能

发表年限	作者	材料	初始放电/充电容量值	循环稳定性	制备方法
2007	Park 等[24]	BP/super P	2010/1814 mA·h/g 在 0.1 A/g	600 mA·h/g 在 0.1 A/g 循环 100 个周期	高能球磨法
2014	Sun 等[29]	BP-G	2786/2382 mA·h/g 在 0.2 A/g	1849 mA·h/g 在 0.2 A/g 循环 100 个周期	高能球磨法
2019	Zhou 等[30]	BP-TiO₂-C	1581.1 mA·h/g 在 0.1 A/g	935.8 mA·h/g 在 0.1 A/g 循环 300 个周期	高能球磨法
2018	Haghighat-Shishavan 等[31]	BP-CNT	2073/1451 mA·h/g 在 0.2 C	1681 mA·h/g 在 0.2 A/g 循环 400 个周期	高能球磨法
2020	Jin 等[32]	BP-G/PANI	1650 mA·h/g 在 0.26 A/g	910 mA·h/g 在 2.6 A/g 循环 2000 个周期	高能球磨法
2018	Jiang 等[33]	BP-CP	2168 mA·h/g 在 0.1 A/g	1677 mA·h/g 在 0.1 A/g 循环 200 个周期	气相沉积法
2017	Liu 等[34]	G-BPGO	2587/1836 mA·h/g 在 0.1 A/g	1401 mA·h/g 在 0.1 A/g 循环 200 个周期	超声剥离法+溶剂热法+真空抽滤法
2019	Jin 等[35]	BP/NiCo	2483 mA·h/g 在 0.1 A/g	853 mA·h/g 在 0.5 A/g 循环 200 个周期	超声法
2020	Wang 等[37]	BP@NC	—	1020.1 mA·h/g 在 0.1 A/g 循环 230 个周期	真空辅助过滤法
2020	Zhou 等[38]	BP/HPC	—	350 mA·h/g 循环 1000 个周期	超声法+溶剂热法

3.3 钠离子电池

　　锂离子电池的广泛使用使得锂资源供不应求。钠离子电池是一种新型的二次电池，其工作原理与锂离子电池相似，且钠资源分布广泛、成本低，被广泛认为是锂离子电池的最佳替代者。与 Li 相比，尽管 Na 的电化学电位较低、离子半径较大，导致钠离子电池的功率密度和能量密度较低，但是，钠离子与液态电解质的溶剂化作用比锂离子更弱，转移电阻更小。此外，钠离子电池可以采用铝箔代替铜箔作为集流体，进一步降低了钠离子电池的应用成本。值得关注的是，钠离子电池具有与锂离子电池相似的电池结构和摇椅式工作原理（图 3-20），所以，工业上大部分制备锂离子电池的工艺适用于钠离子电池，这也能大大降低探索及开发的成本。

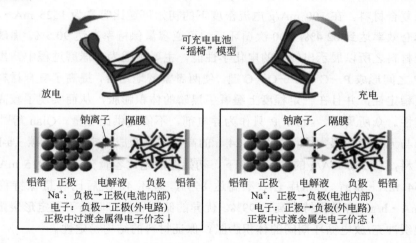

图 3-20

钠离子电池采用摇椅式工作原理

3.3.1 纳米黑磷储钠机制

　　黑磷储钠机制与储锂机制相似，嵌钠过程为 $P+x Na \rightarrow Na_x P \rightarrow Na_3 P$（2596 mA·h/g）。①插层反应：$P+0.25 Na^+ \rightarrow Na_{0.25}P$，此过程 P—P 键不发生断裂；②合金化反应：$Na_{0.25}P+x Na^+ \rightarrow Na_3 P$，优先断裂的是交错的 P—P 键，而不是平面的 P—P 键，从而产生了 P_2 哑铃，随着钠离子的进一步嵌入，大多数 P_2 哑铃变成单个 P 原子，形成无定形的 $Na_3 P$[36]。同样，黑磷嵌钠过程也伴随着大的体积膨胀，而且，由于钠离子的半径比锂离子的大，生成 $Na_3 P$（500%）的体积膨胀大于 $Li_3 P$（300%）。

研究表明通过将黑磷与其他材料复合并形成键合作用有利于提高黑磷的稳定性。因此，将黑磷应用于钠离子电池负极材料时需要与其他材料复合以缓解其大的体积膨胀。

3.3.2 纳米黑磷/碳材料在钠离子电池中的应用

单一黑磷作为负极材料存在体积膨胀大、导电性差、容量衰减快、循环性能差的问题，与黑磷用于锂离子电池负极材料的构建方法相类似，与高导电的碳材料复合是解决该问题有效且常用的策略。

（1）黑磷基二元复合材料

对黑磷进行二元复合材料的构建以制备黑磷基二元复合材料，实现二者协同作用，以改善钠离子电池的电化学性能。构建黑磷基二元复合材料最常用的方法是球磨法。Peng 等[39]将高导电的 super P 与红磷混合，通过球磨法制备了黑磷-碳纳米复合材料。在 100 mA/g 电流密度下的初始可逆比容量为 1525 mA·h/g，首次库仑效率达到 62.4%，100 次循环后的可逆容量保持率高达 90.5%。黑磷基储钠负极材料之所以展示出较好的电化学性能，主要是因为在球磨过程中，黑磷和 super P 之间形成 P—C 和 P—O—C 键，使两者紧密地结合，提高了复合材料的导电性、稳定性，并且在一定程度上缓解了黑磷的体积膨胀，从而实现了较高的循环稳定性。众所周知，super P 只作为导电剂，不能提供比容量。Qian 等[40]以红磷粉末与无定形炭黑为原料，经过 24 h 的高能球磨合成无定形黑磷/碳（a-P/C）复合材料，在 250 mA/g 的电流密度下，初始充放电比容量分别为 2015 mA·h/g 和 1764 mA·h/g，初始库仑效率高达 87%，循环 40 次后比容量保持稳定在 1750 mA·h/g，容量保持率高达 99%。优异的储钠性能可归结于无定形炭黑可以有效地缓冲充/放电循环期间的体积膨胀，保证材料的结构稳定性。

与无定形炭黑、super P 等材料相比，石墨烯具有更优异的导电性、导热性及柔韧性，将黑磷与石墨烯复合制备黑磷烯/石墨烯复合材料也是改善钠离子电池电化学稳定性的一种常用手段。Li 等[41]将石墨和黑磷置于 N-甲基吡咯烷酮（NMP）溶剂中共剥离，由于静电作用生成 2D 异质结构材料，接着利用电泳沉积技术将这些共脱落的异质结构材料组装到导电载体表面制备出储钠负极材料。该材料在 100 mA/g 的电流密度下，放电比容量高达 2365 mA·h/g，循环 100 次后仍保持 1297 mA·h/g 的高可逆比容量，显示出较稳定的循环性能。该工作构建的 2D 异质结构缓冲了黑磷烯组分在嵌脱钠过程中的体积变化。此外，采用电泳沉积技术将黑磷烯与石墨烯均匀地涂覆在导电体表面，能促进两者之间紧密接触，从而提高复合材料整体的导电性。

与黑磷基复合材料用于锂离子电池负极材料的构建策略类似，研究者们也通过各种方法构建了基于黑磷的三明治结构,并将其用于钠离子电池负极材料。2015年,Sun 等[42]设计了一种具有三明治结构的黑磷烯/石墨烯复合材料,黑磷烯和石墨烯通过超声剥离法制成,最后通过溶剂热法将其组装为具有三明治结构的黑磷烯/石墨烯复合材料 [图 3-21(a)]。在 50 mA/g 的电流密度下,黑磷烯/石墨烯复合物展现出 2440 mA·h/g 的高比容量,经历 100 次循环后,容量保持率为 83%,在 3 C 和 10 C 的高倍率下循环 100 次后分别达到 1218 mA·h/g 和 496 mA·h/g 的高比容量 [图 3-21(b)]。其较高的比容量归结于其独特的三明治结构,其中,石墨烯作为缓冲层,以适应合金化过程中磷层的体积膨胀,同时,石墨烯还能提高复合材料的导电性,而黑磷纳米片则提供高的比容量。最终,两者共同为钠离子和电子提供一个短而有效的扩散距离。

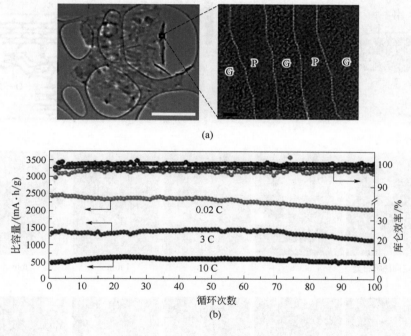

图 3-21

黑磷烯/石墨烯杂化材料[42]
(a)TEM/HTEM;(b)不同电流密度下循环 100 圈的比容量和库仑效率

　　然而,通过超声作用制备纳米黑磷和石墨烯耗时较长。为了提高制备效率,Shuai 等[43]采用较为高效的电化学剥离法分别制备出黑磷烯和石墨烯,再通过溶剂化作用将黑磷烯和石墨烯复合(图 3-22)。具有 P—C 键和 P—O—C 键的三明治结构提高了钠离子电池的性能,在 0.1 A/g 电流密度下,首次比容量为 2311 mA·h/g(基于黑磷),循环 100 次后容量保持率为 83.9%。在 5 A/g 电流密度下，循环 200 次，也具有较高的比容量（1120.6 mA·h/g）。

黑磷烯/石墨烯杂化物的制备步骤：①通过电化学剥离法获得石墨烯；②通过电化学剥离法制备黑磷烯；③通过溶剂热处理实现了三明治结构的黑磷烯/石墨烯杂化材料。

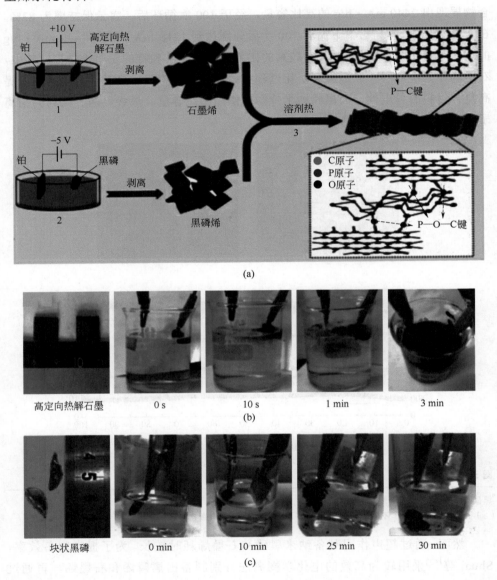

(a)

(b)

(c)

图 3-22

（a）黑磷烯/石墨烯杂化物的制备步骤；（b）HOPG 光学图像和在+10 V 的剥落过程；（c）黑磷在-5 V 的剥离过程[43]

除了先剥离再通过溶剂热法组装成三明治结构的策略，Liu 等[44]还报道了一种先通过热气相传输再在室温下加压合成分层黑磷烯/石墨烯复合材料（BP/rGO）的方法［图 3-23（a）]。高压下黑磷与石墨烯之间具有很强的作用力，使得制备的负极材料组装的钠离子电池具有优异的循环稳定性。在 0.1 A/g 电流密度下，首次可逆容量为 1460.1 mA·h/g，在 1 A/g 电流密度下，循环 500 次，容量稳定在 1250 mA·h/g［图 3-23（b）]。

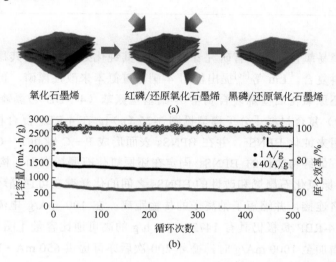

氧化石墨烯　　　　红磷/还原氧化石墨烯　黑磷/还原氧化石墨烯
(a)

(b)

图 3-23

BP/rGO[44]
（a）合成步骤示意；（b）在 1 A/g 和 40 A/g 电流密度下的比容量和库仑效率

（2）黑磷基多元复合材料

黑磷基二元复合材料的构建一定程度上改善了钠离子电池的电化学性能，如果将两种甚至两种以上具有弥补黑磷劣势且自身具有优异性能的材料与黑磷复合构建黑磷基多元复合材料，能否较大程度地提升黑磷基材料的储钠性能，这是值得探究的。

科琴黑和多壁碳纳米管具有很强的导电性及大的比表面积，将两者与黑磷复合可较大程度地改善电池的电化学性能。Xu 等[45]通过球磨法制备了具有纳米结构的黑磷/科琴黑-多壁碳纳米管（BPC）复合材料（图 3-24）。在球磨过程中形成的纳米黑磷颗粒与高导电性的科琴黑组装形成微粒化的二级颗粒，同时引入多壁碳纳米管形成双导电网络以提高复合材料的结构稳定性。得益于复合材料独特的纳米结构及球磨过程中形成的双导电网络，BPC 作为钠离子电池的负极材料，首次库仑效率高达 91.1%，并且在 1300 mA/g 的电流密度下循环 100 次后，比容量仍高达 1700 mA·h/g。

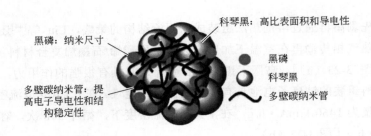

图 3-24

BPC 结构示意[45]

  由于黑磷易氧化，所以有研究者提出先将其钝化处理以提高其稳定性，再将其与其他材料复合。Liu 等[46]提出使用 4-硝基重氮苯来改性黑磷，再通过溶剂热反应将其与还原氧化石墨烯复合制备 4-硝基重氮苯（4-NBD）/黑磷/还原氧化石墨烯（4-RBP）复合材料［分子模型见图 3-25（a）］。在 4-RBP 复合材料内部，4-硝基重氮苯用来钝化 BPNSs，并在 BPNSs 表面形成 P—C 键和 P—O—C 键来稳定纳米黑磷，最终将改性的 BPNSs 固定在还原氧化石墨烯表面，构建了 4-RBP 二维结构。还原氧化石墨烯和改性的 BPNSs 之间的化学键在可逆循环期间保持优异的导电网络连接，并缩短了钠离子的传输距离。在 100 mA/g 电流密度下，循环 50 次后，4-RBP 负极仍具有 1472 mA·h/g 的高可逆比容量［图 3-25（b）］，当电流密度增加至 1000 mA/g 时，循环 200 次后亦可提供 650 mA·h/g 的可逆比容量［图 3-25（c）］。

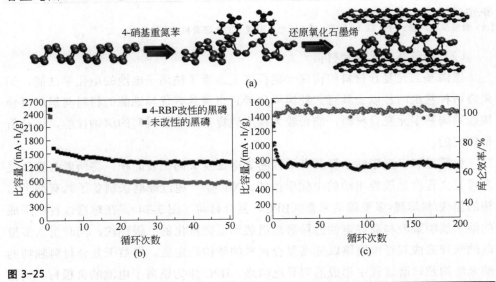

图 3-25

（a）4-NBD 改性黑磷与 rGO 键合的分子模型；（b）4-RBP 和 RBP（未经改性的黑磷）阳极在电流密度为 100 mA/g 时的比容量对比；（c）4-RBP 阳极在电流密度为 1000 mA/g 时的比容量和库仑效率[46]

前文提到，为了抑制电解液和电极材料之间发生副反应导致锂离子电池容量衰减，Jin 等[47]报道了一种由黑磷、石墨和聚苯胺组成的三元复合材料（BP-G/PANI），该复合材料显示出良好的储锂性能（优异的循环稳定性、倍率性能和循环可快充能力）。同样，Jin 等[47]也将这种复合材料用于钠离子电池，三元复合材料提供了一个优化的离子通道（电解液-PANI-BP/G-BP），降低了活性物质和电解质之间的电荷转移阻抗［图 3-26（a）］。均匀涂覆的高导电聚苯胺在充放电过程中限制了黑磷在电极材料中的体积膨胀，保证了三元复合材料稳定的循环性能。在电流密度为 250 mA/g 时，基于复合材料的质量，可逆比容量为 1530 mA·h/g。仅考虑基于黑磷的质量时，可逆比容量为 2350 mA·h/g，相当于复合材料中黑磷的利用率达到 90%。当电流密度增大至 4 A/g，循环 1000 次后，比容量保持在 520 mA·h/g［图 3-26（b）］。

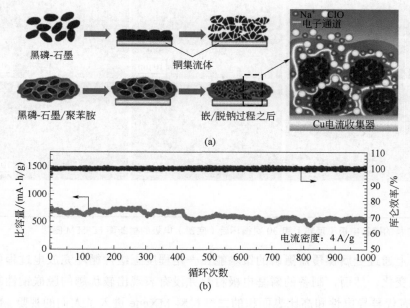

图 3-26

（a）BP-G/PANI 和 BP-G 嵌钠示意；（b）BP-G/PANI 在 4 A/g 的电流密度下的比容量和库仑效率[4]

3.3.3 纳米黑磷/非碳材料在钠离子电池中的应用

除了将黑磷与石墨烯等高导电的碳材料复合以制备黑磷基复合材料之外，将黑磷与非碳材料（如 MXene、金属镍等）复合，同样也能缓解黑磷在充放电过程中的体积膨胀，稳定纳米黑磷，使得复合材料具有优异的电化学性能。

Shimizu 等[48]将金属 Ni 单质涂覆在黑磷颗粒表面，所形成的 Ni/Ni-P 壳层实现了增加电子传输通道与缓冲大体积变化的双重作用（图 3-27）。其电化学阻抗（EIS）测试表明，Ni 涂层含量达到 30%（质量分数）时复合材料的导电性达到最佳，高导电性促进了磷相变为磷化三钠（Na₃P）这一储钠过程，这时复合负极材料输出比容量达到 780 mA·h/g，是纯黑磷电极容量（140 mA·h/g）的 5 倍以上。EIS 分析和横截面场发射扫描电镜（FE-SEM）研究表明，Ni/Ni-P 壳层虽然不能直接参与储钠，但对缓解嵌钠/脱钠过程中磷的大体积变化起到了关键作用，同时高导电性 Ni 层有效激活了 Na₃P 的可逆储钠反应。此外，磷层有利于平稳的电荷转移，提高了材料的快速充放电性能，即使在 5C 的高倍率下也可达到 1340 mA·h/g 的放电比容量。

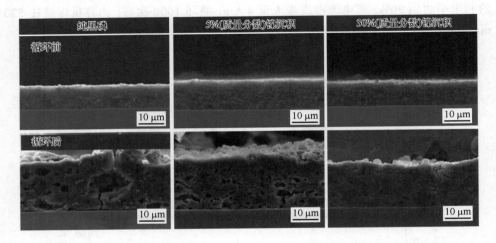

图 3-27

磷及镍包覆的磷基电极（顶部）和 30 次循环后（底部）电极的横断面 FE-SEM 图[48]

以上通过金属镍覆盖黑磷的策略能在一定程度上缓冲循环充放电过程中黑磷的体积变化，然而，制备的磷基电极材料并没有表现出较优越的脱嵌钠性能。于是，具有优异导电性和高比表面积的二维材料 MXene 进入了人们的视野。MXene 作为一种高导电性的二维过渡金属无机化合物材料[49, 50]，用作钠离子电池负极材料时可提升电池的导电性能[51]。

Li 等[52]通过磁力搅拌得到了 BP/Ti₃C₂ 纳米复合材料，在 0.1 A/g 的电流密度下，循环 60 次后容量仅为 121 mA·h/g [图 3-28（a）]；在 0.5 A/g 的电流密度下，首次放电和充电比容量分别为 1064 mA·h/g 和 559.5 mA·h/g，循环 100 次后，比容量仅为 80 mA·h/g [图 3-28（b）]。不难看出，以 BP/Ti₃C₂ 纳米复合材料为阳极制备的钠离子电池容量衰减极快，这可能是由于磁力搅拌的弱作用力使得 BPNSs 与 Ti₃C₂ 之间没有形成强的作用力，层层堆叠不均匀，导致电子接触不佳，电池容量衰减快速。

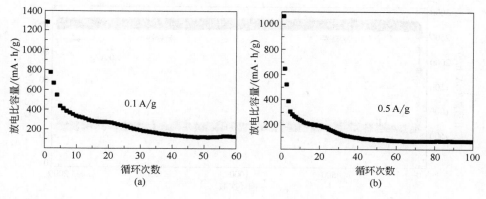

图 3-28

BP/ Ti₃C₂ 复合电极在（a）0.1 A/g 和（b）0.5 A/g 电流密度下的循环性能[52]

针对容量衰减迅速的问题，Guo 等[53]通过形成稳定的富含氟的 SEI 膜，使得以 BP/Ti₃C₂ 复合材料为阳极的钠离子电池具有优异的循环稳定性。值得注意的是，氟来自于合成 Ti₃C₂ 时的 HF，而不用再额外将其加入电解液。在 1 A/g 的电流密度下，循环 1000 次后，比容量为 343 mA·h/g，容量保持率高达 87%（图 3-29）。虽然在长达 1000 次的循环后具有较高的容量保持率，但是比容量较低。为了提高长循环后的比容量，Zhao 等[54]使用了二甲基二烯丙基氯化铵（PDDA）修饰 BP 来提高其稳定性和分散性，然后再将修饰后的 BP 和 Ti₃C₂ 复合制备 PDDA-BP/Ti₃C₂ 纳米片异质结构。在 1 A/g 的电流密度下循环 2000 次后，比容量高达 658 mA·h/g，每次循环比容量仅衰减 0.05%（图 3-30）。复合电极具有的优异循环稳定性，归因于这种特殊的异质结构，PDDA 的修饰提高了黑磷的稳定性和分散性，Ti₃C₂ 提高了复合材料的导电性，纳米结构缩短了电荷转移和离子扩散的通道，最终使得复合电极具有优异的电化学性能。

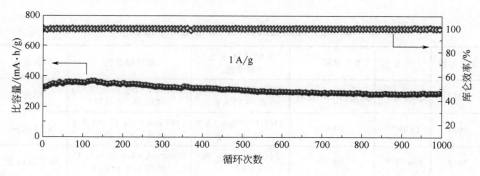

图 3-29

BP/ Ti₃C₂ 在 1 A/g 电流密度下的比容量和库仑效率[53]

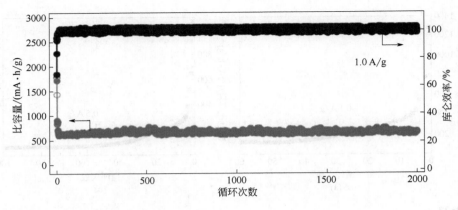

图 3-30

PDDA-BP/Ti$_3$C$_2$在 1 A/g 电流密度下的比容量和库仑效率[54]

与 BPNSs 相比，BPQDs 具有更多的活性位点及更大的比表面积。Meng 等[55]研究了不同质量的 BPQDs 与 Ti$_3$C$_2$ 纳米片复合制备的阳极对钠离子电池储钠性能的影响。BPQDs 均匀地分散在 Ti$_3$C$_2$ 纳米片上，使复合材料具有良好的导电性且在循环时减轻了应力作用，从而使其具有高容量和高循环稳定性。同时，界面处的潜在 P—O—Ti 键有利于在充放电过程中稳定 BPQDs，增强电荷吸附能力和界面电子转移，使复合材料具有较高的电容值和较快的充电速度。因此，该复合电极表现出优越的储钠性能，如高的初始放电比容量（约 723 mA·h/g）、出色的循环稳定性（循环 1000 次，容量保持率接近 100%）和优异的倍率性能（105 个循环周期内，电流密度从最初的 50 mA/g 变化到最终的 2000 mA/g，总容量保持率约为 51.4%）。

各种方法制备的纳米黑磷基材料用于钠离子电池负极时对应的电化学性能如表 3-5 所示。

表 3-5   黑磷基负极材料储钠电化学性能

发表年限	作者	材料	初始放电/充电容量值	循环稳定性	制备方法
2013	Qian 等[40]	无定形 P/C 材料	1800/1764 mA·h/g 在 0.25 A/g	1200 mA·h/g 在 0.25 A/g 循环 60 个周期	球磨
2018	Li 等[41]	BP/G	2365/1788 mA·h/g 在 0.1 A/g	1297 mA·h/g 在 0.1 A/g 循环 100 个周期	电泳沉积
2015	Sun 等[42]	BP-G	2440 mA·h/g 在 0.02 C	2080 mA·h/g 在 0.02 C 循环 100 个周期	蒸发自组装
2018	Shuai 等[43]	BP-G	2867/2311 mA·h/g 在 0.1 A/g	1940 mA·h/g 在 0.1 A/g 循环 100 个周期	溶剂热

发表年限	作者	材料	初始放电/充电容量值	循环稳定性	制备方法
2018	Liu 等[44]	BP/rGO	1503.9 mA·h/g 在 1 A/g	1250 mA·h/g 在 1 A/g 循环 500 个周期	超高压+闪蒸
2016	Xu 等[45]	BP/Ketjen black-MWCNTs	2206.7/ 2011.1 mA·h/g	1700 mA·h/g 循环 100 个周期	高能球磨
2017	Liu 等[46]	(4-NBD) BP/rGO	2500/1700 mA·h/g 在 0.1 A/g	650 mA·h/g 在 1 A/g 循环 200 个周期	超声剥离+溶剂热
2019	Jin 等[47]	BP-G/PANI	2350/1530 mA·h/g 在 0.25 A/g	520 mA·h/g 在 4 A/g 循环 1000 个周期	球磨+包覆
2020	Guo 等[53]	BP/Ti$_3$C$_2$	845/533 mA·h/g 在 0.1 A/g	343 mA·h/g 在 1 A/g 循环 1000 个周期	超声+搅拌
2019	Zhao 等[54]	PDDA-BP/Ti$_3$C$_2$	2588/1780 mA·h/g 在 0.1 A/g	658 mA·h/g 在 1 A/g 循环 2000 个周期	超声+搅拌
2018	Meng 等[55]	BPQDs-Ti$_3$C$_2$	723 mA·h/g 在 0.1 A/g	100 mA·h/g 在 1 A/g 循环 1000 个周期	搅拌

3.4　锂-硫电池

3.4.1　锂-硫电池储能机制

锂-硫电池主要是由硫正极、金属锂负极、电解质、隔膜和集流体组成。单质硫（S$_8$）的理论比容量为 1675 mA·h/g，金属锂的理论比容量为 3861 mA·h/g，构成的锂-硫电池的能量密度达 2600 W·h/kg，锂-硫电池的嵌锂过程为 S+2Li$^+$+2e→Li$_2$S，其工作原理与锂离子电池不同，锂-硫电池涉及硫物种的电化学氧化还原过程，工作原理如图 3-31 所示。在放电过程中，固态的 S$_8$ 分子首先溶解于电解液中形成液态的 S$_8$ 分子，随着 Li$^+$ 的插入，液态环状 S$_8$ 分子的链被打开，S—S 键断裂，并与 Li$^+$ 反应生成可溶性的长链多硫化锂（Li$_2$S$_n$，4≤n≤8）。长链的多硫化锂逐步被还原为短链多硫化锂（Li$_2$S$_n$，2≤n<4），并最终生成不溶性的硫化锂（Li$_2$S）[56, 57]。

然而，锂-硫电池的大规模应用还因为一些问题而受到阻碍：①硫及其放电产物均为绝缘体，影响了电子的传导；②循环充放电时硫的体积变化较大，导致活性物质从电极上粉化脱落；③放电产物可将多硫化物 Li$_2$S$_x$（Li$_2$S$_8$、Li$_2$S$_6$、Li$_2$S$_4$、Li$_2$S$_3$）溶于电解液，随后多硫化物穿过隔膜，向负极扩散，并与负极的金属锂直接发生反应，这种"穿梭效应"不仅会导致活性硫物种的消耗，还会使得电池库仑效率降低、循环寿命变短。通过加入高导电的物质与硫一并封存可有效缓解以上问题，这不仅可以增加电极导电性，还能固定放电生成的可溶性多硫化物，抑制"穿梭效应"，并适应硫的体积变化，减少阴极活性物质的损失。

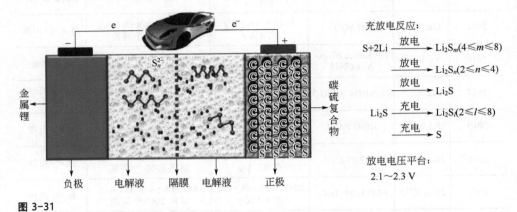

充放电反应：

$$S+2Li \xrightarrow{放电} Li_2S_m(4 \leqslant m \leqslant 8)$$
$$\xrightarrow{放电} Li_2S_n(2 \leqslant n \leqslant 4)$$
$$\xrightarrow{放电} Li_2S$$
$$Li_2S \xrightarrow{充电} Li_2S_l(2 \leqslant l \leqslant 8)$$
$$\xrightarrow{充电} S$$

放电电压平台：
2.1~2.3 V

图 3-31

锂-硫电池工作原理示意[56]

3.4.2 纳米黑磷在锂-硫电池中的应用

针对锂-硫电池硫阴极生成的多硫化物不导电、可溶性中间多硫化物向电解液扩散，导致活性物质不可逆损失、硫阴极体积变化大（80%）等问题，研究者们发现在硫阴极加入少量的黑磷可在一定程度上缓解甚至解决以上问题。

Zhao 等[58]通过密度泛函理论，研究了多硫化物在黑磷烯上的吸附及扩散过程。结果表明，黑磷烯与多硫化物能有效结合，说明黑磷烯是一种很有前途的高性能锂-硫电池的固定材料。实际上，黑磷烯不仅具有固定多硫化物的功能，还能将多硫化物催化成最终产物 Li_2S，减少活性物质的损失。Zhang 等[59]通过理论预测也说明了这一观点。基于黑磷的催化功能，Ren 等[60]通过超声剥离法，制备了少层黑磷烯，然后将其加入多孔碳纳米纤维网络中与硫一起作为阴极基质（图 3-32），有效地改善了锂-硫电池的循环性能。循环 500 次后比容量保持在 660 mA·h/g 以上，每次循环容量衰减率仅为 0.053%，而且，黑磷烯的负载量仅为硫重量的 10%（质量分数）。Jiang 等[61]通过两步沉积的方法合成了 BP-MWCNTs/S 纳米复合材料，并将其与硫一同封装作为锂-硫电池的阴极（图 3-33），纳米结构缩短了反应路径，BP 和 MWCNTs 的引入提高了导电性，同时 BP 纳米粒子与硫形成 P—S 键，9%（质量分数）纳米黑磷的引入有效地抑制了多硫化物的扩散。研究结果表明，含 70%（质量分数）硫的 BP-MWCNTs/S 阴极，在 1 C 的电流密度下，循环 1000 次后比容量为 463 mA·h/g，每次容量衰减率仅为 0.053%，即使在超高速率 8 C 下，比容量仍能达到 505 mA·h/g。

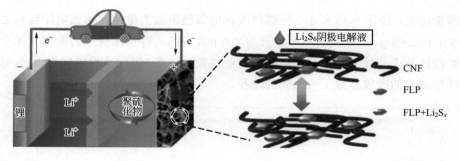

图 3-32

黑磷烯与硫/多孔碳纳米纤维用作锂-硫电池阴极的示意[60]

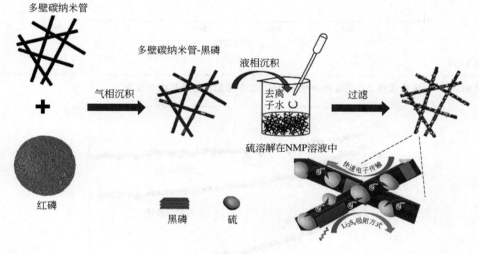

图 3-33

BP-MWCNTs 和 BP-MWCNTs/S 复合材料的合成[61]

　　然而，以上研究中 9%（质量分数）或 10%（质量分数）BPNSs 的引入占据了活性硫物种的比例，最终影响锂-硫电池的比容量。为了减少纳米黑磷的质量占比，研究者把目光聚焦于具有更多活性位点的 BPQDs。Xu 等[62]通过超声剥离法制备了具有更小尺寸的 BPQDs，基于更高活性位点的量子点表现出更高的催化活性（与BPNSs 相比），仅使用硫负载量的 2%，多孔碳/硫阴极表现出快速的反应动力学和多硫化物的无穿梭性，循环 1000 次后比容量为 589 mA·h/g，每次容量衰减率仅为 0.027%（图 3-34），使得锂-硫电池实现低容量衰减和高比容量成为可能。

　　除了对硫阴极进行改善，也有研究人员对锂-硫电池的隔膜进行改性。Sun 等[63]在聚丙烯隔膜上沉积了 BPNSs，BPNSs 与多硫化物之间通过物理吸附和化学键结合，并且黑磷可活化锂-硫电池中的可溶性多硫化物，从而减少活性物质溶解带来的容量损失。如图 3-35 所示，经黑磷改性的隔膜组装的电池初始放电比容量达到了 930 mA·h/g，100 次循环后容量为 800 mA·h/g，容量保持率为 86%，优于石墨烯改性及未改性隔膜组装的电池的储能性能。显然，黑磷改性隔膜为锂-硫电池循环稳定性的改善开辟了一个新的途径。

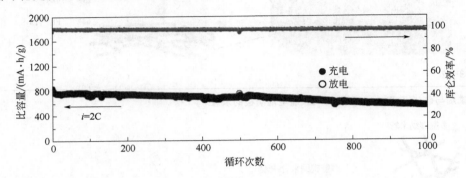

图 3-34

PCNF/S/BPQDs 电极在 2 C 的电流密度下循环 1000 次的比容量及库仑效率[62]

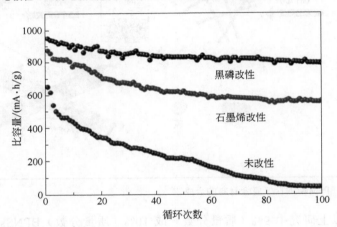

图 3-35

隔膜经黑磷、石墨烯改性及未改性时电池循环性能对比[63]

3.5 超级电容器

3.5.1 超级电容器储能机制

超级电容器，又称为电化学电容器，是 20 世纪 70~80 年代发展起来的一种介于传统电容器和电池之间的电化学储能装置。超级电容器具有功率密度高、充放电速度快、循环寿命长、生产成本低和绿色环保的特点，广泛应用于电动汽车、电力和通信等领域。然而，超级电容器的能量密度远低于锂离子电池，因此通常将超级电容器与电池相结合，组成混合动力系统，尽管如此，仍需发展单一的超级电容器。

超级电容器由电极材料、电解液和隔膜组成，其中电极材料直接决定超级电容器的性能。根据超级电容器储能机制的不同，可分为双电层电容器、赝电容器和混合型电容器。

（1）双电层电容器

双电层电容器是利用电极和电解质之间形成的双电层界面来储存电荷。图 3-36（a）为双电层电容器的储能机理，其充放电是通过静电电荷的吸脱附进行的，电极表面不发生氧化还原反应，这使得双电层电容器具有快速充放电的能力，在应用中表现出优异的循环性能和稳定性。充电过程中，在电极上施加外电压，使正极带正电荷，负极带负电荷，电解液中的阴离子与阳离子分别向正电极与负电极定向迁移，在电极与电解液的界面上形成了双电层；放电过程中，外加电场被撤去，积累的电荷重新回到电解液中，并在外电路产生放电电流。双电层电容器的性能与电极材料的比表面积及导电性有关，双电层电容器电极材料主要为高比表面积的碳材料，包括活性炭、碳纳米管、石墨烯等，其他高比表面积的二维材料也被应用于超级电容器，如纳米黑磷。

（2）赝电容器

赝电容器又称法拉第电容器，其储能机理与双电层电容器的储能机理不同[图 3-36（b）]。赝电容器的储能机理为电活性离子在贵金属电极表面进行欠电位沉积或在贵金属氧化物电极表面及体相中发生氧化还原反应而产生吸附电容。赝电容器较双电层电容器电容更大、工作电压更宽、能量密度更高，但由于赝电容器发生了氧化还原反应，其循环性能与功率密度均高于双电层电容器。赝电容器电容材料主要采用过渡金属氧化物（如 RuO_2、MnO_2、Fe_3O_4）、过渡金属硫化物（如 MoS_2）、过渡金属氢氧化物[如 $Ni(OH)_2$、$Co(OH)_2$]、导电聚合物[如 PANI、聚吡咯（PPy）]等。

（3）混合型电容器

混合型电容器是指由双电层电极材料和赝电容电极材料组成的混合系统[图 3-36（c）]。混合型电容器又分为非对称混合超级电容器、对称复合型混合超级电容器、电池型混合超级电容器。非对称混合超级电容器的正负极储能机理不同，一个电极利用双电层电容储能，另一个电极则利用电化学反应来储存和转化能量。对称复合型混合超级电容器两个电极材料相同，但储能机制不同。混合超级电容器结合了双电层电容器和赝电容器的优势，兼顾了功率密度、循环寿命和能量密度等优点。

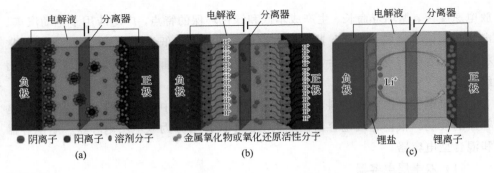

图 3-36

（a）双电层电容器；（b）赝电容器；（c）混合型电容器

3.5.2　纳米黑磷在超级电容器中的应用

具有导电性和大的比表面积是作为双电层电容器电极材料的关键因素。黑磷烯作为一种新型的二维材料，具有高的载流子迁移率、高比表面积以及良好的力学性能，是一种基于双电层电容机制的电极材料。黑磷烯可作为载体与其他材料复合，协同提高超级电容器的电化学性能。

（1）基于黑磷电极的双电层电容器

2016 年，燕山大学 Hao 等[64]以液相剥离法制备了 BPNSs，并将其用于超级电容器制备柔性储能器件。他们将 BPNSs 分散液滴铸在涂铂的聚对苯二甲酸乙二醇酯（聚酯）基材上，随后，将 PVA/H_3PO_4 凝胶电解液夹在聚酯上制备好的两层 BPNSs 薄膜之间（图 3-37）。基于 BPNSs 制备的柔性超级电容器展现了极大的应用潜力。最终测试结果表明，在 0.01 V/s 的扫描速率下，其比电容为 13.75 F/cm^3（45.8 F/g），远大于多层石墨烯的比电容 1 F/cm$^{3[65]}$，进行 30000 次循环后电容仅衰减 28.2%。

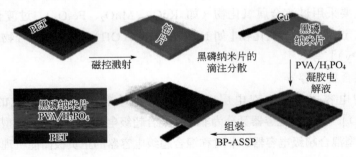

图 3-37

基于 BPNSs 的柔性超级电容器的制备流程[64]

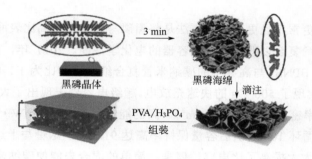

黑磷晶体   3 min   黑磷海绵

↓滴注

PVA/H₃PO₄ 组装

图 3-38

三维黑磷海绵组装全固态超级电容器流程[66]

  然而，单一 BPNSs 存在易堆叠、团聚、不稳定等问题，导致超级电容器容量低，容量衰减快。通过制备杂化电极或者构造具有特殊结构的纳米黑磷（将二维结构构建为三维结构是一种防止纳米片堆叠的方法）可在一定程度上缓解以上问题。在结构的构建方面，Wen 等[66]通过电化学的方法制备了新型三维黑磷海绵并将其用于全固态超级电容器（图 3-38）。在 0.01 V/s 的扫描速率下获得了 80 F/g 的高比电容，经过 15000 个循环后容量衰减 20%。在杂化电极的构建方面，Chen 等[67]通过声化学法制备黑磷和红磷的杂化复合材料（图 3-39），超级电容器显示出 60.1 F/g 的比容量。后来，Gopalakrishnan 等[68]报道了一种简单的声化学方法制备混合红-黑磷/磺化多孔碳（R-BP/SPC）复合高性能超级电容器电极。该复合材料不仅为离子的扩散和电子的转移提供了更短的途径，而且由于碳骨架的存在，提高了结构的稳定性，与前人的工作相比，很大程度上增加了电容器的比电容。测试结果表明，比电容为 364.5 F/g，循环 10000 次后，容量保持率为 89%。

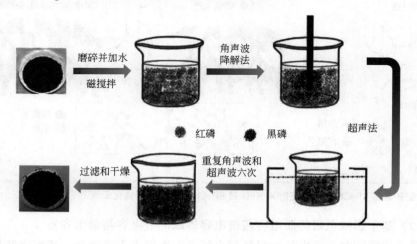

磨碎并加水 磁搅拌 → 角声波 降解法 → 超声法

红磷   黑磷

过滤和干燥 ← 重复角声波和 超声波六次

图 3-39

BP/RP 杂化材料形成过程示意（初始图像是红磷前驱体，最后一个是制备的 BP/RP 混合材料）[67]

实际上，更常用且更有效的方法是将黑磷与高导电、高比表面积的材料如碳纳米管、石墨烯复合以改善超级电容器的电化学性能。2017 年，燕山大学 Yang 等[69]将柔性的 BPNSs 与高导电的碳纳米管复合纸以质量比为 1∶4 的比例超声混合（图 3-40），实现了 500 V/s 的快速充放电。超级电容器表现出了大的比容量（35.7 F/cm³）、高功率密度（821.62 W/cm³）、高的能量密度（5.71 mW·h/cm³）及优异的循环性能（循环 10000 次后容量保持率高达 91.5%）。尽管与上述研究对比，碳纳米管的引入大大提高了比电容，但是，简单的混合未能使碳纳米管和黑磷之间生成稳定的 P—C 键，通过生成稳定的 P—C 键还能进一步提高电容器的比电容。Wu 等[70]将碳纳米管（CNTs）原位嵌入 BP 纳米片中，使得碳纳米管与 BPNSs 之间生成稳定的 P—C 键，然后使用 4-硝基苯重氮（4-NBD）修饰 BP-CNTs，进一步稳定纳米黑磷，以促进电子传导，增强机械稳定性，同时防止 BPNSs 层层堆叠（图 3-41）。测试结果表明，超级电容器表现出了 308.7 F/cm³ 的高比电容及 96.5 mW·h/cm³ 的高能量密度。与前人的工作相比，黑磷的钝化处理与稳定 P—C 键的形成大大提高了超级电容器的比电容及能量密度。

图 3-40

BP 纳米片、碳纳米管溶液和混合物的照片及混合步骤[69]

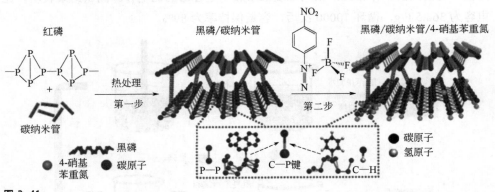

图 3-41

热处理制备黑磷 BP-CNTs 以及使用 4-NBD 对 BP-CNTs 进行化学钝化示意[70]

（2）基于黑磷电极的赝电容超级电容器或混合电容超级电容器

除了将黑磷与高导电的碳材料复合制备双电层电容器之外，还可将其与导电聚合物复合制备赝电容超级电容器电极。新加坡南洋理工大学 Sajedi-Moghaddam

等[71]通过原位聚合制备了黑磷/聚苯胺（BP/PANI）复合电极。在 0.3 A/g 的电流密度下，BP/PANI 纳米复合材料显示了 354 F/g 的比电容，高于单一聚苯胺材料 308 F/g 的比电容。BP 纳米片的二维结构为聚苯胺的成核提供了较大的表面积支撑，两者协同作用获得了较好的电化学性能。除了 PANI 之外，聚吡咯（PPy）由于具有较高的电化学活性和固有的柔韧性，也是构建柔性超级电容器的理想电极材料，但其较低的电容和较差的循环稳定性仍需改进，将其与黑磷复合是一种有效的改进措施。Lou 等[72]采用简单的一步电化学沉积方法合成了 PPy/BP 薄膜用作超级电容器，该薄膜具有较高的电容 497.5 F/g，循环 10000 次后，容量几乎保持不变。在电沉积过程中 BP 纳米片阻碍了聚吡咯的致密无序堆积，提高了离子扩散和电子传递速率，同时缓解了充放电过程中的结构恶化，从而具有优异的电化学性能。此外，Liu 等[73]也做了类似的工作，不同的是他们更加注重材料之间形成键合作用。他们采用低温化学聚合法原位合成 PPy/BP 复合材料（图 3-42），聚吡咯分散在 BPNSs 上，两者形成 P—C 键具有稳定的结构，同时 PPy 包覆层又能防止 BPNSs 氧化。在 1 A/g 电流密度下，PPy/BP 复合材料的比电容为 515 F/g，与前人的研究工作相比，比容量略有提升，但是性能有明显的衰退，尤其是在开始的 100 圈之内。

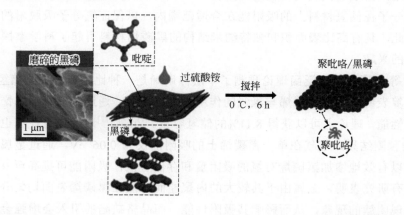

图 3-42

PPy/BP 制备流程[73]

为了获得更优异的电化学性能，Liu 等[74]通过溶剂热法原位合成 Ni_2P/BP 复合材料。Ni_2P 作为过渡金属磷化物具有很好的法拉第电容，然而，团聚会导致其电容性变差，具有大比表面积的黑磷烯可作为 Ni_2P 的支撑材料，提高其分散性，改善其作为电容器电极的电化学性能。以 Ni、P 摩尔比为 1∶1 合成的 Ni_2P/BP 复合材料，在 1 A/g 电流密度下，电容量为 1215 F/g，在 2 A/g 电流密度下，循环 1000 次，仍具有 590 F/g 的电容量。实际上，黑磷除了作为超级电容器的辅助电极，还可单独作为超级电容器的电极。Zu 等[75]以电化学剥离法制备的黑磷烯作为阴极，聚苯胺为阳极，1 mol H_2SO_4/0.5 mol KI 水溶液为电解质组装不对称超级电容器。当电流密度为 0.25 A/g 时，最大放电比电容达到 3181.5 F/g，能量密度达到 203.7 W·h/kg，循环 1000 次容量保持率接近 100%。该超级电容器的性能显著增强的原因是电场中磷原子存在可移动的孤对电子，通过与碘离子的氧化还原反应储存在黑磷烯电极和电解质的界面上，而不是离子在黑磷烯层中扩散导致其体积膨胀。总之，这再次说明了将黑磷烯用于超级电容器时，不管是作为单独的电极，还是与其他材料复合作为复合电极，都具有很好的应用前景。

3.6 纳米黑磷在储氢领域的应用

氢能的出现为解决能源危机开辟了一条新的途径。作为传统化石能源的替代者之一，氢能具有清洁、高效、可再生的优点。国家十四五规划也出台了相关政策引导氢能的开发和应用，加速氢能应用的产业化进程。然而，要实现氢能的产业化应用，必须要找到高密度的储氢材料，解决氢能的储存问题。此外，还要保证氢气分子在储氢材料上的吸附能在合适范围内，以保证氢分子吸脱附的自由循环。因此，具有高比表面积和独特纳米结构的黑磷烯材料引起了科学家探索黑磷烯储氢的兴趣。

Li 等[76]通过密度泛函理论预测了单层黑磷烯是一种比较有潜力的储氢材料。理论计算表明，单一黑磷烯与氢气的作用力太过微弱，通过金属锂的修饰可提高其储氢性能，理论上可以获得 8.11% 的储氢容量。Yu 等[77]通过理论计算也证明了 Li 等的预测结果，氢气在单一黑磷烯上的吸附能仅为 0.06 eV，通过金属锂的修饰，可以有效地增加黑磷烯对氢的吸附量和存储容量，吸附能可提高至 0.2 eV。然而，有研究表明，金属由于其较大的内聚能而不能在黑磷烯表面均匀分散，可能会出现团簇的现象，从而影响其吸附性能，而晶格缺陷的引入会增强金属与黑磷烯间的结合强度，减少团簇现象的出现[78]。在制备黑磷烯的过程中难免会产生缺陷，这一理论的提出使得黑磷烯的缺陷有了意义。根据理论计算，质量较轻的金属锂的修饰无疑改善了黑磷烯对氢的吸附性能，然而，金属锂比较活泼，增加了实际操作的难度，所以，其他金属的修饰对黑磷烯储氢性能的影响也相继通过密度泛函理论被研究与计算。Zhang 等[79]通过密度泛函理论研究了金属掺杂与非金属掺杂对磷和氢作用力的影响，结果表明，非金属掺杂对其没有影响，在金属掺杂的黑磷烯中，铂的表现比较优异，掺杂铂的黑磷烯与氢分子间的吸附能达到 6 eV［图 3-43（a）］，是单一黑磷烯和氢分子吸附能的 50～60 倍，表明掺杂铂的黑磷烯与氢分子间存在很强的作用力。然而，金属铂成本太高，且吸附能太高也不利于解吸（储氢吸附能应在 0.2～0.6 eV 的范围内，有利于氢分子在环境条件下吸附和解吸[80]）。为了拥有更多的选择性，Yu 等[81]通过密度泛函理论计算了几乎所有金属（碱金属、碱土金属、过渡金属）修饰黑磷烯的结合能 [图 3-43（b）] 以及金属修饰的黑磷烯用来储氢的吸附能，研究表明 Li、Sc、Y、Zr 和 La 修饰的黑磷烯对氢分子的吸附能不仅在 0.2～0.6 eV 的合适范围内（表 3-6），而且每个原子可以吸附 3～5 个氢分子，研究结果为金属修饰的黑磷烯为氢分子的吸附提供了更多的选择性。然而，以上分析结果均基于密度泛函理论的理论预测，要想真正实现金属修饰黑磷烯的储氢应用，还需付诸实践，这也是将黑磷烯用于储氢领域亟须开展的研究工作。

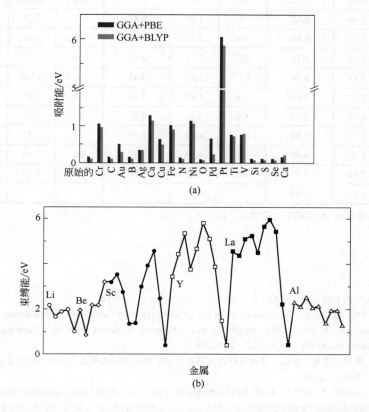

图 3-43

（a）通过两种不同方法计算的氢分子与掺杂黑磷烯吸附能的比较示意[80]；（b）金属原子在黑磷烯上的束缚能

　　横坐标为按分类排列的各金属元素，每类首个元素在图中标了出来。对应表 3-6[81]。

表 3-6 黑磷烯对不同金属的束缚能（E_b）以及单个金属原子修饰的黑磷烯对第一个 H_2 分子的吸附能[E_a（H_2）]

材料	束缚能 /eV	吸附能（H_2） /eV	材料	束缚能 /eV	吸附能（H_2） /eV	材料	束缚能 /eV	吸附能（H_2） /eV
Li[①]	2.17	0.25	Ni	4.57	0.76	W	5.24	1.08
Na	1.65	0.16	Cu[①]	2.45	0.40	Re	4.46	1.24
K	1.90	0.08	Zn	0.35	0.03	Os	5.66	1.50
Rb	1.97	0.07	Y[①]	3.44	0.33	Ir	5.95	1.38
Cs	0.99	0.11	Zr[①]	4.41	0.59	Pt	5.40	1.03
Be	1.94	0.01	Nb	5.33	0.68	Au	2.21	0.09
Mg	0.86	0.02	Mo	3.74	0.81	Hg	0.41	0.04
Ca	2.16	0.12	Tc	4.66	0.87	Al	2.28	0.02
Sr	2.16	0.10	Ru	5.78	0.68	Ga	2.09	0.02
Ba	3.20	0.15	Rh[①]	5.11	0.55	Ge	2.52	0.02
Sc[①]	3.18	0.36	Pd[①]	3.87	0.43	In	1.99	0.02
Ti	3.52	0.62	Ag	1.48	0.19	Sn	2.17	0.02
V	2.75	0.74	Cd	0.41	0.03	Sb	1.34	0.02
Cr	1.33	0.94	La[①]	4.53	0.29	Tl	1.92	0.03
Mn	1.39	0.95	Hf	4.33	0.75	Pb	2.00	0.03
Fe	2.98	1.07	Ta	5.07	0.86	Bi	1.19	0.03
Co	3.91	0.88						

① 表示数据在 H_2 吸附理想范围内（0.2～0.6 eV）。

参考文献

[1] 喜珋. 太阳能发展前景与应用 [J]. 科技风, 2021, （21）: 13-14.

[2] Wagner J M, Schütt A, Carstensen J, et al. Linear-response description of the series resistance of large-area silicon solar cells: resolving the difference between dark and illuminated behavior [J]. Energy Procedia, 2016, 92: 255-264.

[3] 余桢华. 廉价、稳定、高效、环境友好型染料及钙钛矿敏化太阳能电池的设计和研究 [D]. 武汉: 武汉大学, 2016: 58-70.

[4] Fan M S, Lee C P, Li C T, et al. Nitrogen-doped graphene/molybdenum disulfide composite as the electrocatalytic film for dye-sensitized solar cells[J]. Electrochimica Acta, 2016, 21(34): 110-121.

[5] 林明月. 钙钛矿太阳电池的制备与稳定性提升研究 [D]. 西安: 西安石油大学, 2021: 11-20.

[6] Sun J L, Li N X, Dong L, et al. Interfacial-engineering enhanced performance and stability of ZnO nanowire-based perovskite solar cells [J]. Nanotechnology, 2021, 32（47）: 89-100.

[7] Lin S, Liu S, Yang Z, et al. Solution-processable ultrathin black phosphorus as an effective electron transport layer in organic photovoltaics[J]. Advanced Functional Materials, 2016, 26(6): 864-871.

[8] Li Q D, Yang J W, Huang C, et al. Solution processed black phosphorus quantum dots for high

performance silicon/organic hybrid solar cells [J]. Materials Letters, 2018, 217: 92-95.

[9] Zhao Y, Chen T L, Xiao L, et al. Facile integration of low-cost black phosphorus in solution-processed organic solar cells with improved fill factor and device efficiency [J]. Nano Energy, 2018, 53: 345-353.

[10] Sakthivel T, Huang X Y, Wu Y C, et al. Recent progress in black phosphorus nanostructures as environmental photocatalysts [J]. Chemical Engineering Journal, 2020, 379: 122297.

[11] Wang Y Q, Wu J K, Yan Y, et al. Black phosphorus-based semiconductor multi-heterojunction TiO$_2$-BiVO$_4$-BP/RP film with an in situ junction and Z-scheme system for enhanced photoel-ectrocatalytic activity [J]. Chemical Engineering Journal, 2021, 403: 126313.

[12] 万婷婷. 二氧化钛复合纳米纤维的制备及其在染料敏化太阳能电池的应用研究 [D]. 北京: 北京化工大学, 2018: 20-70.

[13] Bai L C, Wang X, Tang S B, et al. Black phosphorus/platinum heterostructure: a highly efficient photocatalyst for solar-driven chemical reactions [J]. Advanced Materials, 2018, 30 (40): 1803641.

[14] 程鹏鹏. 钙钛矿薄膜表面修饰及其在平面太阳能电池中的应用 [D]. 广东: 广东工业大学, 2020.

[15] Gong X, Guan L, Li Q, et al. Black phosphorus quantum dots in inorganic perovskite thin films for efficient photovoltaic application [J]. Science Advances, 2020, 6 (15): 5661.

[16] 龚秀. 低缺陷钙钛矿薄膜的制备及其高效稳定太阳电池的研究 [D]. 武汉: 华中科技大学, 2019.

[17] Muduli S K, Varrla E, Kulkarni S A, et al. 2D black phosphorous nanosheets as a hole transporting material in perovskite solar cells [J]. Journal of Power Sources, 2017, 371: 156-161.

[18] Chen W, Li k W, Wang Y, et al. Black phosphorus quantum dots for hole extraction of typical planar hybrid perovskite solar cells[J]. The Journal of Physical Chemistry Letters, 2017, 8 (3): 591-598.

[19] 董维, 梁佳琪, 马开阳, 等. 二维黑磷纳米片掺杂的 PTAA 助力高性能倒置钙钛矿太阳电池 [C]. //中国化工学会化工新材料专业委员会, 苏州大学. 2020 第四届全国太阳能材料与太阳能电池学术研讨会摘要集. 苏州, 2020.

[20] Fu N Q, Huang C, Lin P, et al. Black phosphorus quantum dots as dual-functional electron-selective materials for efficient plastic perovskite solar cells [J]. Journal of Materials Chemistry A, 2018, 6 (19): 8886-8894.

[21] Ren X, Mei Y, Lian P, et al. A novel application of phosphorene as a flame retardant[J]. Polymers, 2018, 10 (3): 227.

[22] Hembram K P S S, Jung H, Yeo B C, et al. A comparative first-principles study of the lithiation, sodiation, and magnesiation of black phosphorus for Li-, Na-, and Mg-ion batteries [J]. Physical Chemistry Chemical Physics, 2016, 18 (31): 21391-21397.

[23] Xia W, Zhang Q, Xu F, et al. Visualizing the electrochemical lithiation/delithiation behaviors of black phosphorus by in situ transmission electron microscopy[J]. The Journal of Physical Chemistry C, 2016, 120 (11): 5861-5868.

[24] Park C M, Sohn H J, et al. Black phosphorus and its composite for lithium rechargeable batteries [J]. Advanced Materials, 2007, 19 (18): 2465-2468.

[25] Sun L Q, Li M J, Sun K, et al. Electrochemical activity of black phosphorus as an anode material for lithium-ion batteries [J]. The Journal of Physical Chemistry C, 2012, 116(28): 14772-14779.

[26] Wang Y, He M, Ma S, et al. Low-temperature solution synthesis of black phosphorus from red phosphorus: crystallization mechanism and lithium ion battery applications [J]. The Journal of Physical Chemistry Letters, 2020, 11 (7): 2708-2716.

[27] Zhao G, Wang T, Shao Y, et al. A novel mild phase - transition to prepare black phosphorus nanosheets with excellent energy applications [J]. Small, 2017, 13 (7): 1602243.

[28] Zhang Y, Rui X, Tang Y, et al. Wet - chemical processing of phosphorus composite nanosheets for high-rate and high-capacity lithium - ion batteries [J]. Advanced Energy Materials, 2016, 6

（ 10 ）：1502409.

[29] Sun J, Zheng G, Lee H W, et al. Formation of stable phosphorus-carbon bond for enhanced performance in black phosphorus nanoparticle-graphite composite battery anodes ［ J ］. Nano Letters, 2014, 14（ 8 ）：4573-4580.

[30] Zhou F, Ouyang L, Liu J, et al. Chemical bonding black phosphorus with TiO$_2$ and carbon toward high-performance lithium storage ［ J ］. Journal of Power Sources, 2020, 449: 227549.

[31] Haghighat-Shishavan S, Nazarian-Samani M, Nazarian-Samani M, et al. Strong, persistent superficial oxidation-assisted chemical bonding of black phosphorus with multiwall carbon nanotubes for high-capacity ultradurable storage of lithium and sodium ［ J ］. Journal of Materials Chemistry A, 2018, 6（ 21 ）：10121-10134.

[32] Jin H, Xin S, Chuang C, et al. Black phosphorus composites with engineered interfaces for high-rate high-capacity lithium storage ［ J ］. Science, 2020, 370（ 6513 ）：192-197.

[33] Jiang Q, Li J, Yuan N, et al. Black phosphorus with superior lithium ion batteries performance directly synthesized by the efficient thermal-vaporization method ［ J ］. Electrochimica Acta, 2018, 263: 272-276.

[34] Liu H, Zou Y, Tao L, et al. Sandwiched thin-film anode of chemically bonded black phosphorus/graphene hybrid for lithium-ion battery ［ J ］. Small, 2017, 13（ 33 ）：1700758.

[35] Jin J, Zheng Y, Huang S Z, et al. Directly anchoring 2D NiCo metal-organic frameworks on few-layer black phosphorus for advanced lithium-ion batteries ［ J ］. Journal of Materials Chemistry A, 2019, 7（ 2 ）：783-790.

[36] Hembram K P S S, Jung H, Yeo B C, et al. Unraveling the atomistic sodiation mechanism of black phosphorus for sodium ion batteries by first-principles calculations ［ J ］. The Journal of Physical Chemistry C, 2015, 119（ 27 ）：15041-15046.

[37] Wang R, Dai X, Qian Z, et al. Boosting lithium storage in free-standing black phosphorus anode via multifunction of nanocellulose ［ J ］. ACS Applied Materials & Interfaces, 2020, 12（ 28 ）：31628-31636.

[38] Zhou S, Li J, Fu L, et al. Black phosphorus/hollow porous carbon for high rate performance lithium-ion battery ［ J ］. ChemElectroChem, 2020, 7（ 9 ）：2184-2189.

[39] Peng B, Xu Y, Liu K, et al. High-performance and low-cost sodium-ion anode based on a facile black phosphorus-carbon nanocomposite ［ J ］. ChemElectroChem, 2017, 4（ 9 ）：2140-2144.

[40] Qian J, Wu X, Cao Y, et al. High capacity and rate capability of amorphous phosphorus for sodium ion batteries ［ J ］. Angewandte Chemie, 2013, 125（ 17 ）：4731-4734.

[41] Li M, Muralidharan N, Moyer K, et al. Solvent mediated hybrid 2D materials: black phosphorus-graphene heterostructured building blocks assembled for sodium ion batteries ［ J ］. Nanoscale, 2018, 10（ 22 ）：10443-10449.

[42] Sun J, Lee H W, Pasta M, et al. A phosphorene-graphene hybrid material as a high-capacity anode for sodium-ion batteries ［ J ］. Nature Nanotechnology, 2015, 10（ 11 ）：980-985.

[43] Shuai H G P, Hong W, et al. Electrochemically exfoliated phosphorene-graphene hybrid for sodium-ion batteries ［ J ］. Small Methods, 2019, 3（ 2 ）：1800328.

[44] Liu Y, Liu Q, Zhang A, et al. Room-temperature pressure synthesis of layered black phosphorus-graphene composite for sodium-ion battery anodes ［ J ］. ACS Nano, 2018, 12（ 8 ）：8323-8329.

[45] Xu G L, Chen Z, Zhong G M, et al. Nanostructured black phosphorus/ketjenblack-multiwalled carbon nanotubes composite as high performance anode material for sodium-ion batteries ［ J ］. Nano Letters, 2016, 16（ 6 ）：3955-3965.

[46] Liu H, Tao L, Zhang Y, et al. Bridging covalently functionalized black phosphorus on graphene for high-performance sodium-ion battery ［ J ］. ACS Applied Materials & Interfaces, 2017, 9（ 42 ）：36849-36856.

[47] Jin H, Zhang T, Chuang C, et al. Synergy of black phosphorus-graphite-polyaniline-based ternary

composites for stable high reversible capacity Na-ion battery anodes [J]. ACS Applied Materials & Interfaces, 2019, 11 (18): 16656-16661.

[48]Shimizu M, Tsushima Y, Arai S, et al. Electrochemical Na-insertion/extraction property of Ni-coated black phosphorus prepared by an electroless deposition method [J]. ACS Omega, 2017, 2 (8): 4306-4315.

[49] Naguib M, Kurtoglu M, Presser V, et al. Two-dimensional nanocrystals produced by exfoliation of Ti_3AlC_2 [J]. Advanced Materials, 2011, 23 (37): 4248-4253.

[50]Anasori B, Lukatskaya M R, Gogotsi Y, et al. 2D metal carbides and nitrides (MXenes)for energy storage [J]. Nature Reviews Materials, 2017, 2 (2): 16098.

[51]Xie X, Zhao M Q, Anasori B, et al. Porous heterostructured MXene/carbon nanotube composite paper with high volumetric capacity for sodium-based energy storage devices [J]. Nano Energy, 2016, 26: 513-523.

[52]Li H, Liu A, Ren X, et al. A black phosphorus/Ti_3C_2 MXene nanocomposite for sodium-ion batteries: a combined experimental and theoretical study [J]. Nanoscale, 2019, 11 (42): 19862-19869.

[53]Guo X, Zhang W, Zhang J, et al. Boosting sodium storage in two-dimensional phosphorene/Ti_3C_2Tx MXene nanoarchitectures with stable fluorinated interphase [J]. ACS Nano, 2020, 14 (3): 3651-3659.

[54]Zhao R, Qian Z, Liu Z, et al. Molecular-level heterostructures assembled from layered black phosphorene and Ti_3C_2 MXene as superior anodes for high-performance sodium ion batteries [J]. Nano Energy, 2019, 65: 104037.

[55] Meng R, Huang J, Feng Y, et al. Black phosphorus quantum dot/Ti_3C_2 MXene nanosheet composites for efficient electrochemical lithium‐sodium‐ion storage [J]. Advanced Energy Materials, 2018, 8 (26): 1801514.

[56] 陈雨晴, 杨晓飞, 于滢, 等. 锂-硫电池关键材料与技术的研究进展 [J]. 储能科学与技术, 2017, 6 (02): 169-189.

[57] 邓南平, 马晓敏, 阮艳莉, 等. 锂-硫电池系统研究与展望 [J]. 化学进展, 2016, 28 (09): 1435-1454.

[58]Zhao J X, Yang Y, Katiyar R S, et al. Phosphorene as a promising anchoring material for lithium-sulfur batteries: a computational study [J]. Journal of Materials Chemistry A, 2016, 4(16): 6124-6130.

[59] Zhang Q, Xiao Y, Fu Y, et al. Theoretical prediction of B/Al-doped black phosphorus as potential cathode material in lithium-sulfur batteries [J]. Applied Surface Science, 2020, 512: 145639.

[60] Ren W C, Singh C V, Koratkar N K, et al. Phosphorene as a polysulfide immobilizer and catalyst in high-performance lithium-sulfur batteries [J]. Advanced Materials, 2017, 29 (2): 1602734.

[61]Jiang M, Wang K, Gao S, et al. Building high performance Li-S batteries by compositing nanosized sulfur and conductive adsorbent within MWCNTs[J]. Journal of the Electrochemical Society,2019, 166 (14): A3401.

[62] Xu Z L, Lin S, Onofrio N, et al. Exceptional catalytic effects of black phosphorus quantum dots in shuttling-free lithium sulfur batteries [J]. Nature Communications, 2018, 9 (1): 1-11.

[63]Sun J, Sun Y, Pasta M, et al. Entrapment of polysulfides by a black-phosphorus-modified separator for lithium-sulfur batteries [J]. Advanced Materials, 2016, 28 (44): 9797-9803.

[64] Hao C, Yang B, Wen F, et al. Flexible all-solid-state supercapacitors based on liquid-exfoliated black-phosphorus nanoflakes [J]. Advanced Materials, 2016, 28 (16): 3194-3201.

[65]Wu Z S, Parvez K, Feng X, et al. Graphene-based in-plane micro-supercapacitors with high power and energy densities [J]. Nature Communications, 2013, 4 (1): 1-8.

[66]Wen M, Liu D, Kang Y, et al. Synthesis of high-quality black phosphorus sponges for all-solid-state supercapacitors [J]. Materials Horizons, 2019, 6 (1): 176-181.

[67] Chen X, Xu G, Ren X, et al. A black/red phosphorus hybrid as an electrode material for high-performance Li-ion batteries and supercapacitors [J]. Journal of Materials Chemistry A, 2017,

5（14）: 6581-6588.

[68]Gopalakrishnan A, Badhulika S, et al. Facile sonochemical assisted synthesis of a hybrid red-black phosphorus/sulfonated porous carbon composite for high-performance supercapacitors [J]. Chemical Communications, 2020, 56（52）: 7096-7099.

[69] Yang B C, Hao C X, Wen F S, et al. Flexible black-phosphorus nanoflake/carbon nanotube composite paper for high-performance all-solid-state supercapacitors [J]. ACS Applied Materials & Interfaces, 2017, 9（51）: 44478-44484.

[70]Wu X, Xu Y, Hu Y, et al. Microfluidic-spinning construction of black-phosphorus-hybrid microfibres for non-woven fabrics toward a high energy density flexible supercapacitor [J]. Nature Communications, 2018, 9（1）: 1-11.

[71]Sajedi-Moghaddam A, Mayorga-Martinez C C, Sofer Z, et al. Black phosphorus nanoflakes/polyaniline hybrid material for high-performance pseudocapacitors [J]. The Journal of Physical Chemistry C, 2017, 121（37）: 20532-20538.

[72] Luo S, Zhao J, Zou J, et al. Self-standing polypyrrole/black phosphorus laminated film: promising electrode for flexible supercapacitor with enhanced capacitance and cycling stability [J]. ACS Applied Materials & Interfaces, 2018, 10（4）: 3538-3548.

[73] Liu W, Zhu Y, Wang S, et al. Effective improvement in capacitance performance of polypyrrole assisted by black phosphorus [J]. Journal of Materials Science: Materials in Electronics, 2019, 30（16）: 15130-15138.

[74] Liu W, Zhu Y, Cui Y, et al. Ni_2P grown in situ on milled black phosphorus flakes and its high energy storage performance [J]. Journal of Alloys and Compounds, 2019, 784: 990-995.

[75] Zu L, Gao X, Lian H, et al. Electrochemical prepared phosphorene as a cathode for supercapacitors [J]. Journal of Alloys and Compounds, 2019, 770: 26-34.

[76] Li Q F, Wan X G, Duan C G, et al. Theoretical prediction of hydrogen storage on Li-decorated monolayer black phosphorus[J]. Journal of Physics D: Applied Physics, 2014, 47（46）: 465302.

[77] Yu Z, Wan N, Lei S, et al. Enhanced hydrogen storage by using lithium decoration on phosphorene [J]. Journal of Applied Physics, 2016, 120（2）: 024305.

[78] Haldar S, Mukherjee S, Ahmed F, et al. A first principles study of hydrogen storage in lithium decorated defective phosphorene [J]. International Journal of Hydrogen Energy, 2017, 42（36）: 23018-23027.

[79] Zhang H, Hu W, Du A, et al. Doped phosphorene for hydrogen capture: a DFT study[J]. Applied Surface Science, 2018, 433: 249-255.

[80] Yoon M, Yang S, Wang E, et al. Charged fullerenes as high-capacity hydrogen storage media[J]. Nano Letters, 2007, 7（9）: 2578-2583.

[81] Yu Z, Lei S, Wan N, et al. Effect of metal adatoms on hydrogen adsorption properties of phosphorene [J]. Materials Research Express, 2017, 4（4）: 045503.

第4章

纳米黑磷在阻燃领域的应用

随着科学技术的不断发展及人们对美好生活的向往，各种高分子材料的应用需求不断增加。目前，高分子材料在能源工业、航空航天、军工、通信、建筑、轨道交通、高端产业等领域得到了广泛的应用[1, 2]。然而，高分子材料都含有碳、氢两种元素，受热时容易燃烧同时会释放大量的热量，并伴随着有毒有害气体的释放，严重威胁着人民群众的生命安全，同时不可避免地造成财产的损失。据不完全统计，阻燃剂是延缓或阻止材料燃烧的一类功能性助剂[3, 4]，在交通运输、建材、电子器件等领域均得到了广泛的使用，现已经发展为高分子材料领域中不可缺少的一种阻燃性助剂。GB 20286—2006《公共场所阻燃制品及组件燃烧性能要求和标识》[5]中明确提出了公共场所易燃用品的阻燃标准。对于易燃的建筑制品、装饰材料、电线电缆、保温材料、泡沫塑料等在特殊用途中必须添加阻燃剂。阻燃剂的添加可以降低火势，减少燃烧时释放的热量，降低有毒有害气体的释放量，为身陷火场的人们赢得宝贵的逃生时间。所以，安全高效阻燃剂的开发与利用显得尤为重要。

常用的阻燃剂有卤系阻燃剂和磷系阻燃剂。卤系阻燃剂主要以含有溴元素的添加剂为主，如溴代苯乙烯、十溴二苯醚和十四溴二苯氧基苯。虽然卤系阻燃剂与高分子材料具有较好的相容性，阻燃效果也比较显著，但是，研究表明卤系阻燃剂的大量使用会对环境和人类健康造成双重危害[6, 7]。其中，溴系阻燃剂在燃烧过程中可能产生致畸致癌的剧毒溴代化合物，如溴代二噁英和溴代二苯并呋喃。有的生产厂家更是将含溴系阻燃剂（如多溴联苯醚）的粉尘排放到周围环境中，或者将含多溴联苯醚的电子垃圾进行焚烧、粉碎或掩埋处理。由于多溴联苯醚在环境中相当稳定，难以降解，导致土壤里的残留量逐年增加。大气、水体、土壤中痕量的多溴联苯醚可通过食物链最终进入人体，给人类的生命健康带来危害。由于含溴阻燃剂的使用对环境及人类健康造成了不可挽回的危害，所以斯德哥尔摩公约和《关于限制在电子电器设备中使用某些有害成分的指令》中提出全面禁止生产和使用溴系阻燃剂。而另一常用的磷系阻燃材料可实现阻燃无卤化，其增塑功能可使塑料成型时流动加工性变好，燃烧后产生的毒性气体和腐蚀性气体比卤系阻燃剂少很多，且阻燃效率高，加工和燃烧过程中腐蚀性较小，有阻碍复燃的作用，极少或不增加阻燃材料的质量。

红磷是较为常用的无机磷系阻燃剂，其阻燃的效率很高且在燃烧过程中的发烟量少，毒性低，因此被广泛用作有机聚合物阻燃的添加剂。当温度在 400～500 ℃时，红磷能够解聚并形成 P_4 分子，而 P_4 分子在水的作用下能被氧化生成黏性的含磷氧化酸，这种黏性的酸性物质能够覆盖在聚合物的表面上，隔绝聚合物基材和空气中的氧气，并且这种黏性的酸性物质能够加速聚合物脱水炭化，形成阻隔层以抑制高分子材料和氧气接触。但是，由于红磷颗粒较大，分子结构为共价大分子，难以将其纳米化，所以与高分子材料的相容性较差，不利于其均匀地分散在高分子材料内部，导致对高分子材料的阻燃效果有限，因此一般需要对其进行改性，以增加与高分子材料之间的相容性，提高聚合物的阻燃性能。通过机械研磨，然后将物料分散到水中离心或浮选，才能得到少量的纳米红磷阻燃剂[8]。尽管如此，通过机械研磨制备的纳米红磷产率低、阻燃效果差。因此，寻找和开发新型的绿色环保、阻燃效率高而又具备纳米尺寸的无机磷阻燃剂对改善高分子材料的阻燃性能具有重要意义。

黑磷与红磷均是磷的同素异形体，与红磷相比，黑磷具有独特的化学特性和尺寸效应，更容易通过剥离等手段制备出纳米黑磷。因纳米材料以超细的尺寸存在，在高分子材料内部具有较好的分散性，通过一定的结构设计可以改善高分子材料的微观结构，进一步提升其在有机高分子材料内部的分散性，使得复合材料的热稳定性和阻燃性能得到较大幅度的提高。此外，相对于其他含磷阻燃剂，黑磷具有很高的磷含量，有望以较少的阻燃剂添加量达到较高的阻燃效果，目前的实验研究已经证实了这一观点。然而，将黑磷用于高分子材料的阻燃性能研究也仅仅是近几年才开始的，其阻燃机制、材料设计等方面还需要进一步完善和探索，相关阻燃标准也有待建立。不过，随着研究的不断深入，相信相关问题都将得到解决，并有望使得黑磷阻燃剂在航空航天、核电、军事、通信等领域发挥不可代替的作用。

4.1　阻燃原理

4.1.1　燃烧过程

高分子材料燃烧包括热源、氧气、燃料和自由基链式反应四个要素。高分子材料燃烧过程是一个复杂的系统，包括了气相、凝聚相和界面层等多个复杂的化学反应以及物质与能量的传递过程。为了更清楚地描述以上四个要素是如何在燃烧过程中发挥作用的，进而将燃烧过程分为五个阶段[9, 10]。

① 升温过程。热源可能来自外部热源、材料内部的化学反应放热（氧化作用等）或燃烧反应释放出的热量。加热的过程首先导致材料的物相变化，固相材料逐渐软化，并且伴有熔融滴落（熔滴）现象。

② 分解过程。随着温度的升高，聚合物开始发生分解反应，主要包括无氧热分解以及有氧热分解，即热解和裂解。分解过程同时会释放出一部分活性很高的小分子和自由基，如氢自由基（H•）和氢氧自由基（HO•）等，这些小分子和自由基极易产生燃烧反应链。

③ 引燃过程。高分子材料分解释放的气体挥发到空气中，接触氧气后可以引燃着火。该过程可发生自由基链式反应，即高分子受热释放出可燃的自由基，如H•和HO•等。自由基链式反应包括链引发、链增长、链支化和链终止四个阶段。一旦开始自由基链式反应，高分子材料将迅速燃烧，发生闪燃现象。

④ 燃烧过程。高分子材料燃烧过程中产生的一部分热量释放到周围的环境中，另一部分则促使高分子材料进一步热分解。当这部分能量作用于材料后，其所产生的可燃性挥发物的量等于或多于燃烧消耗的可燃物的量时，即使撤去引发燃烧的外部热源，燃烧过程依然会持续下去。

⑤ 传播过程。随着燃烧的发展，更多的高分子材料被引燃并燃烧。在燃烧传播的初期，火焰强度较低，热传导和热对流是促使燃烧传播的重要原因。但是随着燃烧的进一步发展，火焰产生的热辐射不断提高，成为了最重要的热传递途径，燃烧也就随之迅速蔓延。

4.1.2 阻燃机理

根据高分子材料的燃烧过程，人们针对性地设计阻燃剂去阻止或延缓高分子材料的燃烧。阻燃剂是通过吸热作用、覆盖作用、抑制链反应、产生难燃或不燃气体等若干机理发挥其阻燃作用的。多数阻燃剂通过单个阻燃机理或多个机理共同作用以达到阻燃的目的。

① 吸热作用。通常燃烧反应会释放出大量热量，进而引燃其他区域，加快火焰蔓延。如果能在较短的时间内吸收燃烧反应所释放的热量，那就会降低火焰温度，燃烧反应也会得到一定程度的抑制。在高温条件下，部分阻燃剂发生强烈的吸热反应，吸收部分热量后，将可燃物表面温度降至燃点以下，从而有效抑制高分子材料的热解和可燃性气体的生成，发挥阻燃作用。

② 覆盖作用。阻燃剂在高温下能形成热稳定性高的覆盖层（炭层）覆盖在可

燃物表面，既可以隔绝氧气和热量传递，也可阻止可燃气体向外逸出，从而达到阻燃目的。

③ 抑制链反应。根据燃烧的链反应理论，维持燃烧所需的是含氧自由基。阻燃剂可作用于气相燃烧区，捕捉燃烧反应中的含氧自由基，从而阻止火焰的进一步传播，使燃烧区的火焰密度下降，最终使燃烧反应终止。

④ 不燃气体。阻燃剂受热时分解出不燃气体，可以降低可燃气体的浓度，同时也对周围氧气浓度具有稀释作用，从而延缓或阻止燃烧的继续进行，起到阻燃作用。

磷系阻燃剂在燃烧过程中通过凝聚相和气相阻燃，一方面通过凝聚相生成的难燃物阻隔火焰的延续，另一方面通过气相生成的难燃气体和自由基结合达到阻燃的目的。黑磷阻燃剂在燃烧过程中产生的磷酸酐可促使可燃物脱水炭化，炭层的生成降低了火焰与凝聚相之间的热传导，从而阻止或延缓可燃气体的产生。磷酸酐热解形成的类似玻璃状的高聚磷酸熔融物，覆盖在可燃物表面促使其氧化生成二氧化碳，起到阻燃作用。含磷阻燃剂热解生成的磷氧自由基（PO·）可捕捉大量的 H· 及 HO·，即 PO·+H——→HPO·，从而中断高分子的自由基链式反应，起到抑制火焰的作用[11]。

4.2　单一黑磷烯阻燃

2018 年，昆明理工大学廉培超教授团队[12]首次将黑磷用于高分子材料的阻燃性能研究。他们采用超声剥离法合成了黑磷烯-水性聚氨酯（BP-WPU）复合聚合物，合成步骤如图 4-1（a）所示。研究表明，仅需要添加 0.2%（质量分数）的黑磷，便可使得 BP-WPU 的极限氧指数（LOI）提高 2.6%（与单一的 WPU 相比），热释放速率（HRR）下降 34.7%，热释放速率峰值（PHRR）降低 10.3%，证明了黑磷的添加能够有效地抑制 WPU 的热降解及熔滴现象的出现［图 4-1（b）］，使其具有良好的阻燃性能。此外，在燃烧残炭中检测到 P—C、P—O—C 键，表明 BP 具有催化成炭的作用。基于以上结果分析，他们提出了 BP 在 WPU 中的阻燃机理［图 4-1（c）］，当温度升高到 240 ℃左右时，部分黑磷烯开始夺取 WPU 中的氧原子并转化为多聚磷酸和磷酸酐（一般指 P_2O_5），促进炭层的形成，此时主要为凝聚相阻燃机理。当温度达到 420 ℃左右时，黑磷烯可同时在气相和凝聚相中发挥作用。一方面，大部分的黑磷烯通过吸收周围的氧和氢原子在气相中形成 PO· 和 HPO·，PO· 和 HPO· 与高分子材料受热释放的 H· 和 OH· 发生反应，从而抑制了 WPU 燃烧的链式反应。另一方面，残留在固相中的少部分黑磷烯仍具有催化成炭的作用，继续形成更厚的炭层以达到更好的阻燃效果。总之，这是纳米黑磷在国际上首次被用于阻燃领域的报道，并发现添加较少量的纳米黑磷便可起到阻燃的效果，同时初步阐述了其在高分子材料中的阻燃机理，为后续纳米黑磷作为高分子材料阻燃添加剂的研究工作奠定了坚实的理论及实践基础。

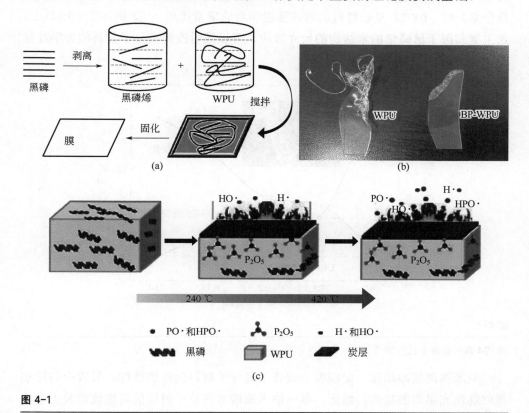

图 4-1

BP-WPU[12]（a）复合膜制备流程；（b）与 WPU 燃烧情况对比；（c）阻燃机理示意

　　为了进一步探究纳米黑磷的添加对其他高分子材料阻燃性能及力学性能的影响，Li 等[13]对单一黑磷烯阻燃环氧树脂（EP）进行了研究。他们通过电化学剥离法制备出厚几纳米、尺寸为几十微米的黑磷纳米片用作 EP 的阻燃添加剂。通过垂直燃烧测试（UL-94）发现，当加入少量 [0.1%～0.2%（质量分数）] 的黑磷纳米片时，样品的燃烧时间和燃烧面积缩短了一半，这表明黑磷纳米片的少量添加能明显提高 EP 的阻燃性。当黑磷纳米片的添加量达到 0.56%（质量分数）时，燃烧不剧烈，并观察到样品表面已经形成了致密的炭层。当 EP 中加入 0.94%（质量分数）的黑磷纳米片时，试样的燃烧时间明显缩短，最终测试结果表明 BP/EP 纳米复合材料的阻燃性能达到了 UL-94 V-0 级（图 4-2）。此外，他们还测试了复合材料的力学性能，发现了纳米复合材料的力学性能与黑磷烯加入量的变化曲线呈抛物线，即黑磷烯的加入量有一个最佳值。加入量低于该最佳值时，黑磷烯不能充分提高复合材料的力学性能；加入量高于该最佳值时，黑磷烯可能会阻碍环氧树脂的固化和三维交联网络的形成。最终结果表明，当黑磷烯含量为 0.94%（质量分数）时，BP/EP 复合材料的弯曲强度和弯曲模量比单一 EP 提高了 30%以上。这主要归因于黑磷烯纳米结构的尺寸效应，可以同时改善高分子材料的力学性能和阻燃性能。

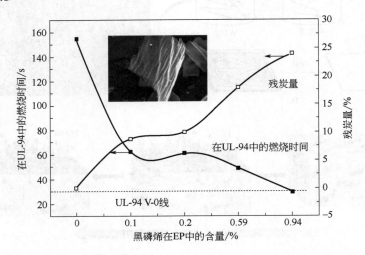

图 4-2

UL-94 测试曲线变化示意[13]

纳米黑磷的添加在一定程度上改善了高分子材料的阻燃性能，且较少的添加量就能起到阻燃的功效。然而，单一纳米黑磷对高分子材料的阻燃性能及力学性能的提升都是比较有限的，不同的添加量对高分子材料力学性能的改善程度也不一样，添加量过大甚至会降低高分子材料的力学性能，并且单一纳米黑磷还存在稳定性差的问题。然而，目前仅研究了黑磷烯的阻燃性能，不同结构形貌纳米黑磷对高分子材料阻燃性能的影响也有待研究。所以，还需通过进一步的研究来提升纳米黑磷用于高分子材料的阻燃性能。

4.3 黑磷烯的修饰/协同阻燃

为了进一步提升纳米黑磷用于高分子阻燃时的性能，一方面，研究者们通过官能团修饰以提高纳米黑磷的稳定性，改善纳米黑磷在高分子材料中的分布状态，使其分布更均匀，从而提高纳米黑磷的阻燃性能。另一方面，通过添加石墨烯、碳纳米管等材料形成键合作用来稳定纳米黑磷。更重要的是，石墨烯等纳米材料与聚合物具有良好的相容性及阻燃性，可以有效提高聚合物的力学性能，同时与纳米黑磷实现协同阻燃，提升对高分子材料的阻燃功效。

4.3.1 黑磷烯的功能化修饰

Qiu 等[14]通过球磨法制备了氨基化的黑磷（BP-NH$_2$），然后在 BP-NH$_2$ 表面原位缩聚合成以三聚氰胺和氰脲酰氯作为单体的三嗪基共价有机框架，从而形成有机-无机杂化物（BP-NH-TOF），随后将其掺入 EP 基质中以制备 EP 纳米复合材料。结果表明，添加 2%（质量分数）的 BP-NH-TOF 可使 PHRR 和 THR 分别降低 61.2% 和 44.3%，同时显著改善了 LOI（29.0%），有毒一氧化碳和易燃挥发性气体的量也明显减少。复合材料阻燃性能的显著提高主要归因于 BP-NH$_2$ 的催化成炭效应与 BP-NH-TOF 的物理屏障效应之间的共同作用。然而，先氨基化再修饰的过程较为繁琐，为了简化制备步骤，提高制备效率，Qiu 等[15]直接通过 4,4'-二氨基二苯醚和六氯环三磷腈在 BP 纳米片表面一步缩聚反应得到了具有丰富—NH$_2$ 官能团的交联聚磷腈官能化 BP（BP-PZN），然后将合成的 BP-PZN 加入 EP 中制备出 EP/BP-PZN 纳米复合材料（图 4-3）。相关研究结果表明 BP-PZN 均匀分布在聚合物基体中，2%（质量分数）BP-PZN 的引入显著提高了 EP 的阻燃性能，主要表现为 PHRR 降低了 59.4%，THR 降低了 63.6%。同时，由于 PZN 在 BP 纳米片的表面包裹和嵌入聚合物基体的双重保护，EP/BP-PZN 纳米复合材料在环境条件下暴露 4 个月后仍表现出优异的稳定性。

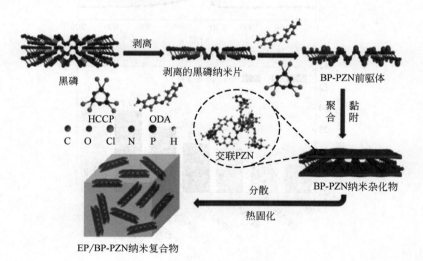

图 4-3

BP-PZN 纳米杂化材料和 EP/BP-PZN 纳米复合材料的制备过程[15]

然而，以上纳米黑磷表面修饰的方法还存在一些问题，如纳米黑磷与修饰材料之间的吸附能未知。修饰前对材料间的吸附能进行计算，能减少不必要的探索实验，提高实验效率。Qu 等[16]首先通过密度泛函理论（DFT）计算出三聚氰胺-甲醛分子（MF）对 BP 纳米片的吸附能为-0.63 eV，表明 BP 纳米片和 MF 容易结合在一起。将功能化的 BP（BP@MF）引入 EP 中，评价其热稳定性和阻燃性能。得益于 MF 的功能化，BP 在 EP 基体中分散更均匀，避免了纳米黑磷团聚的现象。在 EP 基体中加入 1.2%（质量分数）的 BP@MF 后，残炭率显著提高了 70.9%，这归功于 BP@MF 优异的热稳定性和催化成炭的效果，通过微型燃烧量热仪（MCC）对其阻燃性能进行了评估，结果如图 4-4 所示，LOI 提高了 25.9%（达到了 31.1%），PHRR 降低了 43.3%，火焰增长率降低了 41.2%，这归因于 BP@MF 对传热的抑制和对氧气的隔离，低于 400 ℃时，MF 升华吸热，BP@MF 促进膨胀碳层的形成。在 400 ℃以上，BP 可以捕捉自由基并催化成炭。

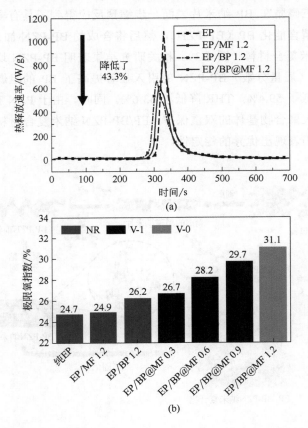

图 4-4

（a）EP 及其纳米复合材料的 HRR-时间曲线；（b）LOI 值和 EP 及其纳米复合材料的 UL-94 垂直燃烧[16]

为了探究纳米黑磷的添加对除 EP 以外其他高分子材料如聚氨酯阻燃性能的影响，Cai 等[17]通过超声辅助剥离法制备了单宁酸（TA）修饰的纳米黑磷，然后通过溶剂共混法将其掺入热塑性聚氨酯（TPU）以制备 TPU/TA-BP 复合材料。作为一种天然抗氧化剂，TA 通过释放强的氢受体来消除纳米黑磷上的超氧自由基以达到稳定纳米黑磷的目的[18][图 4-5（a）]，且 TA 的修饰也进一步改善了纳米黑磷在高分子材料中的分散性。研究结果表明，TA-BP 的加入使得 TPU 燃烧期间的 PHRR、THR、CO 释放浓度峰值和 CO_2 释放浓度峰值分别降低了 56.5%、43.0%、57.3%和 31.3%。BP 和 TA 协同作用显著降低了 CO_2 和 CO 的释放量。阻燃机理如图 4-5（b）所示，TA 的功能化使得黑磷纳米片与高分子材料之间具有强的界面作用，强界面相互作用是 BPNSs 纳米片分散良好的原因，从而在聚合物基体的各个位置呈现阻隔效应。同时，在高温下，TA 热解产生稳定且能捕捉高活性自由基的苯氧基自由基，从而抑制燃烧反应的进行。此外，较高的石墨化程度使炭渣具有机械强度，从而使得底部聚合物免受火灾。

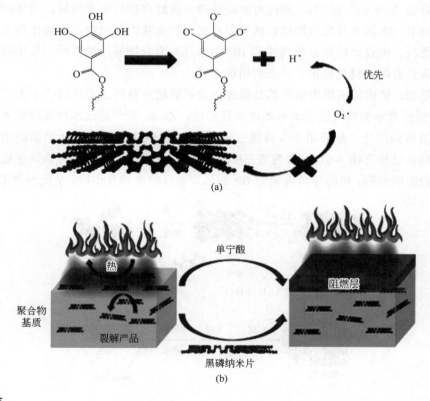

图 4-5

（a）TA 对黑磷纳米片的保护机理；（b）TPU/TA-BP 阻燃机理[17]

TA 的修饰提高了纳米黑磷的稳定性，受此启发，具有优异热稳定性的离子液体也被用于纳米黑磷的改性修饰。1-烯丙基-3-甲基咪唑氯盐作为一种离子液体（IL），具有有机阳离子和乙烯基结构，可通过静电驱动自组装覆盖在带负电荷的 BP 纳米片表面。静电相互作用首先驱动带正电荷的氨基胶束分子剥离并覆盖在 BP 纳米片表面，然后引发氨基胶束乙烯基结构的自由基聚合，最终在 BP 纳米片表面形成聚合的 IL 涂层。这一涂层可提高纳米黑磷的稳定性，有效增强 BP 纳米片与聚合物基体的界面相互作用，从而使得纳米黑磷在聚合物中的分散性更好，呈现出更优异的阻燃性能。Cai 等[19]采用静电驱动自组装和原位自由基聚合相结合的方法（如上所述）将 IL 覆盖在 BP 纳米片表面形成 IL 修饰的 BP 纳米片，通过溶剂共混法制备了 TPU/IL-BP 复合材料，IL 涂层作为连接 BP 纳米片与 TPU 的桥梁，使得 TPU 具有良好的力学性能和阻燃性能。添加 1.0%（质量分数）IL-BP 可使得 TPU 的断裂强度显著提高 50%，添加 2.0%（质量分数）IL-BP 使得 TPU 的 PHRR 和 THR 分别显著降低 38.2%和 19.7%，最大 CO_2 浓度和剧毒 CO 浓度值分别降低 36.9%和 26.5%。通过对燃烧残渣和热解产物的研究发现，大量的热解产物与 IL-BP 纳米片反应形成机械强度高的保护焦和固体产物，不再作为支持燃烧的燃料。该设计路径有效调控了 BP 纳米片与聚合物基体的界面相互作用，为制备高性能阻燃材料提供了一条实用的途径。

然而，黑磷的剥离大部分都是通过低效率的超声剥离法实现的[19]。为了提高剥离/插层效率的同时改善纳米黑磷的稳定性，Zhou 等[20]通过水热反应制备了锂化的黑磷纳米片，然后用十六烷基三甲基溴化铵（CTAB）功能化黑磷纳米片，详细制备过程见图 4-6。十六烷基三甲基溴化铵（CTAB）作为一种长烷基链的阳离子表面活性剂，可与带负电荷的 BP 纳米片进行静电相互作用，从而得到 CTAB

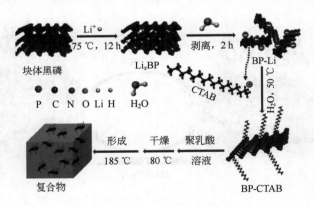

图 4-6

PLA/BP-CTAB 复合物制备流程[20]

功能化修饰的黑磷烯，随后将其引入聚乳酸（PLA）制备得到 PLA/BP-CTAB 复合物，并评估其阻燃性能。结果表明，与纯的 PLA 相比，添加 2.0%（质量分数）的 BP-CTAB 复合材料可使 PHRR 降低 38%，并且到达 PHRR 的时间从 157 s 延迟到 200 s，提高了 PLA 的防火安全性能。其明显提高的阻燃性能是由于 BP 和 CTAB 复合形成了 P—N 键，稳定了纳米黑磷，同时发挥了两者共同阻燃的功效。

　　虽然通过溶剂热法，以具有较高反应活性的锂离子进行插层，一定程度上提高了黑磷的剥离效率，但总体剥离时间仍然较长（＞14 h）。通过更高效的电化学剥离法，选择具有良好生物相容性和生态友好性且已被用作聚合物生物基阻燃剂的植酸[21]作为表面改性剂和有效电解质，制备了高质量植酸改性的 BP 纳米片，然后将所得植酸改性的 BP 与 Co（NO₃）₂·6H₂O 溶液混合以制备植酸钴功能化的 BP 纳米片，定义为 BP-EC-Exf。BP-EC-Exf 的制备过程如图 4-7（a）、（b）所示[22]。以 BP 晶体为阳极，铜片为阴极，0.1 mol 植酸水溶液为电解液进行剥离。向 BP 晶体施加 5 V 的初始电压 1 min，以促进润湿。然后增加电压到 10 V，随着微小的颗粒从 BP 晶体中慢慢释放出来，溶液变成黄色。2 h 后，溶液的颜色变暗，剥离完成。在电化学剥离的过程中，之所以选用植酸作为改性剂和电解液，是因为带有磷酸基团的植酸能够加速剥离过程，同时改性 BP 纳米片。随后，将所得植酸改性的 BP 纳米片与 Co²⁺ 形成复合物，以制备植酸钴功能化的 BP ［图 4-7（c）］，最终将其引入聚氨酯丙烯酸酯（PUA）制备 PUA/BP-EC-Exf 复合材料。研究结果显示，将 BP-EC-Exf 引入 PUA 基体后，PUA 的拉伸强度和拉伸断裂应变显著提高，分别增加了 59.8% 和 88.1%。PUA/ BP-EC-Exf 纳米复合材料的 PHRR 和 THR 分别降低了 44.5% 和 34.5%。其阻燃性能的提高是由于加入 BP-EC-Exf 后，BP 纳米片的物理屏障效应和植酸钴的催化成炭作用，使得 PUA 分解过程中挥发性产物的释放明显受到抑制。

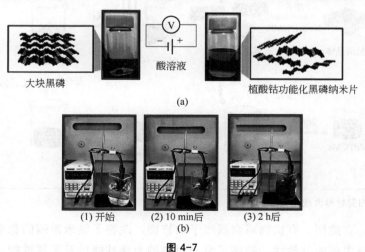

大块黑磷　　　　　酸溶液　　　　　植酸钴功能化黑磷纳米片

(a)

(1) 开始　　　(2) 10 min 后　　　(3) 2 h 后

(b)

图 4-7

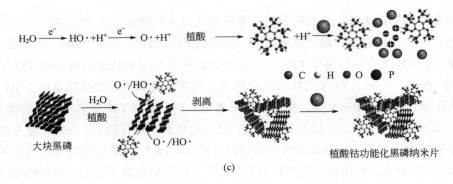

(c)

大块黑磷   剥离   植酸钴功能化黑磷纳米片

C ● H ○ O ● P ●

图 4-7

（a）BP 纳米片的剥离过程；（b）电解装置；（c）电化学法剥离功能化黑磷的机制[22]

除了将纳米黑磷单纯地用于高分子材料的阻燃研究之外，Li 等[23]以及四川大学 Du 等[24]将黑磷阻燃与光热转换的功能相结合，制备了具有极高储能密度和优异太阳能热转换效率的相变材料。如图 4-8 所示，Du 等[24]通过超声辅助剥离法制备了黑磷纳米片，然后，将正二十八烷浸渍到纤维素纳米纤维（CNF）/BP 杂化的气凝胶中，制备了新型稳定的多孔气凝胶相变材料。多孔气凝胶充分支撑正二十八烷并防止液体泄漏。在气凝胶中掺入 BP 纳米片显著提高了相变材料的热导率（提高了 89.0%）以及光热转换和储存效率（高达 87.6%）。此外，随着气凝胶中 BP 纳米片含量的增加，复合材料的 HRR 和 THR 显著降低，LOI 值和炭产率增加，表明纳米黑磷的添加不仅提高了复合材料的光热转换效率，还赋予了其显著的阻燃功效。

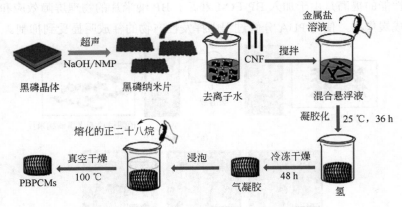

图 4-8

多孔气凝胶相变材料合成路线[24]

总之，官能团、有机物或金属离子的修饰，改善了纳米黑磷的稳定性及其在高分子材料内部的分散性，提高了复合材料的力学性能以及阻燃性能。此外，将纳米黑磷用于相变材料，不仅提升了材料的相变转换效率，也改善了相变材料的阻燃性能。实际上，纳米黑磷的双重功效不仅可以体现在相变阻燃材料的应用上，还可体现在二次储能电池如锂离子电池、钠离子电池的应用上。由于纳米黑磷高的理论比容量（2596 mA·h/g）及优异的阻燃性能，用于储能电池负极材料时，不仅可以大幅提高电池的比容量，还有望提升电池的安全性。

4.3.2　黑磷烯与其他阻燃剂复合

除了通过对纳米黑磷进行修饰以提高其自身的稳定性，使其更均匀地分散在高分子材料中，从而获得优异的阻燃性能之外，还可以将纳米黑磷与其他阻燃剂如石墨烯、六方氮化硼、石墨相氮化碳复合，改善其稳定性的同时实现协同阻燃，进一步提升高分子材料的阻燃性能。

昆明理工大学廉培超教授团队[25]通过高压均质法制备了黑磷烯/石墨烯（BP/G）复合材料（图 4-9），并通过 XRD 和 Raman 分析证实了 P—C 键的形成，然后将其加入 WPU 基质中超声 2 h，使得纳米材料均匀分散在基质材料中，最终获得BP/G/WPU 复合材料。研究结果表明，与单一的 WPU 相比，BP/G/WPU 的 PHRR和 THR 分别降低了 48.18% 和 38.63%（与仅添加黑磷烯的效果相比）。研究结果表明，BP/G/WPU 具有比 WPU 和 G/WPU 更高的残炭量，达到 12.50%，残炭密集、厚实。此外，BP/G 的添加使 WPU 的弹性模量比仅添加 BP 的弹性模量增加了 7 倍，表明石墨烯的添加有利于提高复合材料的力学性能。他们认为 BP/G 存在如下的阻燃机理：石墨烯热稳定性好，在高温下不会发生分解，燃烧过程中会留在凝聚相中作为稳定的碳源来增加残炭量。而黑磷烯可同时在气相和凝聚相中发挥限制火势的作用。因此，黑磷烯和石墨烯可同时在凝聚相和气相中发挥协同阻燃的作用，改善高分子材料的阻燃性能。

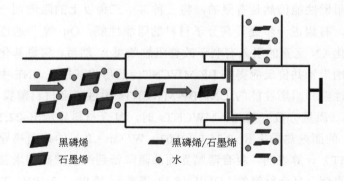

黑磷烯　　　　黑磷烯/石墨烯
石墨烯　　　　水

图 4-9

通过高压均质机合成 BP/G 复合材料[25]

虽然石墨烯的添加改善了 WPU 的阻燃性能，其阻燃性能比仅添加黑磷烯时有所提升，主要表现为 PHRR 和 THR 的降低，而对阻燃 LOI 这一关键指标的提升却不够明显（添加了 BP/G 的复合材料与 WPU 的 LOI 值几乎一致）。因此，Yin 等[26]使用了热稳定性高、机械强度高、热导率高的六方氮化硼（h-BN）与黑磷烯作为阻燃添加剂协同阻燃。通过超声制备了 BP/BN/WPU 复合材料，研究结果表明，阻燃水性聚氨酯复合材料的 LOI 由纯 WPU 的 21.7%提高到 33.8%，水性聚氨酯复合材料的 PHRR 和 THR 分别显著降低了 50.94%和 23.92%，残炭量约为单一 WPU 的 10 倍。水性聚氨酯复合材料优异的耐火性能得益于黑磷烯和氮化硼在气相和凝聚相中的协同作用。当 BP 与 BN 协同使用时，大部分的 BP 进入气相发挥阻燃作用，少量的 BP 留在凝聚相中催化高分子成炭，使残炭量大大增加来阻止可燃气体逸出。而氮化硼主要留在凝聚相中，在起催化成炭作用的同时具有片层阻隔作用（检测到 B—O—C 键的存在），与 BP 协同使用具有更好的阻燃效果。

与石墨烯、氮化硼等平面二维结构相比，碳纳米管具有更高的长径比和优异的力学及热电性能，将其作为添加剂加入高分子材料，不仅可以增加材料的阻燃性能，还可使材料更好地应用于热电转换领域。碳纳米管可分为单壁碳纳米管（SWCNTs）和多壁碳纳米管（MWCNTs）[27]，与单壁碳纳米管相比，多壁碳纳米管成本更低，且表面含有大量的反应性官能团（羧基、羟基等），这非常有利于将其功能化以制备具有优异导热性和阻燃性的高效纳米填料[28]。基于以上理论分析，Zou 等[29]通过超声和球磨技术相结合的方法合成了 BP-MWCNTs 纳米粒子（图 4-10），将 2%（质量分数）的 BP-MWCNTs 掺入 EP 基体中制备了 EP/BP-MWCNTs 纳米复合材料，并测试了复合材料的阻燃性能，研究结果显示，PHRR 和 THR 分别下降了 55.81%和 41.17%。EP/BP-MWCNTs 纳米复合材料优异的阻燃性能得益于 BP-MWCNTs 纳米阻隔、成炭和自由基捕集的协同作用。实际上，两种阻燃剂的阻燃性能仍然是有限的，将三种甚至三种以上的阻燃剂一起复合以实现协同阻燃，有望进一步提升高分子材料的阻燃性能。Qu 等[30]通过机械球磨法将黑磷氨基化（N 元素的引入有利于改善阻燃效果），然后，将氨基化的黑磷与羧基化多壁碳纳米管共价反应得到 BP-MWCNTs，然后将其掺入 CNF 中以制备出具有优异导热性能和阻燃性能的 CNF-BP-MWCNTs 柔性复合材料薄膜。当在 CNF 中掺入 20%（质量分数）的 BP-MWCNTs 时，复合材料显示出 22.38（±0.39）W/（m·K）的面内热导率和 0.36（±0.03）W/（m·K）的跨面热导率。有效介质理论（EMT）计算表明，复合薄膜界面热阻降低到纯多壁碳纳米管的 1/39。阻燃性能评估表明，复合材料的 LOI 从 18.1%提高到 29.9%，PHRR、THR、产烟速率（SPR）、总产烟量（TSP）、每秒生成的 CO（COP）和每秒生成的 CO_2（CO_2P）分别降低了 37.47%、43.51%、50.00%、35.29%、50.00%和 19.70%。

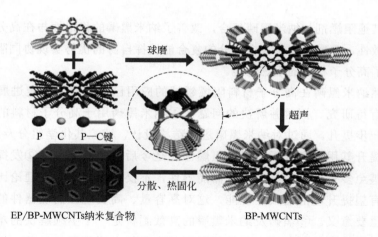

图 4-10

EP/BP-MWCNTs 纳米复合材料制备流程[29]

以上同时含 P、C、N 三种阻燃元素阻燃剂的制备方法较为复杂，加入量较大，且使用了高能耗的球磨法。石墨相氮化碳（g-C₃N₄）同时含有 C、N 两种元素，将其与纳米黑磷复合可一步实现含三种阻燃元素阻燃剂的制备。Ren 等[31]通过超声辅助的简单自组装方法，将 BP 和 g-C₃N₄ 复合制备 BP/CN$_x$ 杂化纳米结构（图 4-11），N 元素和 C 元素的同时引入明显改善了 EP 的阻燃性能。研究发现，在 EP 中引入 2.0%（质量分数）的 BP/CN$_x$，可使得复合材料的 PHRR 和 THR 显著下降（分别下降 47.72% 和 49.60%），LOI 值从 25% 增加到 31%。

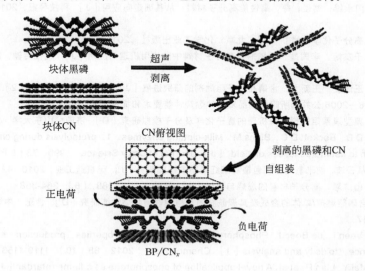

图 4-11

BP/CN$_x$ 纳米杂化材料制备流程[31]

将其他阻燃剂与纳米黑磷复合,改善了纳米黑磷的稳定性与在高分子材料内部的分散性,更重要的是,多组分的复合能发挥自身的优势实现协同阻燃,进一步提升了高分子材料的阻燃性能。

虽然纳米黑磷在高分子材料阻燃领域的应用已经取得了一定进展,但仍存在一些有待研究、探讨并解决的问题:①纳米黑磷用于高分子材料的阻燃性能仍需进一步提升。通过对纳米黑磷进行结构设计,调控其化学组分及结构形貌,进一步提升其用于高分子材料的阻燃性能是今后研究的重点。②发挥纳米黑磷的双重甚至多重优势,将其用于储能器件,不仅可以发挥其高理论比容量的优势,还有望提升电池的安全性能,这对高容量、高安全性储能器件的研究与开发具有重要意义。③黑磷及纳米黑磷的高效制备是一个亟须解决的难题。黑磷及纳米黑磷较高的制备成本是目前限制其应用的主要难题。目前,纳米黑磷的剥离制备仍处于实验室阶段,产量及效率较低,短期内不能满足大量应用的需求。此外,为了确保纳米黑磷在高分子材料中良好的分散状态,通常需要采用繁琐的工艺将其与不环保的有机物混合。因此,寻找性能好及更环保的修饰材料,探索简单高效的剥离和功能化工艺,也是目前将纳米黑磷用于阻燃甚至其他领域所需要解决的问题。

参考文献

[1] 孙昭艳,门永锋,刘俊,等.高性能高分子材料:从基础走向应用[J].科技导报,2017,35(11):60-68.

[2] 潘祖仁.高分子化学[M].5版.北京:化学工业出版社,2011.

[3] 闫孝敏,于友姬,李国昌.阻燃剂在高分子材料中的作用机理与应用[J].现代传输,2016,(6):21-22.

[4] 廖逢辉,王通文,王新龙.含磷高分子阻燃剂的研究进展[J].塑料助剂,2015,(2):6-10.

[5] GB 20286—2006 公共场所阻燃制品及组件燃烧性能要求和标识[S].

[6] 曹海杰.典型溴系阻燃剂降解机理的量子化学及分子模拟研究[D].济南:山东大学,2016.

[7] Emmons D B, Beckett D C, Binns M. Milk-clotting enzymes. 1. proteolysis during cheese making in relation to estimated losses of yield [J]. Journal of Dairy Science, 1990, 73(8): 2007-2015.

[8] 吴大雄,从云波.纳米氢氧化铝包覆超细红磷粉末研究研究[J].无机盐工业,2010,42(6):36-38.

[9] 李登丰,山广惠.高分子材料的燃烧与阻燃[J].橡胶工业,1989,(6):364-368.

[10] 葛骅.含磷阻燃剂/单体的合成及其聚酰胺的热稳定性与阻燃性能研究[D].合肥:中国科学技术大学,2017.

[11] Van der Veen I, de Boer J. Phosphorus flame retardants: properties, production, environmental occurrence, toxicity and analysis [J]. Chemosphere, 2012, 88(10): 1119-1153.

[12] Ren X, Mei Y, Lian P, et al. A novel application of phosphorene as a flame retardant[J]. Polymers, 2018, 10(3): 227.

[13] Li C, Cui X, Gao X, et al. Electrochemically prepared black phosphorene micro-powder as flame

retardant for epoxy resin [J]. Composite Interfaces, 2021, 28 (7): 693-705.

[14]Qiu S, Zou B, Zhang T, et al. Integrated effect of NH$_2$-functionalized/triazine based covalent organic framework black phosphorus on reducing fire hazards of epoxy nanocomposites [J]. Chemical Engineering Journal, 2020, 401: 126058.

[15]Qiu S, Zhou Y, Zhou X, et al. Air-stable polyphosphazene-functionalized few-layer black phosphorene for flame retardancy of epoxy resins [J]. Small, 2019, 15 (10): 1805175.

[16] Qu Z, Wu K, Jiao E, et al. Surface functionalization of few-layer black phosphorene and its flame ret- ardancy in epoxy resin [J]. Chemical Engineering Journal, 2020, 382: 122991.

[17] Cai W, Cai T, He L, et al. Natural antioxidant functionalization for fabricating ambient-stable black phosphorus nanosheets toward enhancing flame retardancy and toxic gases suppression of polyurethane [J]. Journal of Hazardous Materials, 2020, 387: 121971.

[18] Luo J, Lai J, Zhang N, et al. Tannic acid induced self-assembly of three-dimensional graphene with good adsorption and antibacterial properties [J]. ACS Sustainable Chemistry & Engineering, 2016, 4 (3): 1404-1413.

[19]Cai W, Hu Y, Pan Y, et al. Self-assembly followed by radical polymerization of ionic liquid for interfacial engineering of black phosphorus nanosheets: enhancing flame retardancy, toxic gas suppression and mechanical performance of polyurethane [J]. Journal of Colloid and Interface Science, 2020, 561: 32-45.

[20] Zhou Y, Huang J, Wang J, et al. Rationally designed functionalized black phosphorus nanosheets as new fire hazard suppression material for polylactic acid [J]. Polymer Degradation and Stability, 2020, 178: 109194.

[21] Feng X, Wang X, Cai W, et al. Studies on synthesis of electrochemically exfoliated functionalized graphene and polylactic acid/ferric phytate functionalized graphene nanocomposites as new fire hazard suppression materials[J]. ACS Applied Materials & Interfaces, 2016, 8(38): 25552-25562.

[22] Qiu S, Zou B, Sheng H, et al. Electrochemically exfoliated functionalized black phosphorene and its polyurethane acrylate nanocomposites: synthesis and applications [J]. ACS Applied Materials & Interfaces, 2019, 11 (14): 13652-13664.

[23] Li Z, Cai W, Wang X, et al. Self-floating black phosphorous nanosheets as a carry-on solar vapor generator [J]. Journal of Colloid and Interface Science, 2021, 582: 496-505.

[24]Du X, Qiu J, Deng S, et al. Flame-retardant and form-stable phase change composites based on black phosphorus nanosheets/cellulose nanofiber aerogels with extremely high energy storage density and superior solar-thermal conversion efficiency [J]. Journal of Materials Chemistry A, 2020, 8 (28): 14126-14134.

[25]Ren X, Mei Y, Lian P, et al. Fabrication and application of black phosphorene/graphene composite material as a flame retardant [J]. Polymers, 2019, 11 (2): 193.

[26] Yin S, Ren X, Lian P, et al. Synergistic effects of black phosphorus/boron nitride nanosheets on enhancing the flame-retardant properties of waterborne polyurethane and its flame-retardant mechanism [J]. Polymers, 2020, 12 (7): 1487.

[27]Belin T, Epron F. Characterization methods of carbon nanotubes: a review[J]. Materials Science and Engineering: B, 2005, 119 (2): 105-118.

[28] Jiang Q, Zhang Q, Wu X, et al. Exploring the interfacial phase and π-π stacking in aligned carbon nanotube/polyimide nanocomposites [J]. Nanomaterials, 2020, 10 (6): 1158.

[29]Zou B, Qiu S, Ren X, et al. Combination of black phosphorus nanosheets and MCNTs via phosphorus carbon bonds for reducing the flammability of air stable epoxy resin nanocomposites [J]. Journal

of Hazardous Materials，2020，383：121069.

[30]Qu Z, Wang K, Xu C, et al. Simultaneous enhancement in thermal conductivity and flame retardancy of flexible film by introducing covalent bond connection [J]. Chemical Engineering Journal，2021，421：129729.

[31] Ren X, Zou B, Zhou Y, et al. Construction of few-layered black phosphorus/graphite-like carbon nitride binary hybrid nanostructure for reducing the fire hazards of epoxy resin [J]. Journal of Colloid and Interface Science，2021，586：692-707.

第5章

纳米黑磷在催化领域的应用

    催化是在化学反应过程中借助催化剂，对化学反应进行选择、调控的化学过程，催化剂是催化技术的关键和核心。催化技术和催化剂在石油加工、化肥工业、化学品合成和高分子材料制备以及环境保护中起到了非常重要的作用。一种新型催化材料或新型催化工艺的问世，往往会引发革命性的工业变革，并产生巨大的社会和经济效益。1913 年，铁基催化剂的问世实现了氨的合成，从此化肥工业在世界范围迅速发展；1940 年，合成高辛烷值汽油的催化工艺奠定了现代燃料工业的基础；20 世纪 50 年代末，Ziegler-Natta 催化剂开创了合成材料工业；20 世纪 60 年代初，分子筛凭借其特殊的结构和性能引发了催化领域的一场变革；20 世纪 70 年代，汽车尾气催化净化器在美国实现工业化，并在世界范围内引起了普遍重视；20 世纪 80 年代，金属茂催化剂使得聚烯烃工业出现新的发展机遇。回顾催化研究以往取得的成就，可以清楚地看到其对国民经济和社会发展的巨大推动作用。

    目前，人类正面临着诸多重大挑战，如资源的日益减少，生态环境的恶化。因此，合理开发、综合利用资源和废弃物资源化，建立和发展资源节约型农业、工业、交通运输以及生活体系，建立和发展物质全循环利用的生态产业，是实现从生产到应用清洁化的关键所在。这些重大问题的解决无不与催化剂和催化技术息息相关。因此，许多国家尤其是发达国家，非常重视催化剂的制备和催化技术的发展，并将催化作为新世纪优先发展的领域。

    经过长期的努力，催化剂和催化技术在能源领域的应用已经得到了很好的发展，然而，严峻的能源危机和环境污染问题并没有得到很好的解决。一方面，由于能源消耗量逐年上升，而目前所使用能源主要来自化石燃料，其储存量极为有限，能源枯竭问题迫在眉睫；另一方面，大量的工业污水和生活废水肆意排放，不仅导致了饮用水源的破坏和饮用水量的减少，更造成了严重的环境污染，这严重阻碍了人类的可持续发展。目前，世界各国都在致力于解决这两大难题，能源和环境问题已经上升为国际战略问题。

太阳能因其来源广泛，取之不尽、用之不竭的优点，被认为是有限的化石能源最有前景的替代品。然而，由于太阳辐射的扩散性和间歇性，必须高效地将太阳能转化为化学能，以便于运输、储存和随时取用。这就推动了人工光合作用的持续发展，人工光合作用旨在模拟自然界的光合作用过程。太阳能作为影响环境最小的可持续能源载体，利用太阳能将水、二氧化碳、氮气等低附加值的物质转化为氢气、甲烷、氨气等可直接利用的高附加值物质，即将太阳能转化为化学能，对人类生活与科技的发展具有重要意义。近年来，在人们的努力下，一些较为有效的催化技术已经被开发。其中，半导体光催化技术被认为是最有可能解决能源危机和处理环境污染问题的有效方式。这主要是因为通过将太阳能转化为洁净氢能的光解水技术将彻底解决化石能源枯竭所带来的危机，而光催化降解有毒的有机污染物将成为解决环境污染的一条廉价可行的途径。开发性能优异的催化剂进行光催化析氢、固氮、二氧化碳还原、降解有机物等化学反应，有利于清洁能源的高效获取及环境污染问题的改善。

除了光催化之外，电催化能够使得氧化还原反应速率加快，具有节能降耗的作用。多年来，研究者们通过对环境、化学、物理、医学、化工和材料等多学科及多领域的不断探索，在半导体光电催化原理、光电催化剂的制备和改性、光电催化反应器的设计以及光电催化剂的应用等诸多方面取得了许多值得关注的成果，而且已有许多基于半导体光电催化技术的产品逐渐走向市场，走进了人们的生活，如室内气体净化涂料、抗菌消毒瓷砖、饮用水净化装置和空气净化装置等。而光电催化分解水制氢等也取得了长足的进展，这些领域对人类社会发展和文明进步的重要意义是显而易见的。在之后的数十年，光电催化技术将会在理论和应用等方面得到更加全面的认识和发展，最终成为治理能源危机、解决环境污染的有效方法。

与常用的铂（Pt）、碳（C）、二氧化钌（RuO_2）、二硫化钼（MoS_2）等光电催化剂相比，黑磷因其独特的优异性能，在光电催化应用领域备受关注。黑磷具有大的比表面积、高电荷迁移率、易调谐的电子性质、超轻的质量、易形成范德华异质结、高机械柔性及大量锚定金属离子的孤对电子等特点，在电催化领域具有独特的优势。同时，黑磷还具有层数可调的直接带隙及紫外光-可见光-红外光的广谱吸收光范围，使其在光催化领域占有重要地位。最重要的是，黑磷作为非金属光电催化剂，与贵金属催化剂如 Pt 等相比，能够大大降低光电催化领域的成本。目前，黑磷光催化剂在光催化制氢、降解有机污染物、光催化固氮、光催化还原二氧化碳等领域的研究发展迅速，在电催化析氢、电催化析氧、电催化固氮等领域显示出了巨大的潜力。

5.1 光催化领域

5.1.1 光催化发展现状及原理

　　光催化技术，包括光催化固氮、光催化分解水制氢、光催化降解有机物和CO_2还原等，通过太阳能驱动水分解、N_2还原、CO_2还原反应和有机物氧化分解，为清洁氢能制备、低能耗固氮、CO_2再利用和有机物降解提供了一种新的技术途径。因此，光催化技术对实现碳中和具有重要意义。光催化技术的核心在于将太阳能转化为化学能的光催化剂，最主要体现在光转换效率、法拉第效率等关键指标，即吸收的光能有多少转换为化学能，有多少转化为目标产物，而实际上，大部分光催化剂的转换效率都是非常低的，这也是专家学者们一直聚焦的关键点。

　　光催化剂由具有合适能带结构的半导体组成，用于激发电子-空穴对（electron-hole pairs，EHP）以驱动光催化反应发生。该反应主要分为三个步骤，即光吸收、光生电荷迁移和表面氧化还原反应。首先，光催化剂纳米粒子在外界可见光的照射下受激产生电子及空穴（其能量相当于 15000 K 的高温），随后，电子和空穴分离并迁移至半导体的表面，在该过程中，电子和空穴有可能在光催化剂内部或者在半导体表面再次结合，从而导致电荷的分离效率降低，使得催化效率降低。最后，电子和空穴在催化剂表面发生氧化还原反应。其中，电子用于驱动还原反应，比如 H^+ 被还原成 H_2，CO_2 被还原为甲醇、甲烷等；空穴则用于驱动氧化反应，例如 H_2O 被氧化为 O_2，有机污染物被氧化分解为 CO_2 和 H_2O 等。由该过程可知，光催化技术是利用半导体作催化剂，以光为能量，从而实现某个氧化还原反应的过程。一方面，半导体光催化中空穴的氧化性极强，其氧化作用高于臭氧，某些难以氧化的有机物如三氯甲烷、四氯化碳等经过一定时间的光催化反应后都能发生降解。同时光催化剂在反应过程中不会被消耗，具有操作简单、绿色环保、成本低等优点。此外，半导体催化剂的导带位置应该比水、氮以及二氧化碳的还原电位更负，才能发生相应的还原反应，价带位置比相应物质的氧化电位更正，才能发生相应的氧化反应。另一方面，作为光催化剂还应该有广泛的光吸收范围、丰富的表面活性位点、高载流子迁移率等特点。

　　然而，光催化反应发生时存在一些内在冲突使得催化效率降低。①在大多数半导体中，空穴的迁移率远远低于电子的迁移率，使水不能发生氧化反应；②氧化位点和还原位点的随机分布与空穴和电子定向迁移不匹配。所以，光物理过程、电子性质和催化原理等问题的内在冲突使得高效光催化的实现面临着巨大的挑战。为了应对这些挑战，在全面理解光催化技术和结构与性能关系的基础上，精确控制每一个基本步骤以及催化剂的选择至关重要。

目前可用的光催化剂材料十分丰富，覆盖不同的类型，如金属氧化物（如 TiO_2、Fe_2O_3、WO_3、$BiVO_4$ 等）、金属硫化物（如 CdS、MoS_2、WS_2 等）、碳基材料（如石墨烯、$g-C_3N_4$ 等）、无机化合物 MXene 以及金属-有机框架材料 MOF 等。即使已经有如此多的材料被用于光催化研究，仍然很少有材料既能满足产氢、固氮和 CO_2 还原的要求又兼备广泛光吸收范围。因此，找到同时满足上述条件的光催化材料对于光催化的发展具有十分重要的意义。

黑磷作为一种新型的二维材料，近几年来受到了研究人员极大的关注。黑磷晶体由一层层的片状结构堆叠而成，层与层之间通过弱的范德华力结合，因此可以通过剥离形成二维结构。与其他二维材料相比，黑磷具有诸多独特的优点。黑磷具有带隙可调节性，从块体材料的 0.3 eV 变化到单层纳米片的 2.0 eV，吸收范围可覆盖紫外-可见-近红外区域，更重要的是，黑磷具有高的载流子迁移率，有利于载流子的传导，促进电子-空穴对的分离，提高光催化性能。基于上述特性，黑磷光催化材料已经在光催化制氢、光催化固氮、光催化降解有机物和 CO_2 还原等领域被广泛研究和应用。

5.1.2　光催化固氮

光催化固氮技术是直接利用太阳能将水和空气中的氮气合成氨气，相比传统的哈伯法合成氨工艺，光催化固氮技术不仅对环境友好，而且操作简单，不需要高温高压等严苛条件，在常温常压下就能发生，可大大降低合成氨的经济成本。氮是各种生物大分子不可缺少的元素，对人类的生活生产至关重要。地球上的氮气约占大气层体积的 78%，含量非常丰富，然而大气层中的氮气不能直接被大多数生物体所利用，除非氮气能够被活化（$N_2 \rightarrow NH_3 \rightarrow$ 含 N 物种）。但是，氮气的裂解和质子化受到多种因素的影响。首先，在热力学上，氮气分子中的非极性 $N\equiv N$ 具有很高的键能（约 941 kJ/mol），其中，第一化学键断裂需要很高的裂解能（约为 410 kJ/mol）。其次，从动力学上看，氮气分子之间具有较大的能级差，即氮气分子具有较高的化学稳定性。最后，氮气分子具有较低的质子亲和力，直接质子化有一定的困难。这些因素限制了氮气的利用，导致生物体不能直接从空气中获取养分，而是从含氮化合物如硝酸盐、尿素中获得氮元素。

近年来，光催化固氮涉及太阳能的吸收和 N_2 到 NH_3 的转化，已被公认是能够实现 NH_3 经济化生产的一种潜在方法。光催化还原氮气的反应可以分为以下几个步骤：①氮气的吸附。光催化剂表面有足够的氮气吸附位点，可用来固定氮气。②电子跃迁。光催化剂利用捕获的光能，产生光激发电子，光生电子激发，迁移到导带，留下空穴在价带。③发生反应。部分电子与空穴结合，同时一些电子迁移到催化剂的表面进行氮还原反应。④氨气的生成。水被空穴氧化为氧气，而氮气经过一系列多步的光生电子和水衍生质子的注入后，被还原为氨气[1, 2]。原则上，对于氮气的吸附和活化，应尽量增加光催化剂表面的活性位点。光催化剂利用捕获的太阳能产生高能电子进行氮气还原反应。为了有效地利用太阳能，理想情况下，基于催化剂的带隙，可见光应被催化剂充分吸收产生光激发电子和空穴（图 5-1）[3-5]。

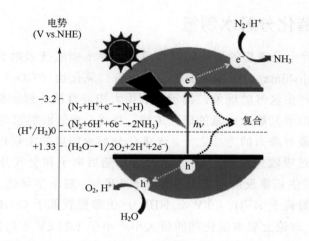

图 5-1

用于氮气转化为氨气的半导体基光催化剂原理图
注：左侧为水裂解和氮气加氢的氧化还原电位（V vs. NHE，pH = 0）[5]

自 1972 年 Schrauzer 及其同事[6]首次报道使用 TiO_2 基光催化剂进行光催化固氮以来，高效光催化剂（包括 WO_3[7]、$BiOBr$[8]、层状双氢氧化物[9]等）在光催化固氮合成氨方面的应用受到了极大的关注。然而，这些半导体光催化剂在应用时电子-空穴对容易再次复合，极大地降低了光催化活性。在过去几年中，人们非常关注开发贵金属纳米颗粒如 Pt[10]、Pd[11]、Ru[12]等作为辅助催化剂，以实现载流子的高效分离，增强半导体光催化剂的光催化活性，但这些贵金属助催化剂的实际应用受到丰度低、价格高等因素的限制。

相比之下，磷的丰度比贵金属元素大得多，具有价格低廉的优势，同时合适的带隙可以实现光催化固氮。利用具有良好光吸收性能的黑磷来实现高效光催化固氮，是一种简便、低耗能、对设备要求较低的新型固氮技术。最近，Qiu 等[13]发现 BP 纳米片（BPNSs）作为一种有效的助催化剂可以提高 g-C_3N_4 的光催化固氮活性。在可见光照射下，氨气产率可达到 579.2 μmol/（h·g_cat）。Shen 等[14]采用快速电化学膨胀法从 BP 中剥离制备出高质量的 BPNSs，并将其用于辅助 CdS 光催化固氮。结果表明，BPNSs 可以有效地加速 CdS 的电荷分离，从而提高 BPNSs/CdS 纳米复合材料的光催化固氮活性。研究发现，当添加 1.5%（质量分数）的 BPNSs 时，BPNSs/CdS 纳米复合材料光催化剂表现出较高的光催化固氮活性，NH_3 析出率为 61.63 μmol/（L·h）。

尽管黑磷用于光催化固氮的应用研究还处于起步阶段，但相关研究对于黑磷在光催化固氮领域的设计与开发具有重要意义，同时也为低成本、无金属光催化固氮催化剂的制备提供了参考。

5.1.3　光催化分解水制氢

氢气是一种十分理想的清洁能源物质。光解水制氢技术始于 1972 年，日本东京大学 Fujishima A 和 Honda K 首次报告二氧化钛（TiO_2）单晶电极光催化分解水从而产生氢气的现象，揭示了利用太阳能直接分解水制氢的可能性，开辟了利用太阳能光解水制氢的研究道路。目前，光解水制氢是大规模生产清洁可再生氢能最有潜力的方法之一。光催化分解水制氢的主要过程如图 5-2 所示，半导体通过吸收光以产生电子-空穴对，随后电子和空穴分离并转移到光催化剂表面，发生还原反应形成 H_2。如图 5-2 所示，对于半导体光催化剂而言，要求导带的位置高于 H^+/H_2（0 V vs. NHE），价带位置低于 O_2/H_2O（1.23 V vs. NHE），因此，理论上要求催化剂能带大小不小于 1.23 eV 才可发生水解反应。BP 作为一种光催化材料，其直接带隙与厚度相关。图 5-3 显示了不同的半导体材料和不同层数 BP 对应的带隙和能带位置[15]，从图 5-3 可以看出不同层数BP 的导带位置均比析氢的还原电位更负，表明不同层数的 BP 均可用于光催化析氢反应。

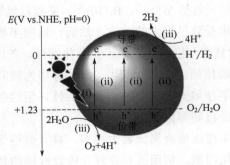

图 5-2

光催化分解水原理

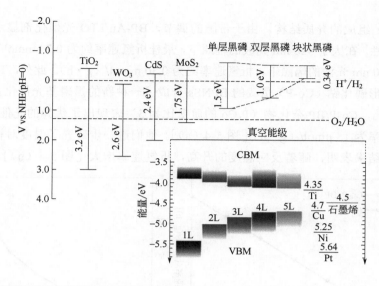

图 5-3

不同半导体和不同 BP 层的带边位置和带隙值[15]

Muduli 等[16]首先通过实验验证了 BPNSs 或纳米颗粒可以通过光催化分解水生成氢气,但效率较低。在此之后,Zhu 等[17]实现了第一个突破,他们以块状 BP 为原料,通过简单球磨法制备了 BP 纳米片（BM-BP）,以可见光为光源,在不添加任何助催化剂的情况下,H_2 的析出速率达到 512 $\mu mol/(g \cdot h)$,使其成为了非金属光催化剂［如被大量研究的石墨相氮化碳（g-C_3N_4）］的有力竞争者。其较高的析氢性能归因于 BPNSs 大的带隙,有效地抑制了电子-空穴复合,从而提高了催化活性。此外,BM-BP 样品比块状 BP 拥有更大的比表面积,这进一步增加了 HER（析氢反应）活性。在此基础上,Tian 及其同事[18]通过自下而上法合成 BPNSs,所得样品显示出极好的稳定性。在不需要加入任何牺牲剂的条件下,制备的 BPNSs 的析氢速率为 14.7 $\mu mol/(g \cdot h)$,比常用的 g-C_3N_4 纳米片高 24 倍。

对于传统半导体材料来说,窄的光吸收范围、电子-空穴对容易复合以及材料的稳定性都会阻碍光催化剂的 HER 性能。异质结构的构建不仅可以有效地降低电子和空穴复合的概率,而且还可以避免 BP 的降解,使其更稳定。基于这一理论,Zhu 及其同事[19]通过构建 BP/WS_2 纳米结构来提高析氢性能。在 808 nm 的近红外光照射下,BP/WS_2 杂化物的析氢速率为 0.5 $\mu mol/(g \cdot h)$。他们进一步研究了不同比例的 BP 和 WS_2 对析氢活性的影响,发现当 WS_2 的质量比为 10% 时,BP/WS_2 杂化物的光催化析氢性能较为优异,其析氢速率可达 3.6 $mmol/(g \cdot h)$。这归因于杂化物的构建,使得催化剂的催化活性和光吸收范围都有所提高。为了进一步提高黑磷基材料的光催化性能,Zhu 等[20]制备了由 BP 和金属氧化物 Au/$La_2Ti_2O_7$

（Au/LTO）组成的异质结构。由于带隙的调节，BP-Au/LTO 光催化剂显示出了高的析氢活性。在大于 420 nm 光波的辐照下，最佳析氢速率约为 0.74 mmol/（g•h）；在大于 780 nm 光波的辐照下，析氢速率约为 0.30 mmol/（g•h）。此外，Tian 等[21]利用无定形磷化钴（Co-P）负载的 BPNSs 合成了一种新的黑磷基光催化剂。与单一 BP 相比，Co-P/BP 杂化物（P/Co 的质量比为 3）表现出了优异的光催化活性，其析氢速率为 15 μmol/（g•h）[图 5-4（a）]。他们进一步研究了温度对析氢速率的影响，结果表明，随着反应温度的升高，析氢速率增大 [图 5-4（b）]。

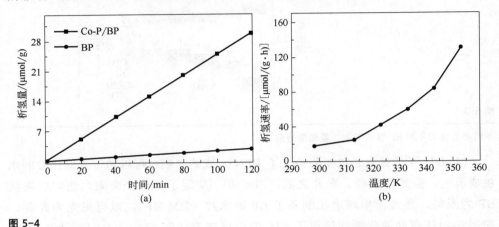

图 5-4

（a）氙灯照明下 BP 和 Co-P/BP（P/Co 的质量比为 3）在 120 min 内析氢量对比（$\lambda \geqslant 420$ nm）；（b）常压下温度对 Co-P/BP（P/Co 的质量比为 8）析氢速率的影响[21]

　　通过以上研究，发现通过形成异质结可提高黑磷的光催化析氢性能。例如实现水的全分解，即将空穴利用起来以防止空穴与光生电子的复合也能提高析氢速率。一些研究者将 BP 与其他催化剂结合，构建了新的杂交催化剂，可用于全水解反应。最近，Zhu 等[22]设计了一种 BP/钒酸铋（BiVO₄）复合物用于全解水。在大于 420 nm 的光照下，H_2 和 O_2 的生成速率可达到 160 μmol/（g•h）和 102 μmol/（g•h）。当 BP 和 BiVO₄ 受到可见光照射时，BiVO₄ 导带中的光生电子由于其近带位置迅速与 BP 价带中的光生空穴重新结合。而 BP 导带中的电子可用于发生还原反应，BiVO₄ 中的空穴可用于发生氧化反应。此外，Wu 及其同事[23]利用 BP 和 TiO₂ 制备了 BP/TiO₂ 杂化催化剂。在阳光照射下，与纯 TiO₂ 相比，杂化材料析氢速率提高了 341%，量子效率达到 18.23%。

　　长期以来，金属氧化物被广泛用作高效催化剂。尽管金属氧化物具有良好的催化活性，但可能会造成二次污染。此外，许多催化剂属于贵金属，高成本和稀缺性阻碍了它们的商业化应用，而价格低廉、储量丰富的非金属光催化剂已成为光催化领域的研究热点。因此，除了将 BP 与金属或金属化合物结合之外，将 BP

与非金属催化剂组合可形成价格低廉、丰度高、无二次污染的非金属催化剂，更应该成为光催化剂研究的重点。Zhu 等[24]利用 BP 和氮化碳（CN）设计出一种二元纳米杂化物（BP/CN）。BP 和 CN 之间的强相互作用促进了电子空穴的迁移和分离，从而提高了光催化性能。在可见光的照射下，BP/CN 的产 H_2 速率可达到 0.64 μmol/（g·h）；在近红外光照射下，产 H_2 速率可达到 0.15 μmol/（g·h）。当 BP∶CN 的质量比为 1∶4 时，产 H_2 速率可达 427 μmol/（g·h）［图 5-5（a）］。这归因于光催化时 BP 产生的空穴与 CN 产生的电子结合，有效地阻止了光生电子的复合［图 5-5（b）］。为了进一步提高光催化析氢速率，Zhu 等[25]将 BP 与还原氧化石墨烯（rGO）和铂纳米颗粒结合起来。在可见光和近红外光照射下，析氢速率进一步提高至 3.4 mmol/（g·h）和 0.84 mmol/（g·h）。

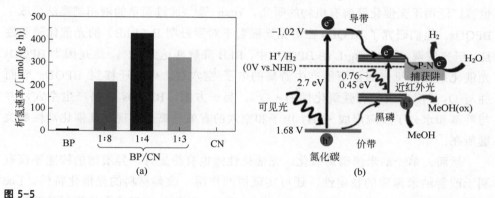

图 5-5

（a）可见光照射 3 h 时，BP/CN 中 BP∶CN 比例对光催化析氢速率的影响；（b）可见光和近红外光激活 BP/CN 光催化析 H_2 生成示意[24]

除了 BPNSs 外，黑磷量子点（BPQDs）具有更高的比表面积和丰富的活性中心，因此理论上会具有更好的光催化活性，将 BPQDs 与其他半导体结合可以进一步提高其光催化活性。Cai 等[26]报道了 BPQDs、金纳米棒（NRs）和 CdS 纳米线（NWs）组成的三元异质结在光催化析氢中的应用。这种复合材料可以在太阳光下高效地产生 H_2。在大于 700 nm 的光照射下，复合材料的光催化析氢速率可达 4.5 mmol/（g·h）。最近，Lei 等[27]通过超声在 g-C₃N₄ 纳米片上制备了 BPQDs。BPQDs/g-C₃N₄ 复合物在不同 BPQDs 含量下表现出不同的析氢速率。在可见光照射下，含有 5%（质量分数）BPQDs 的杂化物显示出了高达 271 μmol/（g·h）的析氢速率。

5.1.4 光催化降解有机物

近年来，有机物（如抗生素、染料等）造成了严重的环境污染。利用光催化剂光照时产生空穴的高氧化特性，可实现有机物的氧化降解，光催化降解有机物被认为是一种很有前途的实现有机物降解的方法。BP 作为一种具有可调谐直接带隙和宽吸收波长范围的光催化剂，已被许多研究人员用于有机物的降解研究。

Pan 等[28]通过液相剥离法制备 BPNSs，并首次研究了其对邻苯二甲酸二丁酯（DBP）的光降解作用。研究结果表明，经过 6 h 的光照，DBP 的降解率达到 45%，而没有添加 BPNSs 的样品的降解率仅为 27%。而且，随着 BPNSs 质量的增加，DBP 的光催化降解效率逐渐提高，表明 BPNSs 的存在能够明显加快 DBP 的光催化降解速率。总之，实验证明了 BPNSs 具有光催化降解的能力，但催化性能不突出及其在自然条件下易氧化的问题依旧明显。BPQDs 由于具有更多的活性位点，也被广泛用于光催化降解有机物的研究。Yuan 等[29]通过简单的液相剥离法合成了 BPQDs。他们研究了 BPQDs 在可见光照射下对罗丹明 B（RhB）的光催化降解性能。研究发现，在 16 mg/L 的 BPQDs 中，RhB 降解率达到 92%。这是因为 BPQDs 光催化剂在可见光照射下能产生游离的电子-空穴对。电子迁移到 BPQDs 表面并与 O_2 反应生成具有强氧化性的 $\cdot O^{2-}$。另一方面，BPQDs 容易产生空穴，并与羟基和水分子反应形成 $\cdot OH$，电子和空穴的有效分离是实现其高催化活性的关键所在。

然而，单一纳米黑磷易氧化，光催化性能也有待提升。异质结的构建不仅有利于改善纳米黑磷的稳定性，还可实现协同作用，改善材料的光催化特性。Lee 等[30]通过一锅法合成了少层 BP@TiO$_2$ 杂化物，并将其应用于有机染料的降解。在紫外光和可见光下，其光催化活性优于 BP、TiO$_2$ 和商用 P25（锐钛矿晶和金红石晶混合相的 TiO$_2$），而且，BP@TiO$_2$ 还表现出了优异的光催化稳定性，这主要是由于两者的复合使得电子-空穴对得到了有效的分离。Shen 等[31]通过黑磷和红磷合成了一种新的单元素异质结构。在可见光下照射 30 min 后，BP-RP 对 RhB 的降解率达到 87%，优于单一 RP（57%）和常用光催化剂 CdS（32%）的降解率。优异的降解速率是由于两种同素异形体的协同效应，使得电荷分离和转移的效率同时得到了较大的提高。Lei 及其同事[32]通过化学还原法制备了 Ag/BP 杂化物。Ag/BP 杂化物对 RhB 的降解表现出了优异的光催化活性，每分钟降解率达到 0.0574%。他们发现 BP 厚度的减小或银粒径的增大有利于增强复合材料的光催化活性，这是因为小尺寸的 BP 和较大尺寸的银纳米颗粒的相互作用增强了银纳米颗粒的局部电场，从而提高了催化性能。最近，Zheng 等[33]合成了由 BP 和 g-C$_3$N$_4$ 组成的新型异质结光催化剂（BP/CN）。BP/CN 异质结构增强了可见光的吸收，产生了更多的活性中心，并促进了电荷分离。经过 15 min 的光照，BP/CN 对 RhB 的降解率达到 98%，相比之下，单一 CN 和 BP 的降解率仅为 55% 和 2%。此外，异质结的构建还有利于增强催化剂的光催化稳定性。Wang 等[34]研究了 BP-金属有机骨架（MOFs）杂化物对亚甲基蓝的降解。结果表明 BP-MOFs 杂化物表现出了良好的稳定性和光催化性能。最近，Wang 等[35]报告了一种新型杂化物（BP-Ag/TiO₂）。Ag/TiO₂ 是通过在 TiO₂ 纳米颗粒上沉积 Ag 制备的。BP-Ag/TiO₂ 杂化物在用于降解亚甲基蓝（MB）时显示出优异的光催化活性，在可见光和近红外光照下，MB 的降解率分别为 100%和 25%。

除了将黑磷与金属氧化物、硫化物和碳基材料构成异质结构外，研究者们发现用天然黏土构筑异质结构也是一种提高降解速率的有效方法。由于凹凸棒土（ATP，一种黏土矿物）是一种具有大比表面积和优异吸附活性的良好催化剂载体，Li 等[36]将 ATP 与 BPQDs 结合制备 BPQDs/ATP 纳米复合材料，并将其用于光催化降解废水中的双酚 A（BPA）。当 BPQDs 和 ATP 结合在一起时，180 min 后降解效率达到 90%，相比之下，纯 ATP 和 BPQDs 对 BPA 的降解效率是很低的。这是因为异质结构提高了太阳光的利用率，加速了电子和空穴的分离。Feng 等[37]使用 BPQDs 和 MoS₂纳米片构建 0D/2D 异质结构。在可见光照射下，异质结构表现出更高的光催化活性，亚甲基橙每分钟的降解率为 0.0517，分别是 BPQDs 和 MoS₂ 的 15.7 倍和 3.8 倍；在近红外光的照射下，亚甲基橙每分钟的降解率为 0.03，是 BPQDs 和 MoS₂ 的 13 倍和 27 倍。

5.1.5　光催化还原二氧化碳

2019 年，全球 CO_2 排放量高达 368 亿吨，其中 95%以上是由化石能源使用产生的[38, 39]。化石能源的大量使用不仅造成不可再生资源的减少，同时带来了严峻的环境问题与全球气候变化。目前，全球主要经济体都已经制定了碳中和目标，我国预计将于 2030 年前达到 CO_2 排放峰值，并力争在 2060 年前实现碳中和的目标，届时工业领域将以电能为主，氢能为辅。碳达峰和碳中和计划的提出不仅要求减少化石能源的使用，大力推广清洁能源，还要求对已经造成的环境问题进行修复。

太阳光属于一种高效的清洁能源，通过使用一些高效的光催化剂可对 CO_2 进行还原，最终制备得到甲酸、甲醇、甲烷等其他具有高附加值的碳氢化合物，这一过程即为光催化还原二氧化碳的过程。具体而言，光催化 CO_2 还原过程如下：首先，通过光的照射，半导体催化剂可产生空穴-电子对，价带中的许多电子被激发到导带，同时在价带中将会产生等量的空穴。随后，由于光能的激发使得生成的电子-空穴对分离并迁移到半导体光催化剂的表面，进而参与一系列后续催化反应。具体而言，迁移到导带的电子可以参与 CO_2 还原反应，生成 CO、CH_3OH、$HCOOH$、CH_4 等化合物。

近年来，一些金属氧化物（如 Fe_2O_3、TiO_2、CuO、Cu_2O、ZnO、WO_3、$BiOCl$、$BiOBr$、Bi_2WO_6、Zn_2GeO_4、$NaNbO_3$ 等）、金属硫化物（如 CdS、Bi_2S_3、Bi_2S_3-$ZnIn_2S_4$、ZnS、$ZnSe$）以及金属磷化物和氮化物（如 CoP、GaN 等）被广泛用于催化二氧化碳的还原反应。然而，金属半导体催化剂成本高，且容易导致二次污染。为了更好地通过光催化技术实现 CO_2 的大规模开发利用，开发低成本、清洁、高效、高性价比的光催化剂成为当前的研究重点。与金属半导体相比，非金属半导体具有价格低廉、环境友好等优点。其中，BP 是一种非常有前景的光催化材料，它具有可调的直接带隙、高的载流子迁移率、合适的电子结构和显著的光催化活性，近年来被用于光催化剂还原 CO_2。

Kim 等[40]将 BP 与共价三嗪骨架（covalent triazine framework，CTF）结合形成非金属 2D/2D 的 CTF-BP 材料。将二维 CTF 加入含 BP 的 NMP/乙醇混合液，通过超声与搅拌使两者自组装形成 CTF-BP 异质结。研究表明，经过 10 h 的光催化 CO_2 还原性能测试，CTF-BP 的 CO 产量达到 46.0 μmol/g［4.53 μmol/（g·h）］，分别是 BP 与 CTF 的 3 倍与 2 倍，CH_4 的产量为 78.1 μmol/g［7.68 μmol/（g·h）］，分别是 BP 与 CTF 的 23 倍与 16 倍，且没有氢气产生。增强的还原电位、集中的电子密度、电荷转移的协同作用都是其催化性能提高的原因。Wang 等[41]通过液相超声法制备了 BPNSs，并在其表面负载 $CsPbBr_3$ 钙钛矿纳米晶，形成 $CsPbBr_3$/BP 光催化剂。经过 3 h 的光催化 CO_2 还原测试，BP 质量分数为 5% 时，$CsPbBr_3$/BP 材料表现出最好的光催化性能，CH_4 和 CO 的产量分别达到 32 μmol/g［10.7 μmol/（g·h）］和 134 μmol/g［44.7 μmol/（g·h）］，均高于纯 BP 和 $CsPbBr_3$ 的催化性能。理论计算研究表明两者界面之间存在高的电荷密度，即 $CsPbBr_3$ 与 BP 之间形成共价键，从而引起电子的定向迁移，电子由 $CsPbBr_3$ 转移到了 BP 上。通过热力学研究 $CsPbBr_3$ 与 $CsPbBr_3$/BP 的光催化反应路径发现，CO_2 气体在催化剂表面吸附并活化后进行质子耦合、电子转移以形成 $COOH^*$ 为催化反应的热力学限制步骤，而这一过程，$CsPbBr_3$/BP 的自由能势垒低于纯 $CsPbBr_3$，即 BP 的引入降低了反应的能垒，使得反应更容易发生。

C_2H_4 作为重要的工业原料，其生产具有非常重要的意义，在以往报道的基于 WO_3 的催化剂中，均没有检测到 C_2H_4 的生成。Gao 等[42]通过液相超声法制备了 BPQDs，使用水热法合成 WO_3 纳米线，将两者组成 0D-1D 的 BPQD-WO_3 异质结催化剂。BPQDs 在 WO_3 表面有着良好的负载，且没有发生团聚。实验表明，BPQD-WO_3 异质结材料在持续的光照下表现出良好的光催化活性。在 1 h 内，BPQD-WO_3 异质结材料表现出最高的 C_2H_4 生成量（5.92 μmol/g）。这表明 BPQDs 在生成 C_2H_4 的过程中起到了关键作用。通过理论计算对 BP 的催化过程进行研究，分别对扶手椅（AC）方向和锯齿（ZZ）方向进行反应热力学计算。结果表明，在扶手椅（AC）边缘上，速率限制步骤是第一个电子-空穴对转移形成*CO—COH 的过程，其能垒为-0.3 eV。在锯齿形（ZZ）边缘上，速率限制步骤是*CO—COH 质子化为*CO—CHOH 的过程，其能垒为-0.7 eV。因此在 AC 边缘上更易于发生 CO_2 还原成 C_2H_4 的反应，且能垒比报道的其他材料低。此外，BPQDs 使得 C—C 的二聚化更易于发生，将催化剂表面形成 CO 的可能性降到最低。BPQD-WO_3 材料形成 Z 型异质结后，在光激发下，可以发生有效的空间电荷分离，WO_3 导带上的电子与 BP 价带上的空穴复合，增强 BP 导带上电子引发的 CO_2 还原反应。

通过以上研究发现，BP 由于其独特的性质，如可调谐直接带隙、高载流子迁移率和宽的光谱吸收性能被广泛用于光催化领域。同时，与金属催化剂相比，将 BP 用于水分解、污染物降解和其他氧化还原反应时，具有丰度高、成本低、毒性较小、不会形成二次污染（有利于污水的降解）等优点。然而，BP 的可降解性限制了其在催化领域的实际应用。与其他催化材料复合形成异质结不仅可以提高其稳定性，还可提高其催化活性。此外，将 BP 制备成 BPQDs 可以显著提高其光催化活性，所以，研究不同形貌的纳米黑磷（如黑磷纳米带、多孔黑磷烯等）对 BP 用于光催化性能的改善具有重要意义。总之，将 BP 作为光催化剂的研究目前仍处于起步阶段，其作为光催化剂时的催化性能有待进一步改善，相关催化机理也有待进一步探究。

5.2 电催化领域

5.2.1 电催化发展现状及原理

随着能源需求量和化石燃料消耗量的不断增长，迫切需要寻求替代能源和设计高效的储能装置。可再生能源如太阳能、风能和潮汐能均可作为替代能源来解决能源短缺问题。但太阳能等能源因其时效性，循环寿命是非连续的，这会阻碍其连续产生能源，降低其作为一次能源的使用价值。因此，有必要将这些能源转化为可持续的能源。在这方面，电催化是一种有前途的能源制备技术，能将可再生能源转化为理想的化学能。同时，由于高效电催化剂的使用，电催化还能实现节能降耗。

电催化即在电场作用下，电极表面或液相中的物质促进或抑制电极上发生的电子转移反应，而电极表面或溶液中物质本身并不发生变化的化学作用。通过选用合适的电极材料，以加速电极反应的作用。所选用的电极材料在通电过程中具有催化剂的作用，从而改变电极反应速率或反应方向，而其本身并不发生质的变化。在常规的化学催化中，反应物和催化剂的电子转移是在限定区域中进行的，因此，在反应过程中既不能从外电路导入电子也不能从反应体系导出电子。在电极催化反应中有纯电子的转移，电极（是指与电解质溶液或电解质接触的电子导体或半导体，它既是电子储存器，能够实现电能的输入或输出，又是电化学反应发生的场所）作为反应的催化剂，既是反应的场所，又是电子的供受场所。常规的化学催化电子的转移无法从外部加以控制，而电催化可以利用外部回路控制电流，从而控制反应。所以，电催化作用涵盖着电极反应和催化作用两个方面，因此电催化剂必须同时具有这两种功能：① 能导电，可自由地传递电子；② 能对底物进行有效的催化活化。能导电的材料并不都具有对底物的活化作用，反之亦然。

催化电极不仅具有很好的节能和降耗作用，而且在电化学水处理技术中起着极其重要的作用，尤其是对污水中有机物的降解能力，因而被水处理界寄予厚望，具有非常广阔的应用前景，在环境保护中占有重要的位置。当前，新电极材料、膜、电解质、反应器结构的研究开发，电化学降解机理的探究是电催化电极与电化学水处理技术的研究发展趋势。电催化电极的组成如下所述。

（1）基础电极

基础电极，又称电极基质，是指具有一定强度、能够承载催化层的一类物质。一般采用贵金属电极和碳电极作为基础电极。基础电极无电催化活性，只承担作为电子载体的功能。高的机械强度、良好的导电性是对基础电极基本的要求。

（2）催化电极材料

目前已知电催化电极材料主要涉及过渡金属及半导体化合物。它们的共同作用就是降低复杂反应的活化能，达到电催化的目的。而半导体的特殊能带结构使产物不易被吸附在电极表面，所以氧化速率还要高于一般电极。催化电极材料要求既能导电，又能对反应物进行活化，提高电子的转移速率，对电化学反应具有某种促进和选择作用。因此，良好的电催化电极应该具备下列几项性能：①良好的导电性，至少与导电材料（例如石墨、银粉）结合后能为电子交换反应提供不引起严重电压降的电子通道，即电极材料的电阻不能太大；②高的催化活性，即能够实现所需要的催化反应，抑制不需要或有毒有害的副反应；③良好的稳定性，即能够耐受杂质及中间产物的作用而不致较快地被污染或中毒而失活，并且在实现催化反应的电势范围内催化表面不至于因电化学反应而过早失去催化活性，此外还包括良好的机械物理性质，表面层不脱落、不溶解。

（3）载体

基础电极与电催化涂层有时亲和力不够，致使电催化涂层易脱落，严重影响电极寿命。所谓电催化电极的载体就是起到将催化物质固定在电极表面，且维持一定强度的物质。

（4）电极表面结构

电催化电极的表面微观结构和状态也是影响电催化性能的重要因素之一。而电极的制备方法直接影响电极的表面结构。无论是提高孔隙率，还是改善传质、改进电极表面微观结构都是提高电极材料催化活性的重要手段，因而电极的制备工艺绝对是非常关键的一个环节。

在以上几类组成电催化电极的物质中，催化电极材料无疑处于核心地位，所以催化电极材料是电化学处理技术中的核心。我们既希望电极对所要处理的物质表现出高的反应速率，又要有好的选择性，目前，催化电极材料主要有以下几类。

（1）金属电极

金属电极是指以金属作为电极反应界面的裸露电极。除碱金属和碱土金属外，大多数金属作为电化学电极均有大量的研究报道。

（2）碳素电极

由碳元素组成的电极的总称。可分为天然石墨电极、人造石墨电极、碳电极以及特种碳素电极四类。

（3）金属氧化物电极

导电金属氧化物电极具有重要的电催化特性，这类电极大多为半导体材料，实际上对这类材料性质的研究是以半导体材料为基础建立的。

（4）非金属化合物电极

一般所说的非金属电极是指硼化物、碳化物、氮化物、硅化物、氯化物等。非金属材料作为电极材料，最大的优势在于这类材料的特殊物理性质，如高熔点、高硬度、高耐磨性、良好的腐蚀性以及类似金属的性质等。

电极材料的性质是决定电极催化特性的关键因素。不同的电极材料可以使反应速率发生量的变化。改变电极材料的性质，既可以通过变换电极基体材料来实现，也可以用有电催化性能的涂层对电极表面进行修饰改性来实现。

高效的电催化剂有用于 HER 的铂族金属和用于析氧反应（OER）的 Ru/Ir 基化合物，但基本都是金属化合物，存在成本高和不易获得的缺点。因此，开发高效、廉价、易得、稳定、低过电位运行的水分解电催化剂是实现高效析氢、析氧、固氮等应用的关键。BP 具有极大的比表面积、高电荷迁移率、易调谐的电子性质、超轻的质量、易形成范德华异质结、高机械柔性等优势，在电催化领域具有优异的性能。目前，BP 已被广泛用于电催化析氢、电催化析氧、固氮等领域的应用研究。

5.2.2 电催化固氮

BP 除了可以作为光催化固氮的催化剂，也可以作为电催化固氮的催化剂，即通过电催化作用合成氨气。其反应原理为 $2N_2+12H^+ +12e^- \longrightarrow 4NH_3$ [43, 44]。在电催化固氮的过程中，有两种主要的反应途径，包括结合和解离机制。在进行加氢反应时，N$\equiv$N 断裂，然后分解成氮原子。NH_3 的高收率合成面临着强作用力 N$\equiv$N 的打破以及 HER 的竞争，导致 NH_3 法拉第效率较低[45]。因此，寻找一种能够以高催化活性和选择性进行电化学固氮的电催化剂具有极其重要的意义，既能够激活 N$\equiv$N，又能抑制氢的生成。

与贵金属、过渡金属和一些碳基材料相比，BP 作为一种非金属材料，具有弱的氢吸附力和丰富的价电子，可以提供更理想的氮活化中心。基于以上理论基础，Zhang 等[46]首次通过实验证明了黑磷烯的电催化固氮活性。将黑磷烯用于电催化合成氨时，NH_3 的产率可达 31.37 $\mu g/(h \cdot mg_{cat})$，法拉第效率为 5.07%。然而，单一黑磷烯容易被氧化，氧化后黑磷烯的电催化固氮性能显著降低。为了抑制黑磷烯表面的氧化反应，掺杂杂原子是一个有效的策略。Xu 等[47]采用球磨和微波技术相结合的方法制备了高度结晶的氮掺杂黑磷烯（*N*-黑磷烯），制备的 *N*-黑磷烯纳米片作为一种新型的非金属固氮催化剂表现出了优异的电催化性能，NH_3 产率和法拉第效率分别达到 18.79 $\mu g/(h \cdot mg_{cat})$ 和 21%。此外，He 等[48]首次研究了新型纳米黑磷——打孔黑磷烯的电催化合成氨性能，得益于其丰富的孔洞所带来的高活性位点，打孔黑磷烯电催化合成 NH_3 的产率和法拉第效率分别达到 46.04 $\mu g/(h \cdot mg_{cat})$ 和 8.78%，与之前单一黑磷烯和氮掺杂黑磷烯用于电催化合成氨的性能相比，多孔黑磷烯具有较高的合成氨产率。

与黑磷烯相比，BPQDs 有利于提供更大的表面积和更多的活性位点。然而，BPQDs 往往会发生团聚并导致活性位点的减少，同时也容易被氧化降解。为了解决团聚和稳定性的问题，Wang 等[49]通过超声自组装的方式制备了 $BPQDs/MnO_2$ 催化剂，其电催化合成 NH_3 的产率和法拉第效率分别达到 25.3 $\mu g/(h \cdot mg_{cat})$ 和 6.7%。此外，将 SnO_{2-x} 纳米管作为 BPQDs 的导电和稳定载体[50]。由于两者间存在高的表面能，BPQDs 自发地附着分散在四氢呋喃（THF）中的 SnO_{2-x} 纳米管表面。得益于它们的协同效应，$BPQDs/SnO_{2-x}$ 纳米管的氨产率高达 48.87 $\mu g/(h \cdot mg_{cat})$，法拉第效率为 14.6%，高于 SnO_{2-x} 纳米管和 BPQDs 的氨产率。为了进一步提高 BPQDs 的电催化析氢性能，He 等[51]将具有较好导电性和电催化析氢性能的 Ti_3C_2 与 BPQDs 自组装形成 $BPQDs/Ti_3C_2$ 异质结，由于强界面耦合作用，$BPQDs/Ti_3C_2$ 的 NH_3 产率高达 51.6 $\mu g/(h \cdot mg_{cat})$，法拉第效率为 16.1%，整个过程及相关性能如图 5-6 所示。

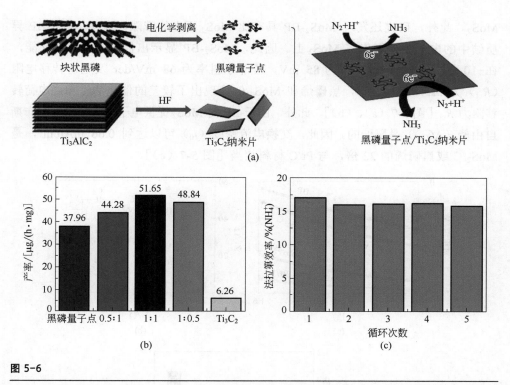

图 5-6

（a）BPQDs/Ti₃C₂制备流程；（b），（c）不同比例 BPQDs/Ti₃C₂产率和法拉第效率[51]

5.2.3　电催化析氢

电催化析氢即通过电催化分解水制备氢气。BP 在电催化析氢中的应用可以追溯到 2016 年。Sofer 等[52]首先从理论和实验上研究了 BP 的电催化析氢活性。通过第一性原理计算，发现 BP 边缘的电子转移速率远快于平面，表明 BP 平面具有半导体性质，而边缘具备金属性质，并且通过实验证实了这一理论预测，最终得出 BP 边缘平面具有良好的催化活性这一结论。Shao 等[53]报道了使用尿素辅助球磨制备—NH₂ 功能化的黑磷烯，归因于—NH₂ 的功能化以及黑磷烯的超薄结构（2.15～4.87 nm），在 HER 过程中实现了有效的电荷转移。其电流密度为-10 mA/cm² 时表现出了 290 mV 的低过电位（未修饰黑磷烯的过电位为 668 mV）。

此外，黑磷烯具有高的费米能级、高的载流子迁移率以及在不同材料之间构建协同效应的能力，将黑磷烯与其他活性材料结合已被证明是提高 HER 的有效策略[52, 54]。He 等[55]将研究最多的电催化剂之一 MoS₂ 薄片沉积在黑磷烯上，以构建 MoS₂-BP 界面。分析发现 BP 的电位（-0.29 V）比 MoS₂ 纳米片的（-0.21 V）更负，表明 BP 具有比 MoS₂ 更高的费米能级。因此，电子将通过该异质结界面从 BP 转移到

MoS_2。此外，研究还发现 MoS_2-BP 具有比 MoS_2 更小的带隙，表明 MoS_2-BP 异质结中的电子主要聚集在 MoS_2 上。因此，MoS_2-BP 显示出优异的电催化性能，在-10 mA/cm^2 下的过电位为 85 mV，塔菲尔斜率为 68 mV/dec 及电荷转移电阻（R_{ct}）为 5Ω，相比之下，黑磷烯和 MoS_2/C 表现出了较差的催化活性和高电荷转移阻力 R_{ct}［图 5-7（a）、（b）］。此外，由于 BP 向 MoS_2 提供电子，氢吸附的吉布斯自由能（ΔG_{H*}）是降低的。因此，交换电流密度（j_0）可以达到 0.66 mA/cm^2，是 MoS_2/C 或黑磷烯的 22 倍，与 Pt/C 材料相当［图 5-7（c）］。

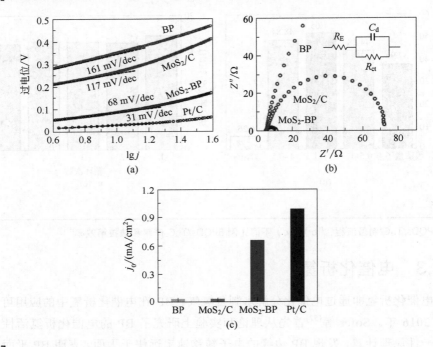

图 5-7

（a）Pt/C、BP、MoS_2/C 和 MoS_2-BP 电催化剂在 0.5 mol/L H_2SO_4 电解液中的塔菲尔曲线；（b）奈奎斯特图；（c）交换电流密度（j_0）[55]

Lin 等[56]通过热分解法合成了一种新的杂化物（Ni_2P/BP）。纳米 Ni_2P 均匀地分散在 BP 表面，防止了单一纳米材料的团聚，Ni_2P/BP 杂化材料表现出了相当优异的电催化 HER 活性。在 10 mA/cm^2 的电流密度下，过电位为 107 mV。电化学阻抗研究表明 Ni_2P/BP 的电荷转移电阻比 BP 的低，Ni_2P/BP 催化剂具有更快的电子转移速率。这是由于 Ni_2P 和 BP 间强的相互作用力以及 BP 高效的电子转移能力。此外，Ni_2P/BP 催化剂表现出了良好的催化稳定性，在连续 3000 次循环后仍能保持催化活性。其他 HER 活性物质也可通过与黑磷烯偶联进行整合以提高整体的电催化活性，如 $MoSe_2$-BP[57]。图 5-8（a）显示了 $MoSe_2$、BP、$MoSe_2$-BP 和商用 Pt/C 的极化曲线，从图 5-8 中可以看出 BP 和 MoSe$_2$ 显示出相当弱的 HER 活性，而 MoSe$_2$-BP 表现出了较强的 HER 活性。如图 5-8（b）所示，MoSe$_2$、BP 和 MoSe$_2$-BP 的塔菲尔斜率分别为 128 mV/dec、263 mV/dec 和 97 mV/dec。MoSe$_2$-BP 的塔菲尔斜率较小，意味着催化析氢所需的能量少。电化学阻抗谱（EIS）用于评估转移电阻，图 5-8（c）显示 MoSe$_2$、BP 和 MoSe$_2$-BP 的奈奎斯特图。其中，MoSe$_2$-BP 的电荷转移电阻是最小的。显然，当 MoSe$_2$ 与 BP 结合时，电催化活性显著提高，电阻和电荷转移都得到改善，并表现出了优异的催化稳定性[图 5-8（d）]。总之，相关研究结果揭示了一种新的方法，通过结合不同种类的 2D 材料构建异质结可促进电荷传输并获得更多的电催化位点。

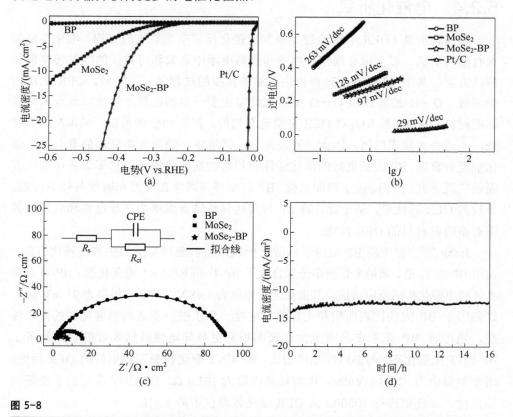

图 5-8

（a）BP、MoSe$_2$ 和 MoSe$_2$-BP 与商用 Pt/C 的极化曲线；（b）BP、MoSe$_2$、MoSe$_2$-BP 和商用 Pt/C 电催化剂的塔菲尔曲线；（c）在过电位 η 为 400 mV 时获得的 BP、MoSe$_2$ 和 MoSe$_2$-BP 的奈奎斯特图；（d）MoSe$_2$-BP 的催化稳定性[57]

调节金属催化剂的电子结构是优化电催化活性的有效方法。近日，Wang 等[58]研究发现黑磷具有惊人的提高 Pt 催化剂活性的作用。BP 可以有效且快速地调节 Pt 的表面电子结构，大大增强 Pt 析氢反应中的催化活性。BP 和 Pt 之间的独特负结合能导致 Pt—P 键的自发形成，对 Pt 纳米颗粒产生强大的配体协同作用，但在红磷上不能形成 Pt—P 键。理论和实验研究表明，Pt—P 键改变了 Pt 的固有电子结构和氢吸附自由能。通过控制 Pt—P 键的数量，可使得 BP 活化的 Pt 催化剂的 HER 活性提高 3.5 倍，该活性是最新商业 Pt/C 催化剂的 6.1 倍。在浓度为 1mol/L 的 KOH 中，过电位为 70 mV 的条件下，BP 活化的 1 μg Pt 催化剂的电流密度可达 82.89 mA/cm^2，优于文献中最先进的催化剂[59, 60]。该工作通过 BP 独特的活化作用来操纵 Pt 催化剂的电子结构，为合成用于各种催化反应及高效 Pt 基催化剂的构筑提供了新的策略。

5.2.4 电催化析氧

电催化析氧（OER），即经过一系列电催化反应产生氧气的过程。电化学分解水有望为制氢、可充电金属空气电池和燃料电池中高效和可持续的能量转换提供解决方案，其中 OER 是生产可再生能源最重要的过程之一。然而，OER 的动力学缓慢，O—H 的断裂和 O=O 的生成通常需要一定的能量。尽管以贵金属为基础的材料如 RuO$_2$ 和 IrO$_2$ 对 OER 来说是有效的，但它们价格昂贵、成本高、丰度低，不适合大规模应用。因此，开发高效、低成本、稳定且丰度高的非金属电催化剂至关重要。BP 因其良好的催化活性和相对较高的载流子迁移率而在电催化方面被广泛研究。然而，由于表面氧化，BP 的电导率通常在酸性和碱性条件下降低，导致其 OER 活性差。基于此，将 BP 与其他材料结合以形成高导电性和稳定的界面有望改善材料的 OER 性能。

Jiang 等[61]首先将 BP 应用于电催化析氧。他们通过简单的热蒸发转化方法，使用 BP 和 Ti 箔、碳纳米管网络分别合成了 BP-Ti 和 BP-CNT 电催化剂。BP-Ti 具有良好的电催化析氧反应活性。其催化起始电位为 1.48 V，塔菲尔斜率为 91 mV/dec。这归因于 BP 大的比表面积和优异的导电性。为了进一步提高电催化剂的催化性能，通过将 BP 沉积在具有更大比表面积和更高导电性碳纳米管的表面制备了 BP-CNT 电催化剂。与 BP-Ti 电极相比，BP-CNT 杂化物表现出更好的 OER 活性，塔菲尔斜率为 72.88 mV/dec，电荷转移电阻为 191.4 Ω。BP-CNT 表现出了良好的稳定性，在连续运行 10000 s 后 OER 催化效率仅下降 3.4%。

最近研究表明，BP 缺陷可以作为催化活性位点。Wang 等[62]利用 BPNSs 的反应性边缘缺陷作为初始位置，使 Co$_2$P 纳米晶体选择性生长在 BP 边缘，形成平面内 BP/Co$_2$P 异质结构。Co$_2$P 提高了异质结的导电性并提供了更多的电催化活性位点，因此 BP/Co$_2$P 纳米片在 OER 中表现出了更好和更稳定的电催化活性。研究表明 BP/Co$_2$P 在酸性和碱性条件下均具有良好的性能。在 0.5 mol/L 的 H$_2$SO$_4$ 和 1 mol/L KOH 中过电位分别为 105 mV 和 173 mV。实际上，其优异的催

化活性是因为 Co_2P 和 BP 的组合为催化反应提供了更多的活性点,且异质结构防止了纳米晶体的堆积或团聚,促进了活性位点的暴露。

此外,Li 等[63]将 $Co(OH)_2$ 纳米片沉积到 BPNSs 表面以构建 $Co(OH)_2/BP$ 界面。由于 $Co(OH)_2$ 的费米能级高于 BP,电子从 $Co(OH)_2$ 主动转移到 BP,在电流密度为 10 mA/cm² 时具有 276 mV 的电势。为了进一步了解所合成催化剂的电催化性能,评估了不同质量比(1:0、10:1、7:1、5:1、2:1、1:1、0:1)的 $Co(OH)_2/BP$ 纳米片的 OER 活性。在电流密度为 10 mA/cm² 时,合成催化剂的线性扫描伏安(LSV)曲线和过电位(η)如图 5-9(a)、(b)所示,当 $Co(OH)_2$ 和 BP 的质量比为 5:1 时,$Co(OH)_2/BP$ 纳米片表现出了最低的过电位(276 mV),表明其高的 OER 活性。此外,质量比为 5:1 的 $Co(OH)_2/BP$ 电流密度最高,为 39.6 mA/cm²,大约是 $Co(OH)_2$ 的 20.8 倍[图 5-9(c)]。为了解其 OER 动力学,还研究了 $Co(OH)_2/BP$ 的塔菲尔曲线[图 5-9(d)],其中,质量比为 5:1 的 $Co(OH)_2/BP$ 的塔菲尔斜率

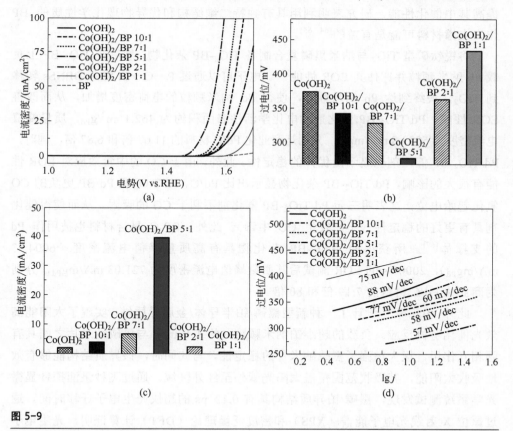

图 5-9

(a)合成的 $Co(OH)_2$ 和不同比例 $Co(OH)_2/BP$ 的极化曲线;(b)电流密度为 10 mA/cm² 时的过电位;(c)η =320 mV 时的电流密度;(d)塔菲尔斜率[63]

最低，为 57 mV/dec。为了评价合成的 Co(OH)$_2$/BP 催化剂的催化稳定性，在 10 mA/cm^2 的电流密度下进行了计时电位测定试验。结果表明在 40000 s 稳定性试验后，仅发现电势略有增加。总的来说，质量比为 5∶1 的 Co(OH)$_2$/BP 纳米片表现出更好的 OER 活性。实际上，通过沉积其他类型的催化剂来控制 BP 表面或界面上的电荷密度，可能是设计具有优异催化性能混合电催化剂的直接策略。

5.2.5　其他电催化应用

除了大量研究的 HER、OER 和 NRR（固氮反应）外，还可将纳米黑磷的应用扩展到其他电催化领域，如乙醇氧化反应（EOR）。乙醇作为第二代生物燃料，具有比甲醇更高的理论质量能量密度（8.01 kW·h/kg）。钯基材料被认为是碱性介质中乙醇电氧化的理想催化剂，合理设计钯（Pb）的载体材料可以最大限度地提高其电催化性能。研究表明利用具有独特二维结构和优异物理化学性质的 BP 作为支撑材料可能是有益的[64, 65]。

将锐钛矿型 TiO$_2$ 与纳米黑磷复合制备 TiO$_2$-BP 杂化物，然后在 TiO$_2$-BP 上负载 Pb 纳米颗粒并评估其 EOR 性能[66]。电子可以通过 P—O—Ti 键从 BPNSs 转移到 TiO$_2$，最终到达 Pb 纳米颗粒，使得 Pd 纳米颗粒的电荷密度增加，从而改善 EOR 性能。Pd/TiO$_2$-BP 催化剂的电化学活性表面积约为 462.1 m^2/g$_{Pd}$，质量峰值电流密度为 5023.8 mA/mg$_{Pd}$，分别是商业化 Pd/C 材料的 11.67 倍和 6.87 倍，同时，Pd/TiO$_2$-BP 催化剂也显示出优异的稳定性。此外，由于 CO 的中毒效应对 EOR 性能有很大的影响，Pd/TiO$_2$-BP 杂化物显示出比 Pd/C、Pd/TiO$_2$ 和 Pd/BP 更负的 CO 氧化起始电位，这表明三元 Pd/TiO$_2$-BP 催化剂不利于 CO 的吸附，从而使得催化剂具有更好的稳定性（不易发生 CO 中毒）。此外，BP-C 复合材料也被用作 Pd 的支撑体[67]。所获得的 Pd/C-BP 杂化物具有高质量峰值电流密度（6004.53 mA/mg$_{Pd}$），20000 s 的 EOR 测试后其质量峰值电流密度为 721.03 mA/mg$_{Pd}$，分别为商业化 Pd/C 材料的 7.19 倍和 80 倍。

此外，Bai 等[68]设计了一种新型黑磷/铂半导体/金属异质结，实现了太阳能高效光催化有机反应。负载的超小铂纳米颗粒（约 1.1 nm）与黑磷纳米片之间具有强相互作用，极大增强了黑磷纳米片的稳定性。与此同时，该异质结构能够有效地吸收太阳能，其吸收范围覆盖太阳光紫外至红外区域。通过飞秒泵浦探针显微光学系统测试发现，黑磷/铂异质结构具有 0.12 ps 的超快光生电子迁移时间。通过原位 X 射线光电子能谱（XPS）和密度泛函理论（DFT）计算证明，光生电子在铂纳米颗粒表面能够有效富集。在模拟太阳光驱动的苯乙烯加氢与苯乙醇氧化反应后，黑磷/铂异质结展现出比其他铂基催化剂高得多的催化效率，也远远优于传统的热驱动催化效率。这种新型黑磷/铂光催化剂在太阳能驱动的有机催化反应中具有广泛应用前景，该项研究也为金属/半导体异质结催化剂的制备提供了借鉴和参考。

如上所述，由于纳米黑磷具有极大的比表面积、高电荷迁移率、超超轻的质量、易形成范德华异质结、高机械柔性等优异的特性，在电催化 HER、OER、NRR 和 EOR 等领域具有独特的优势。然而，基于纳米黑磷的电催化研究还处于起步阶段，产量低和空气稳定性差的问题仍有待解决。为了提高纳米黑磷在空气中的稳定性，可通过杂化、构造异质结构或表面功能化等策略占据其孤对电子，从而削弱氧物种在纳米黑磷表面的吸附，最终防止纳米黑磷降解。此外，有必要对纳米黑磷在电催化过程中所起的特定作用进行深入研究，这可能需要依赖于理论计算和原位表征技术，通过对其结构和表面电子性质的合理调节，可以进一步探索和拓展其潜在的电催化应用。最后，研究不同形貌的纳米黑磷如黑磷纳米管、黑磷纳米带、打孔黑磷烯等对电催化性能的影响具有重要意义。总而言之，基于纳米黑磷的电催化剂在电催化领域具有良好的应用前景，但相关的挑战和困难依然存在，还需要更多的科研人员对其进行研究探索，共同推进其在电催化领域的应用研究。

参考文献

[1] Liu S, Wang S, Jiang Y, et al. Synthesis of Fe_2O_3 loaded porous g-C_3N_4 photocatalyst for photocatalytic reduction of dinitrogen to ammonia [J]. Chemical Engineering Journal, 2019, 373: 572-579.

[2] Werner G D A, Cornwell W K, Sprent J I, et al. A single evolutionary innovation drives the deep evolution of symbiotic N_2-fixation in angiosperms [J]. Nature Communications, 2014, 5 (1): 1-9.

[3] Li M Q, Huang H, Low J X, et al. Recent progress on electrocatalyst and photocatalyst design for nitrogen reduction [J]. Small Methods, 2019, 3 (6): 1800388.

[4] Tao H, Choi C, Ding L X, et al. Nitrogen fixation by Ru single-atom electrocatalytic reduction [J]. Chem, 2019, 5 (1): 204-214.

[5] Chen X, Li N, Kong Z, et al. Photocatalytic fixation of nitrogen to ammonia: state-of-the-art advancements and future prospects [J]. Materials Horizons, 2018, 5 (1): 9-27.

[6] Schrauzer G N, Guth T D. Photolysis of water and photoreduction of nitrogen on titanium dioxide [J]. Journal of the American Chemical Society, 2002, 99 (22): 7189-7193.

[7] Liu Y, Cheng M, He Z, et al. Pothole - rich ultrathin WO_3 nanosheets that trigger N≡N bond activation of nitrogen for direct nitrate photosynthesis [J]. Angewandte Chemie International Edition, 2019, 58 (3): 731-735.

[8] Li H, Shang J, Ai Z, et al. Efficient visible light nitrogen fixation with BiOBr nanosheets of oxygen vacancies on the exposed {001} facets [J]. Journal of the American Chemical Society, 2015, 137 (19): 6393-6399.

[9] Zhao Y, Zhao Y, Waterhouse G I N, et al. Layered-double-hydroxide nanosheets as efficient visible-light-driven photocatalysts for dinitrogen fixation [J]. Advanced Materials, 2017, 29 (42):

1703828.

[10]Liu M, Xia P, Zhang L, et al. Enhanced photocatalytic H_2-production activity of g-C_3N_4 nanosheets via optimal photodeposition of Pt as cocatalyst [J]. ACS Sustainable Chemistry & Engineering, 2018, 6 (8): 10472-10480.

[11]Kosco J, McCulloch I. Residual Pd enables photocatalytic H_2 evolution from conjugated polymers [J]. ACS Energy Letters, 2018, 3 (11): 2845-2850.

[12]Liu S, Wang Y, Wang S, et al. Photocatalytic fixation of nitrogen to ammonia by single Ru atom decorated TiO_2 nanosheets [J]. ACS Sustainable Chemistry & Engineering, 2019, 7 (7): 6813-6820.

[13]Qiu P, Xu C, Zhou N, et al. Metal-free black phosphorus nanosheets-decorated graphitic carbon nitride nanosheets with CP bonds for excellent photocatalytic nitrogen fixation [J]. Applied Catalysis B: Environmental, 2018, 221: 27-35.

[14]Shen Z K, Yuan Y J, Wang P, et al. Few-layer black phosphorus nanosheets: a metal-free cocatalyst for photocatalytic nitrogen fixation [J]. ACS Applied Materials & Interfaces, 2020, 12 (15): 17343-17352.

[15]Cai Y, Zhang G, Zhang Y W. Layer-dependent band alignment and work function of few-layer phosphorene [J]. Scientific Reports, 2014, 4 (1): 1-6.

[16]Muduli S K, Varrla E, Xu Y, et al. Evolution of hydrogen by few-layered black phosphorus under visible illumination [J]. Journal of Materials Chemistry A, 2017, 5 (47): 24874-24879.

[17]Zhu X, Zhang T, Sun Z, et al. Black phosphorus revisited: a missing metal - free elemental photocatalyst for visible light hydrogen evolution [J]. Advanced Materials, 2017, 29 (17): 1605776.

[18]Tian B, Tian B, Smith B, et al. Facile bottom-up synthesis of partially oxidized black phosphorus nanosheets as metal-free photocatalyst for hydrogen evolution [J]. Proceedings of the National Academy of Sciences, 2018, 115 (17): 4345-4350.

[19]Zhu M, Zhai C, Fujitsuka M, et al. Noble metal-free near-infrared-driven photocatalyst for hydrogen production based on 2D hybrid of black phosphorus/WS_2[J]. Applied Catalysis B: Environmental, 2018, 221: 645-651.

[20]Zhu M, Cai X, Fujitsuka M, et al. Au/$La_2Ti_2O_7$ nanostructures sensitized with black phosphorus for plasmon - enhanced photocatalytic hydrogen production in visible and near - infrared light [J]. Angewandte Chemie International Edition, 2017, 56 (8): 2064-2068.

[21]Tian B, Tian B, Smith B, et al. Supported black phosphorus nanosheets as hydrogen-evolving photocatalyst achieving 5.4% energy conversion efficiency at 353 K[J]. Nature Communications, 2018, 9 (1): 1-11.

[22]Zhu M, Sun Z, Fujitsuka M, et al. Z - scheme photocatalytic water splitting on a 2D heterostructure of black phosphorus/bismuth vanadate using visible light [J]. Angewandte Chemie International Edition, 2018, 57 (8): 2160-2164.

[23]Wu J, Huang S, Jin Z, et al. Black phosphorus: an efficient co-catalyst for charge separation and enhanced photocatalytic hydrogen evolution [J]. Journal of Materials Science, 2018, 53 (24): 16557-16566.

[24]Zhu M, Kim S, Mao L, et al. Metal-free photocatalyst for H_2 evolution in visible to near-infrared region: black phosphorus/graphitic carbon nitride [J]. Journal of the American Chemical Society, 2017, 139 (37): 13234-13242.

[25]Zhu M, Osakada Y, Kim S, et al. Black phosphorus: a promising two dimensional visible and near-infrared-activated photocatalyst for hydrogen evolution [J]. Applied Catalysis B: Environmental, 2017, 217: 285-292.

[26]Cai X, Mao L, Yang S, et al. Ultrafast charge separation for full solar spectrum-activated photocatalytic H_2 generation in a black phosphorus-Au-CdS heterostructure [J]. ACS Energy Letters, 2018, 3

（4）：932-939.

[27] Lei W, Mi Y, Feng R, et al. Hybrid 0D-2D black phosphorus quantum dots-graphitic carbon nitride nanosheets for efficient hydrogen evolution [J]. Nano Energy, 2018, 50：552-561.

[28] Pan S, He J, Wang C, et al. Exfoliation of two-dimensional phosphorene sheets with enhanced photocatalytic activity under simulated sunlight [J]. Materials Letters, 2018, 212：311-314.

[29] Yuan Y J, Yang S, Wang P, et al. Bandgap-tunable black phosphorus quantum dots: visible-light-active photocatalysts [J]. Chemical Communications, 2018, 54（8）：960-963.

[30] Lee H U, Lee S C, Won J, et al. Stable semiconductor black phosphorus（BP）@ titanium dioxide （TiO_2）hybrid photocatalysts [J]. Scientific Reports, 2015, 5（1）：1-6.

[31] Shen Z, Sun S, Wang W, et al. A black-red phosphorus heterostructure for efficient visible-light-driven photocatalysis [J]. Journal of Materials Chemistry A, 2015, 3（7）：3285-3288.

[32] Lei W, Zhang T, Liu P, et al. Bandgap- and local field-dependent photoactivity of Ag/black phosphorus nanohybrids [J]. ACS Catalysis, 2016, 6（12）：8009-8020.

[33] Zheng Y, Yu Z, Ou H, et al. Black phosphorus and polymeric carbon nitride heterostructure for photoinduced molecular oxygen activation [J]. Advanced Functional Materials, 2018, 28（10）： 1705407.

[34] Wang L, Xu Q, Xu J, et al. Synthesis of hybrid nanocomposites of ZIF-8 with two-dimensional black phosphorus for photocatalysis [J]. RSC Advances, 2016, 6（73）：69033-69039.

[35] Wang X, Xiang Y, Zhou B, et al. Enhanced photocatalytic performance of Ag/TiO_2 nanohybrid sensitized by black phosphorus nanosheets in visible and near-infrared light[J]. Journal of Colloid and Interface Science, 2019, 534：1-11.

[36] Li X, Li F, Lu X, et al. Black phosphorus quantum dots/attapulgite nanocomposite with enhanced photocatalytic performance [J]. Functional Materials Letters, 2017, 10（06）：1750078.

[37] Feng R, Lei W, Sui X, et al. Anchoring black phosphorus quantum dots on molybdenum disulfide nanosheets: a 0D/2D nanohybrid with enhanced visible- and NIR-light photoactivity [J]. Applied Catalysis B: Environmental, 2018, 238：444-453.

[38] Xie L, Liang J, Priest C, et al. Engineering the atomic arrangement of bimetallic catalysts for electrochemical CO_2 reduction [J]. Chemical Communications, 2021, 57（15）：1839-1854.

[39] Ali M, Aftab A, Awan F U R, et al. CO_2-wettability reversal of cap-rock by alumina nanofluid: implications for CO_2 geo-storage [J]. Fuel Processing Technology, 2021, 214：106722.

[40] Kim M S, Chandika P, Jung W K. Recent advances of pectin-based biomedical application: potential of marine pectin [J]. Journal of Marine Bioscience and Biotechnology, 2021, 13（1）：28-47.

[41] Wang X, He J, Li J, et al. Immobilizing perovskite $CsPbBr_3$ nanocrystals on black phosphorus nanosheets for boosting charge separation and photocatalytic CO_2 reduction[J]. Applied Catalysis B: Environmental, 2020, 277：119230.

[42] Gao W, Bai X, Gao Y, et al. Anchoring of black phosphorus quantum dots onto WO_3 nanowires to boost photocatalytic CO_2 conversion into solar fuels [J]. Chemical Communications, 2020, 56（56）： 7777-7780.

[43] Yao Y, Zhu S, Wang H, et al. A spectroscopic study on the nitrogen electrochemical reduction reaction on gold and platinum surfaces [J]. Journal of the American Chemical Society, 2018, 140（4）： 1495-1501.

[44] Guo C, Ran J, Vasileff A, et al. Rational design of electrocatalysts and photo（electro）catalysts for nitrogen reduction to ammonia（NH_3）under ambient conditions [J]. Energy & Environmental Science, 2018, 11（1）：45-56.

[45] Yao Y, Wang H, Yuan X, et al. Electrochemical nitrogen reduction reaction on ruthenium[J]. ACS Energy Letters, 2019, 4（6）：1335-1341.

[46] Zhang L, Ding L X, Chen G F, et al. Ammonia synthesis under ambient conditions: selective

electroreduction of dinitrogen to ammonia on black phosphorus nanosheets [J]. Angewandte Chemie, 2019, 131 (9): 2638-2642.

[47] Xu G, Li H, Bati A S R, et al. Nitrogen-doped phosphorene for electrocatalytic ammonia synthesis [J]. Journal of Materials Chemistry A, 2020, 8 (31): 15875-15883.

[48] He L, Lu Q, Yang Y, et al. Facile synthesis of holey phosphorene via low temperature electrochemical exfoliation for electrocatalytic nitrogen reduction [J]. ChemistrySelect, 2021, 6 (20): 5021-5026.

[49] Wang C, Gao J, Zhao J G, et al. Synergistically coupling black phosphorus quantum dots with MnO_2 nanosheets for efficient electrochemical nitrogen reduction under ambient conditions [J]. Small, 2020, 16 (18): 1907091.

[50] Liu Y T, Li D, Yu J, et al. Stable confinement of black phosphorus quantum dots on black tin oxide nanotubes : a robust, double - active electrocatalyst toward efficient nitrogen fixation [J]. Angewandte Chemie, 2019, 131 (46): 16591-16596.

[51] He L, Wu J, Zhu Y, et al. Covalent immobilization of black phosphorus quantum dots on mxene for enhanced electrocatalytic nitrogen reduction [J]. Industrial & Engineering Chemistry Research, 2021, 60 (15): 5443-5450.

[52] Sofer Z, Sedmidubský D, Huber Š, et al. Layered black phosphorus : strongly anisotropic magnetic, electronic, and electron - transfer properties [J]. Angewandte Chemie International Edition, 2016, 55 (10): 3382-3386.

[53] Shao L, Sun H, Miao L, et al. Facile preparation of NH_2-functionalized black phosphorene for the electrocatalytic hydrogen evolution reaction [J]. Journal of Materials Chemistry A, 2018, 6 (6): 2494-2499.

[54] Batmunkh M, Bat - Erdene M, Shapter J G. Phosphorene and phosphorene-based materials-prospects for future applications [J]. Advanced Materials, 2016, 28 (39): 8585-8617.

[55] He R, Hua J, Zhang A, et al. Molybdenum disulfide-black phosphorus hybrid nanosheets as a superior catalyst for electrochemical hydrogen evolution [J]. Nano Letters, 2017, 17 (7): 4311-4316.

[56] Lin Y, Pan Y, Zhang J. In-situ grown of Ni_2P nanoparticles on 2D black phosphorus as a novel hybrid catalyst for hydrogen evolution [J]. International Journal of Hydrogen Energy, 2017, 42 (12): 7951-7956.

[57] Li W, Liu D, Yang N, et al. Molybdenum diselenide—black phosphorus heterostructures for electro-catalytic hydrogen evolution [J]. Applied Surface Science, 2019, 467: 328-334.

[58] Wang X, Bai L, Lu J, et al. Rapid activation of platinum with black phosphorus for efficient hydrogen evolution [J]. Angewandte Chemie, 2019, 131 (52): 19236-19242.

[59] Zhang Z, Liu G, Cui X, et al. Crystal phase and architecture engineering of lotus—thalamus—shaped Pt–Ni anisotropic superstructures for highly efficient electrochemical hydrogen evolution [J]. Advanced Materials, 2018, 30 (30): 1801741.

[60] Zhao Z, Liu H, Gao W, et al. Surface-engineered PtNi O nanostructure with record high performance for electrocatalytic hydrogen evolution reaction [J]. Journal of the American Chemical Society, 2018, 140 (29): 9046-9050.

[61] Jiang Q, Xu L, Chen N, et al. Facile synthesis of black phosphorus : an efficient electrocatalyst for the oxygen evolving reaction [J]. Angewandte Chemie, 2016, 128 (44): 14053-14057.

[62] Wang J, Liu D, Huang H, et al. In - plane black phosphorus/dicobalt phosphide heterostructure for efficient electrocatalysis [J]. Angewandte Chemie, 2018, 130 (10): 2630-2634.

[63] Li Y, Liao C, Tang K, et al. Cobalt hydroxide-black phosphorus nanosheets : a superior electrocatalyst for electrochemical oxygen evolution [J]. Electrochimica Acta, 2019, 297: 40-45.

[64] Farsadrooh M, Torrero J, Pascual L, et al. Two-dimensional Pd-nanosheets as efficient electrocatalysts for ethanol electrooxidation. Evidences of the CC scission at low potentials [J]. Applied Catalysis B: Environmental, 2018, 237: 865-875.

[65] Torrero J, Montiel M, Peña M A, et al. Insights on the electrooxidation of ethanol with Pd-based catalysts in alkaline electrolyte [J]. International Journal of Hydrogen Energy, 2019, 44 (60): 31995-32002.

[66] Wu T, Fan J, Li Q, et al. Palladium nanoparticles anchored on anatase titanium dioxide - black phosphorus hybrids with heterointerfaces: highly electroactive and durable catalysts for ethanol electrooxidation [J]. Advanced Energy Materials, 2018, 8 (1): 1701799.

[67] Wu T, Ma Y, Qu Z, et al. Black phosphorus-graphene heterostructure-supported Pd nanoparticles with superior activity and stability for ethanol electro-oxidation [J]. ACS Applied Materials & Interfaces, 2019, 11 (5): 5135-5145.

[68] Bai L, Wang X, Tang S, et al. Black phosphorus/platinum heterostructure: a highly efficient photocatalyst for solar - driven chemical reactions [J]. Advanced Materials, 2018, 30 (40): 1803641.

第**6**章

纳米黑磷在生物医学领域的应用

自黑磷发现以来，由于其良好的生物相容性及其他独特性质，在生物医学领域引起了巨大的研究兴趣。黑磷与其他 2D 材料相比显示出相对较低的细胞毒性和良好的生物相容性，且在人体内易于降解，产生无毒的中间体，如磷酸盐、亚磷酸盐和其他 P_xO_y。磷作为骨骼的成分，约占总体重的 1%[1]，是骨治疗中的重要原材料。黑磷烯较高的载流子迁移率、大的比表面积、优异的光电性能、可调的直接带隙和高的载药率等优点，使其在生物信息检测、治疗及抗菌等领域具有重要的作用。本章主要围绕纳米黑磷及其复合材料在生物成像、生物信息监测、肿瘤治疗、骨治疗、药物输送、伤口治愈及抗菌等方面展开论述。尽管基于黑磷的生物医学应用仍处于初级阶段，还有许多技术挑战有待解决，但它仍可能为未来的医疗诊断和治疗带来新的机遇。

6.1 临床诊断

在临床诊断中，生物组织成像与血液检测是检测疾病的两种重要方式。生物成像是了解生物体组织结构，阐明生物体各种生理功能的一种重要研究手段。它利用光学显微镜或电子显微镜直接获得生物细胞和组织的微观结构图像，通过对所得图像的分析来了解生物细胞的各种生理过程。生物成像技术已经成为细胞生物学研究中不可或缺的方法，发展无损伤的体内成像技术是其在疾病诊断中广泛应用的重要前提。目前临床试验使用的检测设备虽然智能化水平越来越高，但是仍然面临着仪器操作复杂、分析时间长、灵敏度不够高等缺点。在检测血液样本时需用到靶向生物标志物，但其通常以极低的浓度存在，因此需要开发高灵敏度和特异性的医学生物传感器。

在生物医学领域，纳米黑磷应用于成像技术提高了诊断的灵敏性和专一性，其在生物成像方面的应用主要包括光热成像、光声成像及荧光成像。黑磷纳米片（BPNSs）具有高载流子迁移率和面内各向异性的物理特性，已被用于晶体管、电化学、荧光信息监测。

6.1.1 生物成像

纳米黑磷在生物成像方面的应用主要是利用纳米黑磷具有强的光吸收和光热转换效率、高生物兼容性以及无长期生物毒性等性质，从而将其应用于光热成像、光声成像及荧光成像，BPQDs 在这方面的应用表现尤为突出。相比于生物医学领域常用的其他二维材料（包括金属纳米粒子、碳基纳米材料以及二硫化钛和二硫化钼等），BPQDs 具有更高的光热转换效率，最重要的是 BPQDs 的生物兼容性高，在生物体内可降解并生成对人体无毒害的磷酸等物质。这种无生物毒性的优势是其他材料所无法比拟的，这也决定了 BPQDs 在生物医学领域具有巨大的应用潜力和研究价值。目前，BPQDs 在生物医学领域的应用面临着两大挑战：一是 BPQDs极不稳定，在水中易氧化，所以 BPQDs 进入生物体内后往往还没发挥出作用就已经降解了，这是应用时所不希望出现的现象；二是 BPQDs 在水溶液中的分散性比较差，无法均匀分散到细胞培养液中，阻碍了其正常应用。因此，有必要制备一种稳定且在水溶液中分散性较好的 BPQDs。

在光热成像应用上，Shao 等[2]制备了可生物降解的 BPQDs/碳化钛纳米复合材料（BPQDs/TiC），以增强其光热稳定性。注射 BPQDs/ TiC 纳米微球之后，小鼠体内肿瘤的温度在 10 min 内迅速从 32.5 ℃上升到 58.5 ℃，而在小鼠体内注射磷酸缓冲盐溶液温度仅上升 6.2 ℃，结果表明该纳米复合材料具有良好的光热转换效率。

在光声成像应用上，纳米黑磷光声成像是一种非入侵式和非电离式的新型生物医学成像方法，具有高图像对比度和灵敏度、高空间分辨率和深度分辨率等优点。这种方法需要超短激光脉冲对组织的小片区域进行照射，吸收的光能被转化为热能，使附近的组织发生热弹性膨胀，从而形成超声波发射，这一超声波可以用超声换能器检测成像。生物组织的一些内源性分子如血红蛋白和黑色素等均可产生光声信号，想要利用光声成像技术诊断癌症，需要造影剂渗入组织中，并且选择性地同肿瘤细胞相结合。造影剂包括金纳米材料、过渡金属硫族化合物/锰系纳米材料、碳基纳米材料、小有机分子和半导体聚合物纳米材料等。BPQDs 具有很高的近红外光热转换能力、优异的光热特性和光声信号，同时具有良好的生物相容性，可作为一种理想的造影剂。当光线照射到纳米药物时，其吸热产生弹性热膨胀从而吸收光声成像的光脉冲，可生成容易检测到的超声信号，并从中计算出三维的肿瘤图像，提供高分辨率和高对比度的肿瘤组织成像。然而，BPQDs 在水和空气中都容易降解，这也导致了其光学性能和生物应用的退化。为了克服这一局限性，Sun 等[3]将 BPQDs 与 TiL4 在 N-甲基-2-吡咯烷酮中混合制备出 TiL4@BPQDs 复合材料。与单一的 BPQDs 相比，TiL4@BPQDs 在水中具有更高的稳定性，研究结果表明在 680 nm 的光波照射下，TiL4@BPQDs 表现出最佳的光声成像信号。同时，体外和体内实验进一步表明 TiL4@BPQDs 具有良好的光声成像效果，在癌症诊断方面具有广阔的前景。

在荧光成像应用上，纳米黑磷具有层依赖的荧光光谱，可以发出荧光，并可以负载各种荧光分子，在体外和体内进行荧光成像[4]。Tao 等[5]将青蓝素负载到聚乙二醇修饰的 BPNSs 上用于体内近红外成像，并将异硫氰酸荧光素（FITC）负载到聚乙二醇修饰的 BPNSs 上用于体外荧光成像。此外，Jiang 等[6]通过溶剂热反应制备了 Zn@BPQDs，Zn 的引入防止了 BPQDs 的氧化和降解，有效提高了 BPQDs 的稳定性和荧光性，Zn@BPQDs 也被进一步用于天然植物和水生动物的高效体外细胞成像和体内成像。

6.1.2 场效应晶体管生物监测

场效应晶体管（FET）也称场效应管，FET 有三个电极，分别是栅极、源极和漏极，其工作方式是通道中的多数载流子在电场作用下由源极向漏极作漂移运动，形成了漏极电流。FET 生物传感器在生物分子检测方面具有灵敏度和特异性高、分析速度快、免标记、操作简单等特点，并且能够与集成电路兼容，实现高通量的检测。

BP 具有直接带隙、高通断开关比和高载流子迁移率等特性，是 FET 传感器的优异候选材料。FET 生物传感器的工作机制是基于目标分析物结合后 FET 通道的电导率变化，传感通道的灵敏度在高性能 FET 生物传感器的设计中起着关键的作用。纳米黑磷由于其特殊的生物相容性、对目标分子的吸附性、表面性能和电子灵敏度，在 FET 生物检测方面已经得到了广泛的应用。黑磷场效应晶体管（BP-FET）生物传感器是将机械剥离的 BPNSs 用作 FET 中的传感通道，其中 Al2O3 薄膜用于表面钝化的介电层［图 6-1（a）］。该生物传感器的响应由抗原存在下 BP 的电阻变化决定，特异性抗原-抗体结合相互作用吸附的抗原诱导了栅极电位，从而改变了漏极电流。对于不同浓度（10～500 ng/mL）的免疫球蛋白 G（IgG），设计的 BP-FET 生物传感器表现出良好的响应，低检测限约为 10 ng/mL［图 6-1（b）、（c）］[7]。例如，Chen 等为了防止纳米黑磷被氧化，在 BPNSs 上涂上了一层 Al2O3 薄膜，利用表面钝化的 BP 作为 FET 生物传感平台来检测 IgG[8]。将 IgG 引入传感器后，抗体与 IgG 结合导致 BP 电导率发生显著变化，记录为传感信号。此外，基于 BP 的 FET 生物传感器可以通过检测其特定的生物标记物，用于快速、灵敏地诊断各种疾病，例如心血管疾病和癌症。Kumar 等[9]获得了一种基于适配体功能化的 BP 传感平台，并将其用于检测肌红蛋白（Mb，一种心血管疾病的生物标志物）。该传感器具有创纪录的低检测限（约为 0.524 pg/mL），这说明基于 BP 的 FET 生物传感器具有检测心血管疾病的功能。

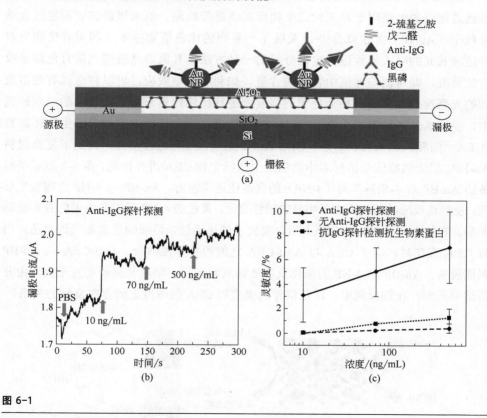

图 6-1

场效应晶体管生物传感器检测免疫球蛋白 G（IgG）相关图[10]

（a）BP-FET 传感器示意图；（b）不同浓度的 IgG 下传感器的动态响应；（c）目标蛋白浓度函数的灵敏度绘图

6.1.3　电化学生物监测

　　BP 是直接带隙半导体，具有良好的电子迁移率与电化学性能，在电化学生物传感器方面的应用中可进一步提高分析结果的灵敏度和选择性。最近的一项研究报道了一种被简单功能化的 BPNSs 材料，将其修饰在电极表面后，利用电化学的方法对血清样品中的心肌疾病标志物 Mb 进行检测[9]。通过聚赖氨酸（PLL）上的氮原子将一些生物蛋白分子和 BPNSs 连接，带负电的 DNA 适体通过静电吸引力固定在 PLL 上，这种 DNA 适体能够特异性地捕获 Mb，运用电化学方法对 Mb

的浓度进行检测，从而能够实现对心肌疾病的准确检测。该生物传感器对适体显示出极高特异性和高灵敏度，与基于氧化石墨烯（GO）、还原氧化石墨烯（rGO）构建的生物传感器相比，有更低的检测限。

BP 除了可以修饰在电极上，利用电化学的方法对生物分子进行检测外，还可以通过比色的方法用于对无标记生物标志物进行检测。纳米黑磷的表面经过金纳米粒子（AuNP）沉积修饰[11]，发展了一系列的比色检测技术（利用有色物质对特定波长光的吸收特性进行定性分析的一种方法，其原理是根据光被有色溶液吸收的强度，即可测定溶液中物质的含量，如利用光电效应，可以将透过有色溶液后的光强度成比例地变换为电流的强度来进行比色定量分析）。在最近的一项研究中，使用 AuNP 修饰的少层 BP（Au-BP）检测临床血清样本中的癌症生物标志物（CEA，癌胚抗原）。Peng 等[12]利用 AuNP 对少层 BP 进行修饰，得到了复合材料 Au-BP，用于对临床血清样本中的癌症生物标记物 CEA 进行检测。图 6-2 显示了制备的 Au-BP 对 4-硝基苯酚（4-NP）的强催化还原能力。Au-BP 与 4-NP 之间发生反应，使得该反应的溶液产生了明显的颜色变化，黄色的 4-NP 反应变成无色的 4-氨基苯酚。在加入抗体（Anti-CEA）后，丧失了催化活性，溶液颜色重新变为黄色。当有 CEA 存在时，由于 CEA 与 Anti-CEA 之间的特异性结合，Anti-CEA 从 Au-BP 表面脱落，Au-BP 对 4-NP 的催化反应能够重新进行，溶液又重新变为无色。由分析结果可知，在该反应中，比色信号的强度和 CEA 的浓度之间存在良好的关系。

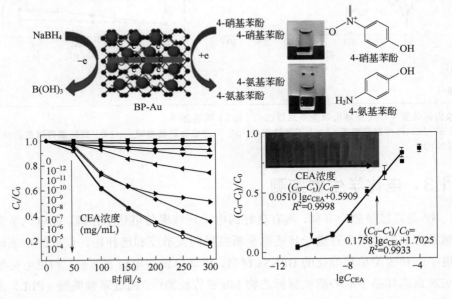

图 6-2

基于黑磷的比色反应对 CEA 进行高灵敏度检测[12, 13]

如前所述，BP 具有厚度依赖性的直接带隙。这一特征导致 BP 的费米能级高于 $AuCl_4^-$ 的还原电位（+1.002 V），因此，BP 和 $AuCl_4^-$ 之间发生氧化还原反应，使 BP 的电子自发转移到金离子，从而形成 AuNPs。因此，BP 具有良好的电子转移性能，并可根据不同的尺寸和负载量进行调节。这些特性将提高催化剂在氧化还原反应中的还原性，进而提高所开发的生物传感器的分析灵敏度。该传感器对监测结肠癌和乳腺癌的生物标志物 CEA 具有很高的灵敏度（0.20 pg/mL）和选择性[12]。

此外，Zhao 等[14]发现聚赖氨酸修饰的 BP（pLL-BP）是固定血红蛋白（Hb）的理想载体，BP 良好的导电性和生物相容性，维持了 Hb 的天然结构和生物活性，可促进 Hb 活性中心 Fe^{2+} 的电子转移，如图 6-3 所示。

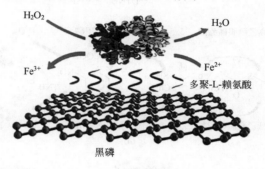

图 6-3

黑磷复合材料酶基电化学传感循环伏安检测 H_2O_2[14, 15]

6.1.4 荧光生物监测

由于 BPQDs 在蓝紫色波长区域具有强烈且稳定的荧光发射，使得 BPQDs 在荧光传感领域具有广阔的应用前景。BPQDs 的发光性能及细胞成像也推动了其在生物传感的应用。Gu 等[16]通过超声和溶剂热法结合成功制备了具有绿色荧光发射的 BPQDs。利用 BPQDs 的荧光性质构建了一个用于硫醇检测的荧光生物传感系统，并且该传感器可以用于评估乙酰胆碱酶的活性。如图 6-4（a）所示，5,5-二硫代-2-硝基苯甲酸（DTNB）可与硫醇基团反应生成 2-硝基-5-硫代苯甲酸根阴离子（TNB）。TNB 紫外吸收与 BPQDs 的激发光谱显示出相当大的光谱重叠，并导致 BPQDs 的荧光猝灭。利用 BPQDs 和 DTNB 构建基于内滤效应（IFE）的荧光传感器，可将其用于含巯基分子的检测。因此，基于荧光 BPQDs 和 TNB 之间的 IFE 可以评估乙酰胆碱酯酶（AChE）的活性。此外，BPQDs 还用于开发检测 Hg^{2+} 的荧光传感器[17]。图 6-4（b）为基于 BPQDs 传感器检测 Hg^+ 的机理示意，由于 BPQDs 的激发光谱与四苯基卟啉四磺酸（TPPS）的吸收光谱之间的重叠，这个传感是基于 TPPS 和 BPQDs 之间的 IFE，BPQDs 的荧光通过 IFE 被 TPPS 淬灭。由于 Hg^{2+} 可以加速 Mn^{2+} 与 TPPS 的配位，Mn^{2+}-TPPS 复合物导致 TPPS 的吸收强度降低，BPQDs 的蓝绿色（523 nm）荧光恢复，TPPS 的红色（649 nm）荧光减少。实验结果表明 BPQDs 传感器显示出对 Hg^{2+} 的良好线性响应，范围为 1～60 nm，检测极限为 0.39 nm。

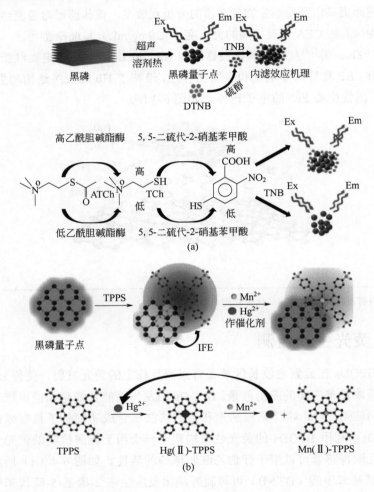

(a)

(b)

图 6-4

（a）基于 IFE 机理 BPQDs 的硫醇/AChE 活性检测示意[16]；（b）BPQDs 荧光传感器用于检测 Hg^{2+} 的示意[17]

6.2 肿瘤治疗

光疗可以有效地产生局部热或细胞毒性活性氧（ROS），取代传统的化疗、手术等癌症治疗方法，在光照射下诱导癌细胞死亡。光疗分为光热疗法（photothermal therapy，PTT）和光动力疗法（photodynamic therapy，PDT）两种。作为一种替代传统癌症治疗的方法，黑磷已经在光动力治疗与光热治疗方面进行了深入的研究。PTT 是一种利用光热转化剂吸收近红外（near infrared，NIR）辐射光并能将其转化成局部高热来消融肿瘤的微创治疗方法；PDT 是采用光敏剂产生细胞毒性活性氧（ROS）来消融肿瘤的一种治疗方法。目前，许多纳米材料（如石墨烯氧化物）已被探索用于癌症治疗。BP 由于具有高的载流子迁移率和光吸收的光谱带隙，是改善 PDT 和 PTT 的优良光敏剂。

6.2.1　PTT 疗法

PTT 具有高效、微创、高选择性等优点，利用光吸收剂诱导肿瘤细胞在光照射下发生热休克，使肿瘤细胞凋亡，在临床研究中受到广泛关注。纳米黑磷具有强的消光系数[18]，BP/聚合物作为一种抗肿瘤光热治疗剂，由于其在整个可见-红外光区域的广泛吸收，可以在近红外照射下有效杀伤癌细胞。

光热效应不仅存在于 BP 这一类材料中，也存在于一些有机染料中，如靛青绿。靛青绿是目前已通过美国食品和药物管理局（FDA）认证可以用于人体的染料。但是靛青绿光稳定性非常差，光照 5 min 就会引起严重分解，而黑磷是无机物，可以承受长时间的光照。研究表明 10 µg/mL 的黑磷可以使含水溶液在 3 min 内快速升高 20 ℃。黑磷比靛青绿具有更好的光热效应和光照稳定性，非常适用于肿瘤的光热治疗。如 Sun 等[19]利用探头式超声剥离黑磷晶体制备了小尺寸的 BPQDs，研究表明其对胶质瘤细胞和乳腺癌细胞具有良好的光热抗肿瘤效果。

据报道，BPQDs 的光热转换效率达到 28.4%，在 808 nm 处的消光系数为 14.8 L/（g·cm）[19]。即使经过 5 个开关激光循环后，BPQDs 的光热性能也没有明显下降趋势，这表明 BPQDs 具有显著的光稳定性和作为光热剂的巨大潜力。在 808 nm 的激光下照射 10 min 后，几乎所有的胶质瘤细胞（C6）和乳腺癌细胞（MCF7）被杀死 [图 6-5（a）、（b）]，表明 BPQDs 对瘤细胞与癌细胞的光热破坏明显。此外，BPNSs 的生物稳定性对于充分发挥光热效应尤为关键。Zhao 等[20]将四氟硼酸重氮盐（NB-D）修饰的 BPNSs 纳米复合材料（NB@BPs）注射到荷瘤小鼠体内，然后进行 808 nm 激光照射。由于单一 BP 的快速降解，单一 BP 处理小鼠的肿瘤温度仅升高了 11.5 ℃，而 NB@BPs 处理小鼠的肿瘤温度升高了 23.5 ℃ [图 6-5（c）]。注射 NB@BPs 的小鼠肿瘤在 16 天内逐渐缩小，最终消失，单一 BP 注射的小鼠肿瘤在 16 天内逐渐长大 [图 6-5（d）]，可推断出单一纳米黑磷由于缺乏 NB 保护逐渐降解而失去其固有的肿瘤 PTT 能力。

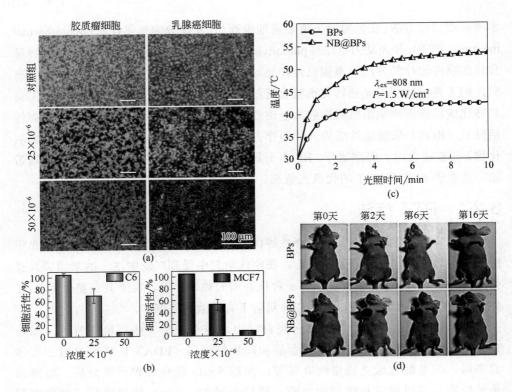

图 6-5

添加 BPQDs（25×10^{-6}、50×10^{-6}）后，$1.0\ \text{W/cm}^2$、808 nm 激光照射 10 min 后对 C6 和 MCF7 癌细胞的光热破坏的（a）荧光图像和（b）细胞活性图；静脉注射单一 BPs 和 Nb@BPs 后，808 nm、$1.5\ \text{W/cm}^2$ 近红外激光照射下的（c）黑磷修饰前后温度随光照时间的变化曲线和（d）小鼠 MCF7 乳腺肿瘤生长/消失情况[20,21]

　　此外，在纳米黑磷表面添加异物涂层不仅使纳米黑磷具有荧光（FL）成像能力，而且出乎意料地增强了纳米黑磷的 PTT 效应。二氢卟吩 e6（Chlorin e6，Ce6）是一种商品化的近红外光吸收光敏剂，将 Ce6 固定在聚乙二醇（PEG）修饰的 BPNSs 上制备 BP@PEG/Ce6 复合材料，可以在活体动物中实现近红外成像，并将 PEG-BPNSs 的光热转换效率从 28.7% 提高到 43.6%[22]。在 660 nm、$0.65\ \text{W/cm}^2$ 的激光下照射 10 min 后，BP@PEG/Ce6 比 BP@PEG 表现出更明显的光热效应。总之，体外和体内实验成功证明了黑磷对癌细胞的杀伤作用。

6.2.2 PDT 疗法

　　光动力治疗的原理是依赖光敏剂（PS）将光能传递给周围的氧气分子，产生大量活性氧（ROS），引起氧化应激反应，最终导致肿瘤细胞凋亡。PDT 重复性好，系统毒性低，选择性好，已被临床批准用于不愿接受手术和放疗的患者的治疗。PDT 治疗导致肿瘤细胞死亡的关键因素是 PS 在适当的照射下产生 ROS,过程中邻近的健康组织没有受到损伤。与传统的肿瘤治疗方法相比,PDT 对机体侵入性小,不会引起肿瘤细胞耐药,因此近年来发展迅速,目前已被应用于一些皮肤癌的临床治疗。

然而,传统光敏剂水溶解性差、量子产率低、缺乏肿瘤靶向性、肿瘤组织固有的乏氧问题以及肿瘤细胞抵御氧化应激损伤的自保护系统均限制了 PDT 的进一步应用。为解决上述难题,2016 年,Lv 等[22]首次设计并制备了一种基于 BP 的转换纳米颗粒,他们通过静电作用将聚丙烯酸(PAA)修饰的稀土掺杂的转换荧光纳米颗粒(upconverting nanoparticles,UCNPs)与 PEG-BP 整合为一体。研究表明,BPNSs/UCNPs 复合材料在波长为 808 nm 的近红外光照射下产生了大量的 ROS 来抑制肿瘤细胞活性,照射 14 天后,小鼠体内的肿瘤细胞被完全抑制并杀死。同时,纳米颗粒无副作用,小鼠机体继续正常生长,表明 BPNSs/UCNPs 光敏剂具有良好的抗肿瘤效果。

此外,BPQDs 也表现出与 BPNSs 相似的抗肿瘤作用,2018 年,Guo 等[23]首次制备了直径 5.4 nm 的聚乙二醇化的 BPQDs(PEG-BPQDs),并将其作为治疗癌症的光敏剂 [图 6-6(a)]。与 HeLa 或 L02 细胞孵育 24 h 后,BPQDs 即使在最高浓度下也没有明显的细胞毒性,证实了其良好的生物相容性 [图 6-6(b)]。通过荧光显微镜 MTT 法检测(一种检测细胞存活和生长的方法),在 670 nm 的光照下,PEG-BPQDs 可以有效地产生细胞内 ROS,在短时间内杀死大多数肿瘤细胞 [图 6-6(c)]。此外,注射 PEG-BPQDs 并使用波长为 670 nm 的光照射 16 天后,小鼠肿瘤的生长明显被抑制 [图 6-6(d)]。更重要的是,超过 65% 的 BPQDs 物质在静脉注射后 8 h 内通过尿液排出。这项工作首次验证了 BPQDs/聚合物可以作为强大的 PDT 光敏剂用于癌症治疗。

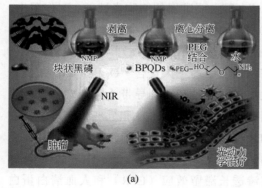

(a)　　　　　　　　　　　　(b)

图 6-6

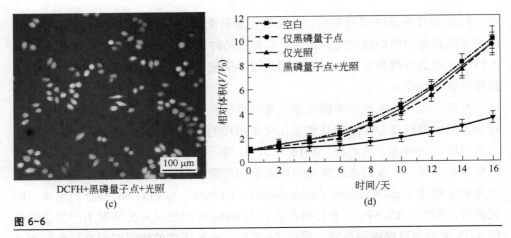

DCFH+黑磷量子点+光照

(c)

时间/天

(d)

图 6-6

（a）PEG-BPQDs 的合成及其在光动力治疗中的潜在应用；（b）不同浓度的 BPQDs 在 37 ℃下孵育 24 h 后 HeLa 和 L02 的细胞活性；（c）DCFH + BPQDs +光照射下 HeLa 细胞的荧光显微镜图像；（d）不同治疗条件下 S180 肿瘤细胞相对体积随时间的变化[23]

6.2.3　PTT 与 PDT 协同疗法

到目前为止，PTT 和 PDT 疗法仍然存在一些问题，如 PTT 的不均匀局部热[24]、PDT 的单线态氧（$^1O_2$）产量低[25]。协同治疗既可以增强 PTT 和 PDT 各自的优势，又可以弥补各自的不足。特别是 BP/聚合物具有作为光热剂和光敏剂的能力，因为 BP 在近红外照射下产生蒸汽热，促进血液循环，提高肿瘤周围的单线态氧水平和 BP/聚合物的癌细胞摄取效率，说明 PDT 和 PTT 可以相互加强，表现出良好的协同治疗效果。因此，PTT/PDT 联合应用得到了广泛的研究。例如 Li 等[26]开发了一种 PEG-BPQDs 作为多功能 PTT 和 PDT 治疗癌症的药物。所制备的纳米颗粒具有良好的近红外光热性能和近红外光调控的 $^1O_2$ 生成能力，在体内显著抑制肿瘤生长。经系统组织学分析证实，该药物对小鼠主要脏器的细胞毒性低，副作用小。

Yang 等[27]在人血清白蛋白（HSA）聚合物纳米笼模板中通过 $NaBH_4$ 的可控还原反应合成了双官能团 Te-NDs（直径 5.9 nm）[图 6-7（a）]。Te-NDs/HSA 在生理条件下表现出良好的光稳定性，在水溶液中产生大量含·O_2^-和·OH 的 ROS 溶液，在近红外光照射下，通过光激发电子从价带跃迁到导带 [图 6-7（b）]。研究结果表明，92.0%的 Te-NDs/HSA 被溶酶体内吞，Te-NDs 和近红外辐射引发细胞内 ROS 破坏溶酶体膜。随后，Te-NDs 光动力细胞毒性破坏细胞质中的其他成分，导致 4T1（小鼠乳腺癌细胞）ROS 中毒死亡。结果表明，Te-NDs/HSA 经静脉注射到 4T1 小鼠体内后，由于其高渗透长滞留效应（EPR）和人血清白蛋白（HSA）对肿瘤的积聚能力，可在体内高度分布于肿瘤和肝脏中。其中超微体积的 Te-NDs/HSA 被有效清除，避免了其在正常组织中的长期滞留 [图 6-7（c）]。

Te-NDs/HSA 注射后经 785 nm 光照发现小鼠肿瘤部位的最大温差可达 20 ℃，二氢乙啶（DHE）染色也可检测到该部位的 ROS，表明该部位光热和光动力转换效率较强［图 6-7（d）］。显然，体内丰富的 ROS 和肿瘤部位的热疗共同引导癌细胞消融而没有再生，证实了 PDT 和 PTT 具有很好的协同作用，能使细胞凋亡。

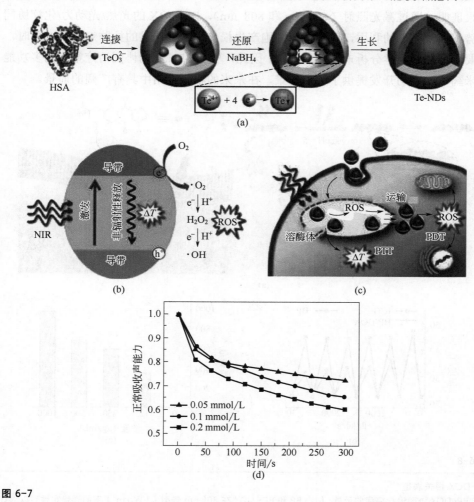

图 6-7

（a）双功能 Te-NDs 的制备；（b）NIR 诱导 Te-NDs 生成 ROS 的机制；（c）细胞内协同作用示意；（d）Te-NDs 生成 ROS 的曲线[27]

　　图 6-8（a）显示了 BP 协同光动力、光热和癌症化疗的机理示意。与吲哚菁绿（ICG，美国 FDA 批准的一种临床可用的光热剂）相比，BP 和 BP-DOX（DOX，又名多柔比星，是一种广谱抗肿瘤药物，能够抑制肿瘤细胞的增殖）表现出了极佳的光稳定性［图 6-8（b）］。BPNSs 作为纳米载体，通过静电作用负载阿霉素，

形成 BP-DOX。得益于其褶皱晶格结构，BPNSs 对 DOX 的负载能力高达 950%，远高于其他报道的 2D 纳米材料 [图 6-8（c）]。在波长为 808 nm 的激光下照射 20 min 后，DOX 的释放量超过 90%，BP-DOX 纳米片能在近红外光下高效地产生光热和活性氧，从而加速阿霉素的释放，增加细胞膜通道，从而增加药物的摄取。体内实验结果证明，通过激光照射（660 nm 和 808 nm），BP-DOX 的光热/光动力/化疗协同优势得到了充分的利用，最终对癌细胞产生损伤，达到明显的抗肿瘤效果，同时，主要器官的组织学分析未见任何损伤。因此，基于 BPNSs 的协同治疗策略为多功能纳米药物平台的开发提供了新的前景，在未来的临床应用中具有广阔的前景。

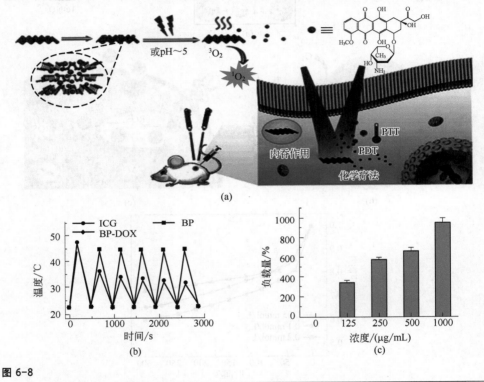

图 6-8

BP-DOX 相关表征[28]
（a）BP-DOX 协同治疗癌症的示意；（b）BP 和 BP-DOX 在 808 nm 辐射（1 W/cm²）下的光稳定性，以 ICG 为对照；（c）BPNSs 在不同 DOX 浓度下负载 DOX 的能力

6.2.4 药物输送辅助疗法

药物给药系统（DDS）在肿瘤治疗方面可起到辅助治疗的效果，最大限度地避免了传统药物水溶性较差和给药频率低的问题。基于生物可降解 BP 的药物给药系统是一种最有前景的治疗癌症和其他疾病的药物聚集场所，并且能够控制释

放位置。此外，BP/聚合物可以改变 BP 基 DDS 在肿瘤细胞微环境中的应答药物载体，增强其在体内的不稳定性和靶向性。BP 表面带负电荷，通过层间空间内的静电相互作用，可以包覆带正电荷的药物分子或纳米颗粒。

2016 年，Tao 等[5]利用机械剥离方法制备了 BPNSs，随后通过 PEG 功能化，提高了 BPNSs 在环境中的稳定性，制备了一种基于 BPNSs 的新型治疗性给药平台［图 6-9（a）］。由于 BPNSs 易于功能化且具有较大的比表面积，因此可以吸收负载大量的抗肿瘤药物。BPNSs 在 808 nm 激光近红外辐照下局部产生热量，具有良好的光热转换效率，可用于 PTT 治疗癌症，也可促进药物从纳米片中释放。有报道称 PEG 功能化的 BPNSs 主要通过内吞途径进入癌细胞［图 6-9（b）］。

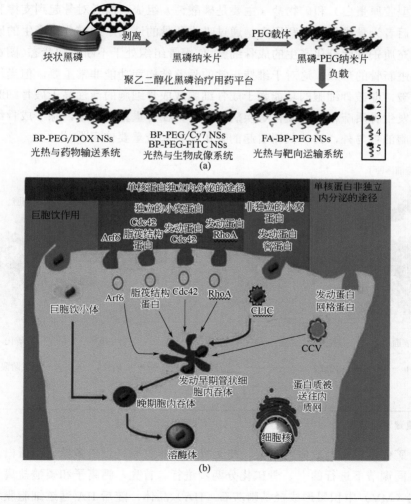

图 6-9

基于 BPNSs 的新型治疗性给药平台及抗肿瘤治疗图像[5]
（a）基于不同给药平台的 BPNSs 示意；（b）癌细胞内吞途径和生物活性

用 Cy7（近红外花青素荧光染料）负载的 PEG-BPNSs 进行体内抗肿瘤评估，注射 24 h 后，肿瘤组织中发现强烈的荧光信号，表明 BP 给药平台具有良好的肿瘤聚集性。在体内和体外抗肿瘤生长试验中，采用 808 nm 激光近红外照射后均显示出良好的抗肿瘤效果。综上所述，PEG-BPNSs 具有柔韧的修饰、良好的生物相容性和控释性，是肿瘤治疗的理想载体。

6.3　骨治疗

骨组织本质上是一种从微观到宏观具有层次结构的生物材料。它由有机物（主要是 I 型胶原蛋白）和矿物盐（主要是磷酸钙）组成，前者对骨起到支撑和拉伸作用，后者为骨提供硬度和压力。通过吸收死骨的造血干细胞分化产生的破骨细胞和间充质干细胞分化产生的成骨细胞，使得骨组织处于不断重塑状态（图 6-10），同时促进新骨的形成，这对于维持正常的骨骼结构和功能非常重要。但当这种平衡被打破，即破骨细胞的功能强于成骨细胞或成骨细胞的活性高于破骨细胞时，就可能发生骨质疏松、骨硬化等疾病。此外，在骨重塑过程中，除了成骨细胞和破骨细胞的参与外，钙磷代谢引起的骨矿化也起着重要作用[29-32]。

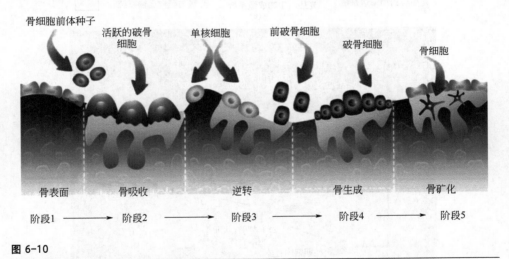

图 6-10

正常骨重建过程示意[32]

骨矿化是以 I 型胶原为支架，在无机盐、非胶原、蛋白多糖、糖蛋白及相关酶的协同调节下进行的[33]。骨矿化分两步进行。首先，钙离子和磷酸盐离子在基质囊泡（MV）中积累形成羟基磷灰石（HA）晶体，随后 HA 通过细胞膜增殖进入细胞外基质。钙结合磷脂、钙结合蛋白和骨结合蛋白促进钙在 MV 中的积累。

MV 中的膜结合蛋白形成钙通道并将钙结合到 MV 中。钠/P 合作蛋白Ⅲ型位于细胞膜和基质囊泡膜上提供磷酸盐[34]。胞质磷酸盐通过水解磷酸胆碱和磷酸乙醇胺产生磷酸盐。当钙和磷酸盐的积累超过磷酸钙（$CaPO_4$）的溶解点时，MV 中的 HA 形成 $CaPO_4$ 沉淀。矿化的第二步是 HA 穿透 MV 并延伸至细胞外基质，与胶原结合，继续生长[35]。HA 向外延伸需要 MV 处于钙、磷酸盐浓度和 pH 值合适的环境中。HA 以簇状存在于 MV 周围，并逐渐填补骨基质中胶原纤维之间的空隙，实现矿化。

感染、创伤、肿瘤、骨关节疾病、骨不愈合或延迟愈合引起的骨缺损一直是临床治疗的难点。治疗的实质是增强缺损区骨矿化能力和成骨细胞形成新骨的能力[36, 37]。虽然关于骨缺损治疗的研究已经持续了一个多世纪，但其治疗方法有限，效果仍不理想，特别是对于衰老引起的骨质疏松性骨折或骨缺损。目前，骨缺损治疗方案大部分仍然是自体骨移植，但自体骨移植伴随着大量的风险，如麻醉风险、术中对供区损伤、有限的骨提取（$5 \sim 70 \ cm^3$）和潜在的并发症等，因此限制了自体骨移植的广泛应用[38, 39]。

与自体骨相比，人工骨替代材料的优势主要包括合成量无限制、可作为药物传递载体[40]、易于功能化修饰[41]。此外，这些材料还具有一些新的功能，如血管化[42]、骨靶向识别[43]、干细胞募集等，更有利于骨缺陷的生理修复。例如，Yan 等开发了一种 3D 打印聚己内酯（PCL）支架，具有血管化能力，可用于修复关键骨缺损[44]。Kim 等合成了一种 pH 响应型热敏水凝胶，其设计方法是将磺胺甲嗪低聚物（SMO）引入 PCL 和聚乙二醇（PEG）的共聚物中，释放靶向成骨细胞形成骨形态发生蛋白 2（BMP2，能刺激 DNA 的合成和细胞的复制，从而促进间充质细胞定向分化为成骨细胞），促进矿化[45]。Ratajczak 等制备了可吸收干细胞的适应性纳米颗粒，以增强骨缺损的修复[46]。Liu 等开发了一种锂涂层钛支架，通过 Wnt/β-连锁蛋白（Wnt 信号途径能引起胞内 β-连锁蛋白积累）信号促进骨整合[47]。这些人工骨替代材料具有良好的骨修复能力，但也存在许多缺陷，如血管化的 3D 支架脱铁胺（DFO）释放不受控制，pH 响应水凝胶释放的 BMP2 容易失活且价格昂贵，金属支架不能降解，需要再次手术将其移除。因此，开发具有控释性、生物降解性和高生物相容性的骨替代品具有重要意义。

6.3.1 纳米黑磷在骨治疗中的优势

基于 BP 的生物材料在骨治疗方面具有显著优势，其中最重要的是 BP 由单一磷元素组成，与天然骨的无机成分具有高度的同源性。磷是人体中负责骨再生和维持骨机械强度的关键元素。它约占全身质量的 1%，其中 85% 以骨骼和牙齿中的羟基磷灰石的形式存在。大量研究表明，富含磷酸盐的材料可以促进矿化和骨再生。基于 BP 的纳米材料在骨治疗中具有巨大的优势，因为单一的 P 元素在环境条件下降解时，可以产生无毒的 PO_4^{3-}，通过纳米材料捕获周围的 Ca^{2+} 促进原位骨再生，形成磷酸钙[48]。另一个优点是，近红外光谱中 BP 的光敏特性允许捕获的药物以可控的方式进行更长时间的释放。

虽然锑和硼纳米片也是纳米医学中的新兴材料，但它们并不是骨无机物质的主要组成成分，锑是否具有修复骨的能力，以及硼如何调节骨再生机制尚不清楚[49, 50]。尽管目前广泛使用的 HA、β-磷酸三钙（β-TCP）以及其他钙磷酸盐骨替代材料可模拟天然骨矿物质的成分，且具有优良的力学性能和诱导新骨沉积的能力[51, 52]，但是，HA 结构是稳定的，不易降解，无法提供适合骨生长的环境，表现出细胞爬行、细胞黏附差、长入困难等缺点[53, 54]。因此，材料植入后的缺损愈合速度往往较慢，成骨量有限，临床疗效不理想，特别是对于严重骨缺损患者和再生能力较弱的人群。与 HA 相比，BP 具有以下优点：①BP 氧化后可降解为无毒磷酸盐，吸附周围游离钙离子，结合成磷酸钙矿化沉积，促进原位骨再生和修复[55]；②由于 BP 在近红外区域具有较强的光吸收能力，BP 基纳米材料具有稳定、无损伤的光控调节释放模式，使负载药物释放更加稳定和持久；③大量研究表明，BP 在近红外区域具有良好的光热转换能力，局部热疗也被证实可上调碱性磷酸酶（ALP）、热休克蛋白（HSP），增加矿化晶体的形成，并实现骨的纵向和同心生长，从而加速骨修复过程[56]。ALP 是反映骨代谢能力的主要标志，其水平与成骨细胞的分化有关[57]。因此，有理由相信，BP 基纳米材料在骨修复领域将有更大的发展空间。

6.3.2 纳米黑磷基水凝胶在骨再生中的应用

水凝胶是具有高吸水性（含水率可达 90% 以上）的天然或合成聚合物网络。水凝胶是由亲水性聚合物链构成的网络，有时以水相分散胶体的状态存在。亲水性聚合物链通过交联结合形成三维固体。由于内部交联的存在，水凝胶网络的结构完整性不会因高含水率而溶解[58]。由于其亲水性，水凝胶具有较好的膨胀性能、力学性能以及润滑特性，能够模拟不同生物组织的生存环境。此外，物理交联（疏水相互作用、氢键、静电力等）和化学交联（共价键）的可注射性和交联性使其易于设计和操作[59, 60]。近几十年来，水凝胶由于其高度的生物相容性和可调节的理化性质，在生物医学领域取得了前所未有的发展[32]。三维（3D）水凝胶网络系统为细胞移植和分化、生物修复、伤口愈合和持续给药提供了原始细胞外基质的微结。

BP 在骨修复领域中独特的前成骨能力是其受到广泛关注的主要原因。Huang 等[55]开发了一种基于 BP 的凝胶甲基丙烯酰（GelMA）水凝胶，该水凝胶可持续温和地提供 BP 的降解产物磷酸盐离子，以捕获钙离子，通过 BMP2 途径促进干细胞成骨分化，磷酸钙原位矿化沉积，骨再生（图 6-11）。同时，他们也证明了 BPNSs 的引入不仅改善了水凝胶的力学性能，而且赋予了水凝胶近红外释放响应的能力。因此，结合既往研究报道的富磷材料矿化和骨修复作用，他们认为，通过这种含 BPNSs 的水凝胶平台实现无钙磷的持续供应策略，为骨的有效再生提供了希望。此外，Miao 等也报道了 GelMA 纳米复合水凝胶与 BPNSs 混合用于骨再生的研究工作[61]。他们发现，添加的 BPNSs 赋予天然基质多种功能，包括增强网络、光热特性、增强矿化和骨再生，从而为骨组织工程提供了一种简单有效的治疗策略。

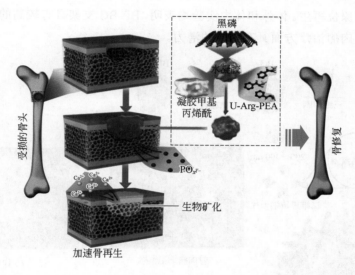

图 6-11

BP 基水凝胶可促进骨再生[55]

6.3.3　基于纳米黑磷的 3D 打印支架在骨再生中的应用

理想的骨组织工程修复支架需要具备生物相容性、生物降解性、骨电导率和力学性能等关键特性[62]，其中骨修复材料的发展本质上需要骨电导率和良好的机械支撑能力[63]。传统的水凝胶等支架往往具有良好的细胞黏附、增殖和生物降解能力，不具备骨传导能力和持久的机械支持能力。随着 3D 打印技术的快速发展，这一需求得到了很好的满足。3D 打印的支架具有相互连通的多孔结构，可以提供类似于细胞外基质的 3D 环境，促进成骨细胞在其表面和孔隙上的黏附和增殖，诱导血管形成和转运营养物质[64, 65]。此外，在承重骨中形成新骨之前，3D 打印支架可以提供一定的机械支撑，防止纤维组织在支架与宿主骨之间形成包埋[66]。

因此，它被认为是制备仿生骨修复支架最有效的方法。例如，Walsh 等将一种无细胞生物材料植入物，在骨导胶原-羟基磷灰石 3D 支架上使用低剂量 BMP2 和血管内皮生长因子（VEGF）组合功能化，可实现大鼠关键尺寸颅骨缺损的快速再生[67]。但目前 3D 打印支架缺乏良好的矿化能力，难以实现载药的控释。因此，开发具有良好生物力学性能、骨矿化和控释的三维支架具有重要的实用价值。

近两年来，基于 BP 的 3D 打印支架在骨肿瘤治疗和骨缺损修复中的应用逐渐增多。Yang 等[68]构建了 3D 打印 BP-玻璃（BG）支架，该支架通过近红外下 BP 的 PTT 效应烧蚀骨肉瘤，并驱动降解产物磷酸盐与钙离子结合，实现生物矿化（图 6-12）。同时，BG 支架的优良特性有助于骨形成、骨传导和骨诱导，促进缺陷骨的原位再生。体外和体内实验均表明，BP-BG 支架具有较高的成骨能力，表明其在骨肉瘤治疗方面具有良好的潜力。

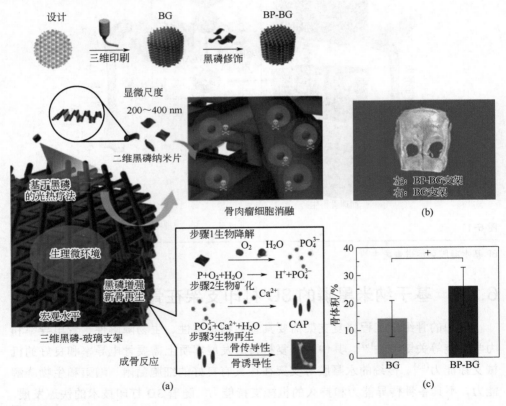

图 6-12

（a）3D BP-BG 支架制备工艺示意及步进治疗策略；（b）治疗 8 周后颅骨缺损显微 CT 图像；（c）整个缺陷空间的 BV/TV 百分比（$*p < 0.05$）[68]

6.4 抗菌

世界卫生组织宣布抗生素耐药性对人类健康构成严重威胁。每年，欧洲大约有 2.5 万人死于耐药菌感染，全球有 70 万人死于耐药菌感染。因此，迫切需要与抗生素耐药性作斗争。主要预防措施包括减少在动物饲料中使用抗生素和在病人中适当使用抗生素，同时需努力开发新的抗生素及抗菌平台，以更有效地杀死细菌。

采用纳米技术来治疗病原体在对抗抗菌耐药性方面显示出了较好的应用前景。首先，纳米粒子的某些物理化学性质（靶向细菌膜的正电荷官能团、溶解有毒离子等）可以直接起到杀菌作用，或者利用纳米粒子的光热活性来杀灭细菌。其次，由于纳米粒子体积小，表面积和体积比大，使用纳米粒子作为药物载体可能会改变抗生素传递给细菌的方式，有可能增强杀菌效果（即穿透生物膜）。第三，多功能纳米粒子或纳米复合材料可以通过多种机制攻击细菌，这可能会阻碍细菌的适应性进化和耐药性的发展。

6.4.1 纳米黑磷的抗菌机制

利用表面粗糙和边缘锋利的机械性质破坏细菌膜被认为是提高纳米颗粒相关抗菌活性的主要机制之一。例如，具有尖角和边缘突起的石墨烯基纳米片可以轻易穿透细菌膜，导致膜完整性的破坏和核糖核酸的释放。与石墨烯和 MoS_2 的平面结构相比，BP 具有褶皱结构，可以在表面接触时更有效杀伤细菌。此外，石墨烯基纳米片用于接触杀伤的有效性取决于尺寸、形状、表面功能、团聚和分散[69]。例如，氧化石墨烯通过改变其吸附能力、聚集状态和角的数量来影响其抗菌效果、边缘和缺陷[70]。BP 的结构形貌和化学性质（如厚度、横向尺寸、表面功能化等）如何影响其杀菌效果将是一个值得研究的问题，可以通过控制剥离压力、温度和机械力来调节 BP 的晶体结构，以达到最佳的抗菌性能。

（1）BP 表面介导吸附属性

考虑到具有褶皱结构的 BP 比平面结构的氧化石墨烯和 MoS_2 的表面积大，BP 可能表现出更强的表面介导吸附特性，使其在抗菌应用中具有优势。石墨烯纳米材料可以通过表面吸附有力地提取细菌脂质双分子层，最终导致膜完整性丧失和细胞死亡。磷脂生物分子与石墨烯之间具有较强的相互作用[71, 72]，这与基于渗透的机制完全不同。考虑到 BP 优异的提取能力，该材料有望通过类似的机制灭活细菌。特别是由于 BP 的褶皱结构，它比石墨烯更容易缠绕形成褶皱，这使得 BP 具有极高的提取能力。最近，Zhang 等[73]通过分子动力学（MD）模拟发现，由于 BP 与脂类生物分子之间存在强烈的相互作用，单层 BPNSs 可以穿透并吸收细胞膜上的大量脂类。另一种与表面相关的吸附行为是其载药能力，使得 BP 成为一种有价值的药物载体。Zhao 等[74]通过理论计算与实验研究，证实了少层 BP 是一种优越的离子有机化合物吸附剂。Yang 等[75]报道了高剂量的阿霉素可以通过静电相互作用吸附到 BP 上，远高于其他 2D 纳米材料（如 C_3N_4、WS_2、MnO_2、硼氮化物、Co_9Se_8 和 MoS_2）的吸附能力。这些报道均表明黑磷在抗菌领域具有独特的性能。

（2）BP 的光触发属性

光触发活性氧的产生是一种有价值的微生物控制方法。BP 表现出从可见光到近红外光区域的广谱吸收特性，且光照后可产生单线态氧（$^1O_2$）[76]。Sun 等[77]揭示了少层 BPNSs 对大肠杆菌和金黄色葡萄球菌表现出的极好杀菌活性，相关研究表明，在 808 nm 激光照射下，BPNSs 的杀菌性能明显优于石墨烯和 MoS_2。这种独特的性质使得 BP 可以用于光热和光动力抗菌。此外，BP 的光活性可以通过金属掺杂、表面功能化和与其他光敏剂偶联来修饰结构而增强[78-80]。例如，BP 可以通过与零带隙的石墨烯以及较大带隙的过渡金属卤化物复合来拓宽 BP 吸附光谱，显著提高其光敏剂性能。例如，将黑磷和 Ag 纳米颗粒、氧化石墨烯纳米片复合制备三元杂化纳米复合材料可增强其光捕捉能力[81]。

（3）BP 的特殊属性

BP 与克服抗生素耐药性潜在相关的具体特性包括以下三点。①可以同时采用多种机制来实现抗菌，如活性氧（ROS）的释放（包括光触发和催化反应）、机械破坏、通过电子转移活性中断呼吸、磁辅助穿透、光热失活、包裹和隔离、酸释放。其抗菌机制示意如图 6-13 所示。Ouyang 等[82]报道了 Ag-BP 纳米杂交种在传代 10 代后仍保持较高的抗菌活性。Liu 等[83]也证明 BP 具有良好的抗菌性能。②BP 可功能化或与其他抗菌剂（如金属或金属纳米颗粒、壳聚糖、脂质体和树状聚合物）结合，以作为靶向细菌的多功能平台[84]。具体来说，BP 能够高效地载药，在感染部位以高剂量提供抗生素。③BP 释放微量的磷或磷酸，这是细菌生长所必需的营养物质，可能改变细菌的代谢状态（即增加内流和三磷酸腺苷的产生），将细菌逐出代谢不活跃状态，恢复药物敏感性。Park 等[85]报告称，随着磷的升高，糖酵解中间体和核苷酸三磷酸迅速增加，同时大肠杆菌中的线粒体素下降，这意味着氧化磷酸化的激活。但持久性病原体在 BP 或其降解产物存在下的代谢变化仍需进一步研究。

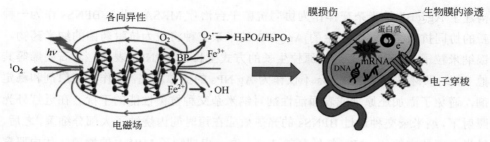

图 6-13

BP 的抗菌机制示意[86]

6.4.2 单一纳米黑磷抗菌

BPNSs 由于其 2D 特性而具有锐利的边缘，是一种有前景的物理抗菌纳米材料。作为一项重要发现，细菌膜与抗菌纳米材料的锋利边缘接触时发生物理损伤，可触发细胞质内容物的泄漏，最终导致细菌死亡，即"纳米刀效应"。BPNSs 可以通过纳米刀效应对革兰氏阴性大肠杆菌和革兰氏阳性金黄色葡萄球菌产生物理抗菌活性，BPNSs 可以很容易地降解为生物相容离子（磷氧化物），没有任何残留，可以无害地清除机体。

目前以单一黑磷作为抗菌材料的研究并不多，为提高哺乳动物的生物相容性，同时保持高的抗菌活性，越来越多的黑磷复合材料被研究。例如，Qu 等[87]报道 TiL_4 修饰后的 BP 可有效逃避巨噬细胞的摄取，从而降低体内的促炎作用和细胞毒性。在保持出色的杀菌活性的同时，Ag@BP 纳米杂交体可诱导红细胞微不足道的溶血（0.5%）。此外，在细胞毒性研究中，Ag@BP 纳米杂种对不同细胞系的毒性很小。

6.4.3 纳米黑磷基材料协同抗耐药菌

BP 以其独特的蜂窝网络状纳米结构和物理化学性质使二维半导体在抗菌治疗方面具有巨大的潜力，由于其特殊的二维结构，可以通过"纳米刀效应"穿透细菌膜。最新研究发现，具有扁平结构的 BPNSs 可以为药物或纳米颗粒提供支撑底物。此外，BP 的厚度依赖性带隙（0.3~2.0 eV）使其在近红外辐射下具有良好的光催化和光电活性。值得注意的是，近红外光可穿透深部组织，且副作用小，适合临床应用。同时 BP 的抗菌活性可以在空间和时间上精确的外部刺激（如光或超声波）下调节[88, 89]。因此，BPNSs 有潜力成为一种新的协同抗菌平台，以对抗耐药菌。

以典型的耐药菌，耐甲氧西林金黄色葡萄球菌（MRSA）为例，Ouyang 等[82]

构建了 Ag@BP 纳米杂交体作为协同抗菌平台治疗 MRSA,引入 BPNSs 作为一种新的协同抗菌平台,其衍生的 Ag@BP 纳米杂交种将成为抗耐药菌的纳米药物。银纳米粒子(Ag NPs)通过原位生长的方式生长在 BPNSs 表面,与石墨烯等其他 2D 纳米材料相比,BPNSs 不仅作为 Ag NPs 的支撑基底,还作为还原剂和稳定剂,避免了添加还原剂或表面活性剂对纳米杂交种抗菌性能的干扰。在近红外光照射下,纳米杂交种通过 BPNSs 的光热效应在短时间内烧蚀了大部分细菌。之后,纳米杂交体中的 Ag NPs 持续释放 Ag^+,进一步抑制了 MRSA 的增殖。体内研究表明,Ag@BP 纳米杂交体在根除 MRSA 细菌和减轻感染相关病变形成方面具有协同功能。此外,Ag@BP 纳米杂交体在体外和体内均表现出出色的生物相容性。与 TiO_2 或 C_3N_4 纳米片不同的是,抗菌过程是在近红外光照射下进行的,并通过深层组织穿透,克服了紫外线或可见光的限制。

6.4.4　纳米黑磷基材料用于伤口愈合

复杂的伤口愈合过程在受伤后立即开始,并在 12 周内恢复皮肤的完整性。炎症、新组织生长、组织重塑和再生是伤口愈合过程中的三个阶段。细菌感染一直是伤口愈合的最大障碍,因为它阻碍了再上皮化和胶原合成。感染的皮肤伤口,特别是全层皮肤缺损,通常导致疼痛、截肢甚至死亡。特别是微生物金黄色葡萄球菌感染可导致严重的组织损伤,随着传统药物对肝脏副作用影响的增加,药物的长期使用已成为医学领域的主要关注点。到目前为止,人们在抗生素、药物和抗菌材料的开发上付出了巨大的努力。一系列纳米材料(如阳离子共轭聚合物、多肽水凝胶、贵金属颗粒、碳纳米管和元素掺杂碳纳米颗粒)虽然显示出很强的抗菌活性,但是这些抗菌纳米材料(尤其是贵金属颗粒)具有潜在的生物毒性和难降解性,造成了一系列的二次污染和威胁。因此,一种生物可降解的纳米材料对于预防细菌相关的伤口感染和加速伤口愈合具有重要意义。

Huang 等[90]制备了丝素蛋白(SF)改性的 BPNSs,即得到 BP@SF,可作为一种新型伤口敷料,其主要原理是通过近红外介导的光热治疗抗菌来加速伤口愈合。该研究以 SF 为有效的剥离溶剂,采用超声辅助剥离法制备了 BP@SF。使用人滑膜成纤维细胞进行细胞毒性试验,同时使用大肠杆菌(*E.coli*)和枯草芽孢杆菌(*B. subtilis*)评估抗菌活性。在小鼠体内进行实验,制作了一个 5 mm^2 的伤口,并用大肠杆菌悬浮液感染。研究发现 SF 分子通过强疏水作用稳定地结合在 BP 晶体表面。实验表明 BP@SF 在 14 天内保持稳定,体内实验结果显示出明显的创面修复和再生,创面 5 天内完全愈合。由于氧气是快速伤口愈合的先决条件,研究结果表明,氧气载体可以向未到达伤口内层的表面伤口提供氧气,但难以控制氧气的输送,从而影响其实际性能。因此,Zhang 等[91]制备了负载 BPQDs 和血红蛋白（Hb）的微针，用可控的近红外光辐射向皮肤可控地输送氧气，以促进伤口愈合（图 6-14）。将 BPQDs 负载到以甲基丙烯酸化水凝胶（GelMA）和聚乙烯醇（PVA）为背衬层的微针上，使用标准成纤维细胞系进行活体外研究，同时对感染 1 cm 厚皮肤伤口的 I 型糖尿病大鼠进行活体内研究。将微针应用于受影响的皮肤时，PVA 背衬层在几分钟内溶解，导致 GelMA 针头被截留在伤口中。在暴露于近红外光时，BPQDs 在 2 min 内将局部温度提高到 50 ℃，使血红蛋白以可控的方式释放氧气。体内研究结果显示伤口在 9 天内完全恢复，证明了 BP 在伤口相关病理事件中的潜在作用。

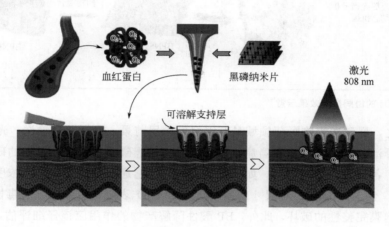

图 6-14

近红外光照射时，使用封装 BPNSs 和 Hb 的微针控制氧气的释放进行伤口愈合的示意[91]

　　目前，光疗在治疗细菌感染性疾病，尤其是抑制耐药菌的生长和生物膜的形成方面具有广阔的前景。PDT 和 PTT 是目前用于治疗疾病的两种主要方法。PDT 包括使用光敏剂（PS），然后使用特定波长的光对伤口进行局部光照以激活 PS。PS 引发的一系列光化学反应可导致细菌细胞的死亡。此外，在 PTT 中通常使用光热剂来产生热量，选择性地杀灭/破坏细菌。结合纳米黑磷光疗的优势，Zhang 等[92]设计了一种新型纳米材料用于抗菌和伤口快速愈合（图 6-15）。通过在 BPNSs 表面原位生长碳量子点（CDs），制备出了 BPNSs @CDs 复合材料。BPNSs@CDs 作为抗菌剂表现出光子响应性和接触响应性，可缩短伤口愈合时间。为准确探索 BPNSs @CDs 的抗菌活性，首先进行了 BPNSs @CDs 的体外抗菌活性实验，采用标准平板计数法对大肠杆菌和金黄色葡萄球菌进行体外抑菌实验。实验结果表明 BPNSs 组在 660 nm 和 808 nm 激光照射下对这两种细菌仅有轻微的影响，直到 BPNSs 浓度增加到 300 μg/mL 时，抑菌效率才达到 99.9%。相比之下，BPNSs @CDs 在 660 nm 和 808 nm 的混合激光辐射下表现出比 BPNSs 更强的抗菌活性。此外，以金黄色葡萄球菌感染小鼠伤口进行体内抗菌实验。实验结果表明 BPs@CDs 在 660 nm 和 808 nm 激光照射下均能促进创面愈合和皮肤再生。

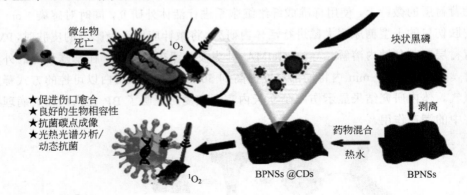

图 6-15

BPNSs @CDs 的协同抗菌效果示意[92]

  总之，黑磷在生物医药领域具有很好的应用前景，包括药物输送、光疗、3D 打印、骨治疗、生物成像和癌症治疗等。然而，黑磷在生物医药领域的研究才刚刚开始，各方面的尝试较少。如 BP 的安全性，它通常取决于尺寸和浓度，大尺寸的 BP（约 884 nm）比小尺寸的 BP（约 200 nm）表现出更高的细胞毒性，这归因于细胞膜完整性的破坏。此外，BP 酸性降解产物的作用应该仔细评估，因为这些产物可能损害自噬通量，导致异常自噬体的积累，从而产生实质性的细胞毒性。尽管 BP 在生物医学方面取得了重要进展，但与其他已被充分探索的二维材料相比，该领域的研究仍处于起步阶段。不管怎样，规模化生产高质量且稳定的纳米黑磷仍然是一个挑战。因此，对于要求较高的生物医药领域来说，必须要有一个简单和高效的方法来生产高质量的纳米黑磷（包括黑磷），并对其变量进行具体控制，如层数、浓度、尺寸和形貌等各方面。其实，高效制备形貌可控且稳定的纳米黑磷对各个领域的应用都是比较有意义的。

参考文献

[1] 韩哲，朱建强. 黑磷纳米材料的制备以及在生物医药领域的研究进展 [J]. 国际生物医学工程杂志，2020，43（06）：460-464.

[2] Shao J, Xie H, Huang H, et al. Biodegradable black phosphorus-based nanospheres for in vivo photothermal cancer therapy [J]. Nature Communications, 2016, 7（1）: 1-13.

[3] Sun Z, Zhao Y, Li Z, et al. TiL$_4$-coordinated black phosphorus quantum dots as an efficient contrast agent for in vivo photoacoustic imaging of cancer [J]. Small, 2017, 13（11）: 1602896.

[4] Lee H U, Park S Y, Lee S C, et al. Black phosphorus（BP）nanodots for potential biomedical applications

［J］. Small, 2016, 12（2）: 214-219.

［ 5 ］Tao W, Zhu X, Yu X, et al. Black phosphorus nanosheets as a robust delivery platform for cancer theranostics ［J］. Advanced Materials, 2017, 29（1）: 1603276.

［ 6 ］Jiang X, Jin H, Gui R. Visual bio-detection and versatile bio-imaging of zinc-ion-coordinated black phosphorus quantum dots with improved stability and bright fluorescence［J］. Biosensors and Bioelectronics, 2020, 165: 112390.

［ 7 ］郭伟兰. 纳米结构的黑磷传感性能研究［D］. 南京: 南京邮电大学, 2019.

［ 8 ］Chen W, Ouyang J, Yi X, et al. Black phosphorus nanosheets as a neuroprotective nanomedicine for neurodegenerative disorder therapy ［J］. Advanced Materials, 2018, 30（3）: 1703458.

［ 9 ］Kumar V, Brent J R, Shorie M, et al. Nanostructured aptamer-functionalized black phosphorus sensing platform for label-free detection of myoglobin, a cardiovascular disease biomarker［J］. ACS Applied Materials & Interfaces, 2016, 8（35）: 22860-22868.

［ 10 ］Chen Y, Ren R, Pu H, et al. Field-effect transistor biosensors with two-dimensional black phosphorus nanosheets ［J］. Biosensors and Bioelectronics, 2017, 89: 505-510.

［ 11 ］Tao Y, Lin Y, Ren J, et al. Self-assembled, functionalized graphene and DNA as a universal platform for colorimetric assays ［J］. Biomaterials, 2013, 34（20）: 4810-4817.

［ 12 ］Peng J, Lai Y, Chen Y, et al. Sensitive detection of carcinoembryonic antigen using stability–limited few–layer black phosphorus as an electron donor and a reservoir ［J］. Small, 2017, 13（15）: 1603589.

［ 13 ］Wu Y L, Cheng Y, Zhou X, et al. Dacomitinib versus gefitinib as first-line treatment for patients with EGFR-mutation-positive non-small-cell lung cancer（ARCHER 1050）: a randomised, open-label, phase 3 trial ［J］. The Lancet Oncology, 2017, 18（11）: 1454-1466.

［ 14 ］Zhao Y, Zhang Y H, Zhuge Z, et al. Synthesis of a poly-L-lysine/black phosphorus hybrid for biosensors ［J］. Analytical Chemistry, 2018, 90（5）: 3149-3155.

［ 15 ］Zhuge Z, Tang Y H, Tao J W, et al. Functionalized black phosphorus nanocomposite for biosensing ［J］. ChemElectroChem, 2019, 6（4）: 1129-1133.

［ 16 ］Gu W, Yan Y, Pei X, et al. Fluorescent black phosphorus quantum dots as label-free sensing probes for evaluation of acetylcholinesterase activity ［J］. Sensors and Actuators B: Chemical, 2017, 250: 601-607.

［ 17 ］Gu W, Pei X, Cheng Y, et al. Black phosphorus quantum dots as the ratiometric fluorescence probe for trace mercury ion detection based on inner filter effect ［J］. ACS Sensors, 2017, 2（4）: 576-582.

［ 18 ］Chang S, Bai Z, Zhong H Z. In situ fabricated perovskite nanocrystals: a revolution in optical materials ［J］. Advanced Optical Materials, 2018, 6（18）: 1800380.

［ 19 ］Sun Z, Xie H, Tang S, et al. Ultrasmall black phosphorus quantum dots: synthesis and use as pho- tothermal agents ［J］. Angewandte Chemie International Edition, 2015, 54（39）: 11526-11530.

［ 20 ］Zhao Y, Tong L, Li Z, et al. Stable and multifunctional dye-modified black phosphorus nanosheets for near-infrared imaging-guided photothermal therapy ［J］. Chemistry of Materials, 2017, 29（17）: 7131-7139.

［ 22 ］Lv R, Yang D, Yang P, et al. Integration of upconversion nanoparticles and ultrathin black phosphorus for efficient photodynamic theranostics under 808 nm near-infrared light irradiation ［J］. Chemistry of Materials, 2016, 28(13): 4724-4734.

［ 22 ］Yang X, Wang D, Shi Y, et al. Black phosphorus nanosheets immobilizing Ce6 for imaging-guided photothermal/photodynamic cancer therapy ［J］. ACS Applied Materials & Interfaces, 2018, 10（15）: 12431-12440.

［ 23 ］Guo T, Wu Y, Lin Y, et al. Black phosphorus quantum dots with renal clearance property for efficient photodynamic therapy ［J］. Small, 2018, 14（4）: 1702815.

［24］Zeng C, Shang W, Liang X, et al. Cancer diagnosis and imaging-guided photothermal therapy using a dual-modality nanoparticle ［J］. ACS Applied Materials & Interfaces, 2016, 8(43): 29232-29241.

［25］Yan P, Zheng J, Gu M, et al. Intragranular cracking as a critical barrier for high-voltage usage of layer-structured cathode for lithium-ion batteries ［J］. Nature Communications, 2017, 8（1）: 1-9.

［26］Li Y, Liu Z, Hou Y, et al. Multifunctional nanoplatform based on black phosphorus quantum dots for bioimaging and photodynamic/photothermal synergistic cancer therapy ［J］. ACS Applied Materials & Interfaces, 2017, 9（30）: 25098-25106.

［27］Yang T, Ke H, Wang Q, et al. Bifunctional tellurium nanodots for photo-induced synergistic cancer therapy ［J］. ACS Nano, 2017, 11（10）: 10012-10024.

［28］Chen W, Ouyang J, Liu H, et al. Black phosphorus nanosheet - based drug delivery system for synergistic photodynamic/photothermal/chemotherapy of cancer ［J］. Advanced Materials, 2017, 29（5）: 1603864.

［29］Bonner Jr F J, Sinaki M, Grabois M, et al. Health professional's guide to rehabilitation of the patient with osteoporosis ［J］. Osteoporosis International, 2003, 14: 1-22.

［30］Chen X, Wang Z, Duan N, et al. Osteoblast–osteoclast interactions ［J］. Connective Tissue Research, 2018, 59（2）: 99-107.

［31］Bala Y, Farlay D, Boivin G. Bone mineralization: from tissue to crystal in normal and pathological contexts ［J］. Osteoporosis International, 2013, 24（8）: 2153-2166.

［32］Cheng L, Cai Z, Zhao J, et al. Black phosphorus-based 2D materials for bone therapy ［J］. Bioactive Materials, 2020, 5（4）: 1026-1043.

［33］Wang X, Qin Y, Meyerhoff M E. Based plasticizer-free sodium ion-selective sensor with camera phone as a detector ［J］. Chemical Communications, 2015, 51（82）: 15176-15179.

［34］Murshed M, Mckee M D. Molecular determinants of extracellular matrix mineralization in bone and blood vessels ［J］. Current Opinion in Nephrology and Hypertension, 2010, 19（4）: 359-365.

［35］Anderson H C, Garimella R, Tague S E. The role of matrix vesicles in growth plate development and biomineralization ［J］. Front Biosci, 2005, 10（1）: 822-837.

［36］Anderson H C. Matrix vesicles and calcification ［J］. Current Rheumatology Reports, 2003, 5（3）: 222-226.

［37］Li L, Lu H, Zhao Y, et al. Functionalized cell-free scaffolds for bone defect repair inspired by self-healing of bone fractures: a review and new perspectives ［J］. Materials Science and Engineering: C, 2019, 98: 1241-1251.

［38］Da Silva L P, Serpa M S, Viveiros S K, et al. Salivary gland tumors in a Brazilian population: a 20-year retrospective and multicentric study of 2292 cases ［J］. Journal of Cranio-Maxillofacial Surgery, 2018, 46（12）: 2227-2233.

［39］Windhager R, Hobusch G, Matzner M. Allogeneic transplants for biological reconstruction of bone defects ［J］. Der Orthopade, 2017, 46（8）: 656-664.

［40］Augusto O J, Rillo S M, Rocha S C, et al. Bioactive molecule-loaded drug delivery systems to optimize bone tissue repair ［J］. Current Protein and Peptide Science, 2017, 18（8）: 850-863.

［41］Xia Y, Sun J, Zhao L, et al. Magnetic field and nano-scaffolds with stem cells to enhance bone regeneration ［J］. Biomaterials, 2018, 183: 151-170.

［42］Fan H, Zeng X, Wang X, et al. Efficacy of prevascularization for segmental bone defect repair using β-tricalcium phosphate scaffold in rhesus monkey ［J］. Biomaterials, 2014, 35(26): 7407-7415.

［43］Hughes M P. Nanoelectromechanics in engineering and biology ［M］. CRC Press, 2018.

［44］Yan Y, Chen H, Zhang H, et al. Vascularized 3D printed scaffolds for promoting bone regeneration ［J］. Biomaterials, 2019, 190: 97-110.

[45]Kim H K, Shim W S, Kim S E, et al. Injectable in situ-forming pH/thermo-sensitive hydrogel for bone tissue engineering ［ J ］. Tissue Engineering Part A, 2009, 15（4）: 923-933.

[46] Ratajczak K, Szczęsny G, Małdyk P J O, et al. Comminuted fractures of the proximal humerus principles of the diagnosis, treatment and rehabilitation ［ J ］. Ortopedia, Traumatologia, Rehabilitacja, 2019, 21（2）: 77-93.

[47]Liu W, Chen D, Jiang G, et al. A lithium-containing nanoporous coating on entangled titanium scaffold can enhance osseointegration through Wnt/β-catenin pathway ［ J ］. Nanomedicine: Nanotechnology, Biology and Medicine, 2018, 14（1）: 153-164.

[48]Rashdan N A, Rutsch F, Kempf H, et al. New perspectives on rare connective tissue calcifying diseases ［ J ］. Current Opinion in Pharmacology, 2016, 28: 14-23.

[49]Tao W, Ji X, Zhu X, et al. Two - dimensional antimonene - based photonic nanomedicine for cancer theranostics ［ J ］. Advanced Materials, 2018, 30（38）: 1802061.

[50] Ji X, Kong N, Wang J, et al. A novel top - down synthesis of ultrathin 2D boron nanosheets for multimodal imaging - guided cancer therapy [J]. Advanced Materials, 2018, 30（36）: 1803031.

[51]Shao N, Guo J, Guan Y, et al. Development of organic/inorganic compatible and sustainably bioactive composites for effective bone regeneration [J]. Biomacromolecules, 2018, 19（9）: 3637-3648.

[52] Das A, Pamu D. A comprehensive review on electrical properties of hydroxyapatite based ceramic composites ［ J ］. Materials Science and Engineering: C, 2019, 101: 539-563.

[53] Oliveira H L, Da Rosa W L, Cuevas-Suárez C E, et al. Histological evaluation of bone repair with hyd- roxyapatite: a systematic review ［ J ］. Calcified Tissue International, 2017, 101（4）: 341-354.

[54] Hao Y, Yan H, Wang X, et al. Evaluation of osteoinduction and proliferation on nano-Sr-HAP: a novel orthopedic biomaterial for bone tissue regeneration [J]. Journal of Nanoscience and Nanotechnology, 2012, 12（1）: 207-212.

[55] Huang K, Wu J, Gu Z P. Black phosphorus hydrogel scaffolds enhance bone regeneration via a sustained supply of calcium-free phosphorus ［ J ］. ACS Applied Materials & Interfaces, 2018, 11（3）: 2908-2916.

[56] Rau L R, Huang W Y, Liaw J W, et al. Photothermal effects of laser-activated surface plasmonic gold nanoparticles on the apoptosis and osteogenesis of osteoblast-like cells ［ J ］. International Journal of Nanomedicine, 2016, 11: 3461.

[57] Yamada T, Ezura Y, Hayata T, et al. β_2 Adrenergic receptor activation suppresses bone morpho-genetic protein（BMP）- induced alkaline phosphatase expression in osteoblast - like MC3T3E1 cells ［ J ］. Journal of Cellular Biochemistry, 2015, 116（6）: 1144-1152.

[58]Hoffman A S. Hydrogels for biomedical applications ［ J ］. Advanced Drug Delivery Reviews, 2012, 64: 18-23.

[59] Hou S, Niu X, Li L, et al. Simultaneous nano-and microscale structural control of injectable hydrogels via the assembly of nanofibrous protein microparticles for tissue regeneration ［ J ］. Biomaterials, 2019, 223: 119458.

[60] Zhang S G. Fabrication of novel biomaterials through molecular self-assembly ［ J ］. Nature biot-echnology, 2003, 21（10）: 1171-1178.

[61] Miao Y, Shi X, Li Q, et al. Engineering natural matrices with black phosphorus nanosheets to generate multi-functional therapeutic nanocomposite hydrogels ［ J ］. Biomaterials Science, 2019, 7（10）: 4046-4059.

[62] Wu T, Yu S, Chen D, et al. Bionic design, materials and performance of bone tissue scaffolds ［ J ］. Materials, 2017, 10（10）: 1187.

[63] Janicki P, Schmidmaier G J I. What should be the characteristics of the ideal bone graft substitute? Combining scaffolds with growth factors and/or stem cells ［ J ］. Injury, 2011, 42: S77-S81.

[64] Barba A, Diez-Escudero A, Maazouz Y, et al. Osteoinduction by foamed and 3D-printed calcium

phosphate scaffolds: effect of nanostructure and pore architecture [J]. ACS Applied Materials & Interfaces, 2017, 9 (48): 41722-41736.

[65] Sanzana E S, Navarro M, Ginebra M P, et al. Role of porosity and pore architecture in the in vivo bone regeneration capacity of biodegradable glass scaffolds [J]. Journal of Biomedical Materials Research Part A, 2014, 102 (6): 1767-1773.

[66] Murphy S V, Atala A. 3D bioprinting of tissues and organs [J]. Nature Biotechnology, 2014, 32 (8): 773-785.

[67] Walsh D P, Raftery R M, Chen G, et al. Rapid healing of a critical - sized bone defect using a collagen-hydroxyapatite scaffold to facilitate low dose, combinatorial growth factor delivery [J]. Ournal of Tissue Engineering and Regenerative Medicine, 2019, 13 (10): 1843-1853.

[68] Yang B, Yin J, Chen Y, et al. 2D black phosphorus reinforced 3D-printed scaffolds: a stepwise countermeasure for osteosarcoma [J]. Advanced Materials, 2018, 30 (10): 1705611.

[69] Zou X, Zhang L, Wang Z, et al. Mechanisms of the antimicrobial activities of graphene materials [J]. Journal of the American Chemical Society, 2016, 138 (7): 2064-2077.

[70] Liu S, Hu M, Zeng T H, et al. Lateral dimension-dependent antibacterial activity of graphene oxide sheets [J]. Langmuir, 2012, 28 (33): 12364-12372.

[71] Wang C, Ye X, Zhao Y, et al. Cryogenic 3D printing of porous scaffolds for in situ delivery of 2D black phosphorus nanosheets, doxorubicin hydrochloride and osteogenic peptide for treating tumor resection-induced bone defects [J]. Biofabrication, 2020, 12 (3): 035004.

[72] Zhou R, Huang X, Margulis C J, et al. Hydrophobic collapse in multidomain protein folding [J]. Science, 2004, 305 (5690): 1605-1609.

[73] Zhang W, Chen Y, Huynh T, et al. Directional extraction and penetration of phosphorene nanosheets to cell membranes [J]. Nanoscale, 2020, 12 (4): 2810-2819.

[74] Zhao Q, Ma W, Pan B, et al. Wrinkle-induced high sorption makes few-layered black phosphorus a superior adsorbent for ionic organic compounds [J]. Environmental Science: Nano, 2018, 5 (6): 1454-1465.

[75] Yang B, Zhou S, Zeng J, et al. Super-assembled core-shell mesoporous silica-metal-phenolic network nanoparticles for combinatorial photothermal therapy and chemotherapy [J]. Nano Research, 2020, 13 (4): 1013-1019.

[76] Gui R, Jin H, Wang Z, et al. Black phosphorus quantum dots: synthesis, properties, functionalized modification and applications [J]. Chemical Society Reviews, 2018, 47 (17): 6795-6823.

[77] Sun X, Wang Z J. Sodium adsorption and diffusion on monolayer black phosphorus with intrinsic defects [J]. Applied Surface Science, 2018, 427: 189-197.

[78] Hu J, Ji Y, Mo Z, et al. Engineering black phosphorus to porous g-C$_3$N$_4$-metal-organic framework membrane: a platform for highly boosting photocatalytic performance [J]. Journal of Materials Chemistry A, 2019, 7 (9): 4408-4414.

[79] Li B, Lai C, Zeng G, et al. Black phosphorus, a rising star 2D nanomaterial in the post - graphene era: synthesis, properties, modifications, and photocatalysis applications [J]. Small, 2019, 15 (8): 1804565.

[80] Zhu M, Osakada Y, Kim S, et al. Black phosphorus: a promising two dimensional visible and near-infrared-activated photocatalyst for hydrogen evolution[J]. Applied Catalysis B: Environmental, 2017, 217: 285-292.

[81] Wang X, Zhou B, Zhang Y, et al. In-situ reduction and deposition of Ag nanoparticles on black phosphorus nanosheets co-loaded with graphene oxide as a broad spectrum photocatalyst for enhanced photocatalytic performance [J]. Journal of Alloys and Compounds, 2018, 769: 316-324.

[82] Ouyang J, Liu R Y, Chen W, et al. A black phosphorus based synergistic antibacterial platform against drug resistant bacteria [J]. Journal of Materials Chemistry B, 2018, 6 (39): 6302-6310.

[83]Liu W, Zhang Y, Zhang Y, et al. Black phosphorus nanosheets counteract bacteria without causing antibiotic resistance ［ J ］. Chemistry, 2020, 26 (11): 2478-2485.

[84] Pelgrift R Y, Friedman A J. Nanotechnology as a therapeutic tool to combat microbial resistance ［ J ］. Advanced Drug Delivery Reviews, 2013, 65 (13-14): 1803-1815.

[85] Park J O, Tanner L B, Wei M H, et al. Near-equilibrium glycolysis supports metabolic homeostasis and energy yield ［ J ］. Nature Chemical Biology, 2019, 15 (10): 1001-1008.

[86] Zhang C, Wang Y, Ma J, et al. Black phosphorus for fighting antibiotic-resistant bacteria: what is known and what is missing [J]. Science of the Total Environment, 2020, 721: 137740.

[87]Qu G, Liu W, Zhao Y, et al. Improved biocompatibility of black phosphorus nanosheets by chemical modification [J]. Angewandte Chemie International Edition, 2017, 56 (46): 14488-14493.

[88]Bing W, Chen Z, Sun H, et al. Visible-light-driven enhanced antibacterial and biofilm elimination activity of graphitic carbon nitride by embedded Ag nanoparticles ［ J ］. Nano Research, 2015, 8 (5): 1648-1658.

[89] Zhang W, Shi S, Wang Y, et al. Versatile molybdenum disulfide based antibacterial composites for in vitro enhanced sterilization and in vivo focal infection therapy [J]. Nanoscale, 2016, 8(22): 11642-11648.

[90] Huang X W, Wei J J, Zhang M Y, et al. Water-based black phosphorus hybrid nanosheets as a moldable platform for wound healing applications ［ J ］. ACS Applied Materials & Interfaces, 2018, 10 (41): 35495-35502.

[91]Zhang X, Chen G, Liu Y, et al. Black phosphorus-loaded separable microneedles as responsive oxygen delivery carriers for wound healing ［ J ］. ACS Nano, 2020, 14 (5): 5901-5908.

[92] Zhang P, Sun B, Wu F. Wound healing acceleration by antibacterial biodegradable black phosphorus nanosheets loaded with cationic carbon dots [J]. Journal of Materials Science, 2021, 56 (10): 6411-6426.

第 7 章 纳米黑磷在其他领域的应用

如前几章所述，BP 在能源、阻燃、催化、生物医药领域具有良好的应用前景。在此基础上，随着科学家的不断深入研究，基于 BP 褶皱的层状结构、随层数可调的直接带隙、高达 1000 $cm^2/(V \cdot s)$ 的高载流子迁移率、良好的柔韧性、$10^2 \sim 10^5$ 的高开关比和可进行光、热、电之间的转换，因此，在晶体管、传感器、超导、热电转换、膜分离及摩擦等领域同样具有良好的应用前景。目前，国内外科学家正对 BP 在相关领域的应用研究进行初步探索，并取得了一定的成果。黑磷在如此多领域都有很好的应用前景，这使得黑磷有望成为新材料领域熠熠生辉的“梦幻材料”。本章将对黑磷在晶体管、传感器、摩擦、膜分离、超导、热电转换、抗菌领域的应用进行详细的阐述。

7.1 晶体管

7.1.1 晶体管简介

20 世纪中叶，以电子计算机、原子能、空间技术和生物工程的发明与应用为主要标志的技术革命使人类文明从工业化时代进入信息化时代。信息化时代的基石就是芯片技术，电脑、手机、汽车、家用电器、机器人、医疗设备、工业控制等各种电子产品和系统都离不开芯片。芯片是将晶体管（transistor）和电子线路制造在半导体表面完成逻辑运算的集成电路，而晶体管则是芯片的重要组成部分。

晶体管实际上是一种半导体器件，它是集成电路的基本构建单元。1947 年 12 月，美国贝尔实验室的肖克莱、巴丁和布拉顿组成的研究小组，研制出一种点接触型的锗晶体管。晶体管的问世，是 20 世纪的一项重大发明，是微电子革命的先声。晶体管出现后，人们就能用一个小巧的、消耗功率低的电子器件来代替体积大、功率消耗大的电子管了。晶体管指的就是可以通过一个电流或电压控制另一个电流或电压的器件。

晶体管可以分成两类，一类是用电流控制的双极型晶体管（bipolar-junction transistor，BJT），也被称为三极管，即发射极 e（emitter）、基极 b（base）和集电极 c（collector）。BJT 的原理是通过电流控制电流，导电过程中有两种载流子参与（这也是为什么叫双极型的原因）。如图 7-1 所示，BJT 可分为 npn 型和 pnp型，以 npn 型为例，它是由 2 块 n 型半导体中间夹着一块 p 型半导体所组成，发射区与基区之间形成的 pn 结称为发射结，而集电区与基区形成的 pn 结称为集电结，三条引线分别称为发射极、基极和集电极。双极型晶体管输入输出回路皆有电流参与，故功耗相对较大。

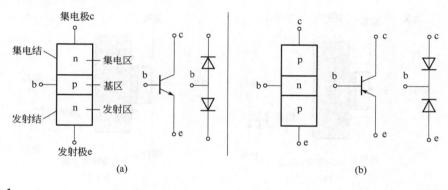

图 7-1

双极型晶体管
（a）npn 型；（b）pnp 型

另一类是用电压（产生的电场）控制的场效应晶体管（field-effect transistor，FET），FET 的原理是通过电压控制电流，只有一种载流子参与导电，故也称为单极型晶体管，正因如此，受温度影响较低，热稳定性好，导电过程中只有一个回路参与，故功耗相对较低。FET 最小可制作到纳米级，容易集成，所以被广泛应用于大规模集成电路中。早期的逻辑电路用的是 BJT，后来发现 FET 比 BJT 省电，所以现在基本上都用 FET 作为逻辑电路。FET 场效应管主要有两种类型，分别是绝缘栅场效应管（MOS 管，也称 MOSFET）和结型场效应管（JFET）。MOS 管是以金属（metal）-氧化物（oxide）-半导体（semiconductor）场效应晶体管的英文首字母进行组合来命名的，中间的氧化物也被当作一个绝缘体（insulator）。MOS管有三个极，分别是源极（source，简称 s 极）、漏极（drain，简称 d 极）和栅极（gate，简称 g 极），其中，源极和漏极是可以对调的，他们都是在 p/n 型硅背衬（backgate）中形成的 n/p 型区。在多数情况下，这两个极是一样的，即使两端对调也不会影响器件的性能，所以这样的器件被认为是对称的。目前，MOSFET 已经成为了集成电路的主流器件，大概占世界上所有晶体管数目的 99.9%以上。场效应管通过投影一个电场在绝缘层上来影响流过晶体管的电流。事实上没有电流流过这个绝缘体，所以 MOSFET 的 g 极电流非常小。普通的 MOSFET 大多都用薄层二氧化硅来作为 g 极下的绝缘体。因为 MOSFET 更小更省电，所以他们已经在很多应用场合取代了双极型晶体管。市面上常见的 MOSFET 一般分为 n 沟道场效应管和 p 沟道场效应管 [图 7-2（a）、（b）]，由 s 极和 d 极之间的半导体通道组成，s 极和 d 极之间的电流可以通过施加 g 极电压来调制[1]，具有整流、检波、放大、稳压、开关等多种功能以及响应速度快、精度高等特点，是手机、平板等现代电子电路的基本构建模块。

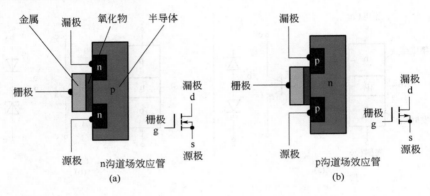

图 7-2

场效应晶体管结构示意
（a）n 沟道场效应管；（b）p 沟道场效应管

在大规模集成电路中，最重要、最基本的结构单元是金属-氧化物-半导体场效应晶体管，即 MOSFET。在该结构中，氧化物为绝缘层，该绝缘层可充当电容的作用。即给栅端金属施加一个电压，半导体沟道端可以通过电场的控制出现感生电荷，因此这种作用方式被称为场效应。一个典型的硅基场效应晶体管（silicon MOSFET）的结构如图 7-3（a）所示。这是一个三端器件，包含源端、漏端和栅端，和上文提到的源极、漏极和栅极是一样的。其中载流子自源端流出，途经沟道后由漏端收集形成电流。栅端可以调控沟道中载流子的浓度，进而可以控制电流大小。表征场效应晶体管性能的关键指标参数为沟道区域的长度（channel length，L_{ch}）。图 7-3（b）给出了自 1970 年以来集成电路中器件沟道长度尺寸变化的情况。英特尔（Intel）创始人之一戈登·摩尔（Gordon Moore）针对这一现象提出了著名的摩尔定律。当价格不变时，集成电路上可容纳的晶体管的数目，每隔 18 个月到 24 个月便会增加一倍，性能也将提升一倍[2-5]。这给半导体产业的不断发展指明了方向，同时也带来巨大的挑战。因为随着晶体管物理尺寸的减小，其制备工艺要求会越来越苛刻，短沟道效应也将逐渐影响晶体管的性能。为解决这些问题，目前半导体业界已开发出应力硅、绝缘硅、高 K 值介质、环栅鳍栅结构、3D 芯片技术等工艺技术。半导体工艺的进步为芯片设计者提供了更多的资源来生产更高性能的芯片，给半导体产业的发展带来机遇[6]。

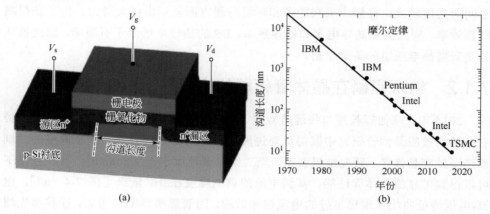

图 7-3

（a）晶体管的基本结构；（b）摩尔定律

现在半导体产业正面临一个关键的转折点——"后摩尔时代"，业内都在寻找现有流程中的新解决方案或者寻找硅材料的替代品来继续维持摩尔定律、推动行业发展。二维材料如石墨烯、二硫化钼和黑磷烯等，具有较高的载流子迁移率，非常适用于制作电子器件。此外，二维材料由于具备超薄的厚度，能很好地抑制"短沟道效应"，有望在超短沟工艺中得到使用。再者，二维材料的可控制备现在也得到了极大的发展，为二维材料在集成电路的实际应用奠定了基础[7]。在二维材料中，石墨烯具有很高的载流子迁移率，但由于其不存在带隙，不能满足集成电路开与关的要求[8]。虽然很多研究者尝试通过各种各样的方式打开石墨烯的带隙，但效果均不理想；单层 MoS_2 具有 1.8 eV 的直接带隙[9]，但 MoS_2 载流子迁移率较低，最高仅能达到 200 $cm^2/(V \cdot s)$，很难成为快速响应电子器件的理想替代材料。

BP 作为新型二维梦幻材料，具有随层数可调的直接带隙（从块体 0.3 eV 到单层 2.0 eV），在半导体器件方面具有很大的优势。且研究表明[10]，BP 具有高达 1000 $cm^2/(V \cdot s)$ 的高载流子迁移率和 $10^2 \sim 10^6$ 的高开关比，高的迁移率能够保证其作为半导体器件具有快速的响应速度，高的开关比能使半导体器件对电流具有较强的控制能力。此外，BP 具有高弹性和优异的柔韧性，Peng 等[11, 12]已经证明，黑磷烯可以承受高达 30% 的拉伸应变，这高于石墨烯和二硫化钼的拉伸应变极限。因此，基于 BP 的晶体管在未来的柔性电子学中显示出了巨大的应用潜力，并且由于层状结构之间的范德华相互作用，BP 也有望与大部分 2D 材料兼容。而且，由于电子器件中不可避免地存在发热现象，采用热电材料作为 FET 沟道不仅可以有效地将浪费的散热转化为电能，而且可以在器件性能下降和击穿时保护器件，为实现高效芯片冷却技术提供了一条新的途径。热电特性是建立热能和电能之间的直接转换，在解决未来能源和环境问题方面显示出巨大潜力。为了获得高转换效率，同时需要高导电率和低导热率。BP 的热导率远低于石墨烯，因此被认为是新型热电应用的备选材料。

7.1.2 纳米黑磷在晶体管领域的应用

2014 年，陈仙辉教授与张远波教授、封东来教授和吴骅教授合作，在二维类石墨烯场效应晶体管研究中取得重要进展，成功制备出具有几个纳米厚度的二维黑磷场效应晶体管。研究结果表明，当二维黑磷厚度小于 7.5 nm 时，其在室温下可以得到可靠的晶体管性能，其漏电流的调制幅度在 10^5 量级 [图 7-4（a）]，电流-电压特征曲线展现出良好的电流饱和效应。随着黑磷厚度的增加，迁移率先增加后下降，而开关比则随着厚度增加持续下降。当黑磷厚度在 10 nm 左右时，获得大约 $1000 \ \text{cm}^2/(\text{V}\cdot\text{s})$ 的高载流子（空穴）迁移率，是一个比较理想的厚度值，但导通电流较低，亚阈值摆幅较高，后期可从栅介质的优化方面去改善这些不足。总之，这一研究首次证明了二维黑磷在场效应晶体管领域的应用具有巨大潜力。

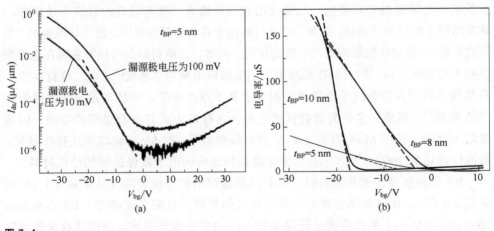

图 7-4

少层黑磷场效应晶体管性能[10]
（a）转移特性曲线；（b）不同厚度的黑磷晶体管转移特性曲线

在首次报道少层黑磷晶体管两周后，*ACS Nano* 杂志也刊登了少层黑磷晶体管的研究成果[13]。器件为相似的背栅结构，采用镍金作为接触电极。如图 7-5（a）所示的输出特性曲线中，源漏电流首先随源漏电压（V_{ds}）的增加呈线性增加，而后电流逐渐饱和，具有很好的电流饱和特性。在 1 μm 沟长器件中开态电流达到了 194 μA/μm，表明黑磷是很好的 p 型半导体材料，这为少层黑磷材料的器件化应用做了技术铺垫。此外，作者把 p 型黑磷与 n 型二硫化钼结合，构建了首个基于黑磷的互补型反相器，成功实现了反相功能，当电源电压 V_{DD}=1 V 时，其电压转换增益为 1.4，如图 7-5（b）～（d）所示。

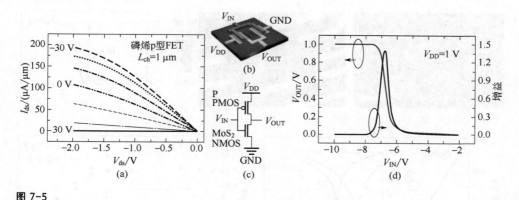

图 7-5

黑磷 PMOS 晶体管与二硫化钼 NMOS 晶体管构成的 CMOS 反相器[13]
（a）黑磷晶体管的输出特性曲线；（b）反相器结构示意；（c）反相器电路示意；（d）反相器输入输出特性

通过金属 Te 掺杂可改善黑磷的空穴传输速率，掺有 Te 的黑磷 FET 在室温下显示出高达 1850 cm²/（V·s）的空穴迁移率。而且 AFM 和核磁共振（NMR）表明，Te 掺杂显著抑制了黑磷在空气环境中的降解[14]。此外，通过掺杂、控制接触金属类型等手段可让黑磷从 p 型主导变为 n 型主导。2015 年，Perello 等通过控制接触金属类型和黑磷厚度，成功调控了黑磷晶体管的导电类型[15]。当黑磷厚度为 3 nm 时，采用金属铝作为接触，实现了 n 型电子导电，在低温 80 K 的情况下，开关比为 10^7，电子迁移率可达 630 cm²/（V·s）。这是首次通过改变黑磷厚度与接触金属类型，实现黑磷晶体管 n 型电子导电的研究成果。Koenig 等[16]使用铜对少层黑磷进行电子转移掺杂，使黑磷从 p 型主导转化为 n 型主导，如图 7-6 所示，在低温（7K，−266.15 ℃）下电子迁移率增加到 2140 cm²/（V·s）。

在互补型金属氧化物半导体（CMOS）电路中，具有对称 n 型和 p 型特性的双极沟道材料是优先选择的，因为它们可以有效地简化电路设计并节省使用面积[17]。尽管 BP 晶体管具有固有的双极特性，但由于表面存在高电荷（电子）俘获位点，BP 表现出强烈的不对称双极行为，因此，电子的浓度和迁移率远低于空穴的浓度和迁移率，这不利于其在互补逻辑器件的应用。为了满足 CMOS 应用的要求，有必要对 p 型或 n 型掺杂水平进行调制。根据功函数理论，用具有较低功函数的材料修饰 BP 可以降低其功函数，并提供足够的电子来填充电荷缺陷位置，实现电子向 BP 转移。最近，Cs_2CO_3 和 MoO_3 被用作功函数调节剂来调节掺杂水平和提高性能[18]。当表面沉积 10 nm Cs_2CO_3 时，电子迁移率从 1 cm²/（V·s）显著增加至 27.1 cm²/（V·s），表明电子传输的有效增强，这归因于 Cs_2CO_3 和 BP 之间的功函数差异。而 MoO_3 改性 BP 由于更高的功函数，进一步增强了以空穴传输为主的双极性行为[19]。

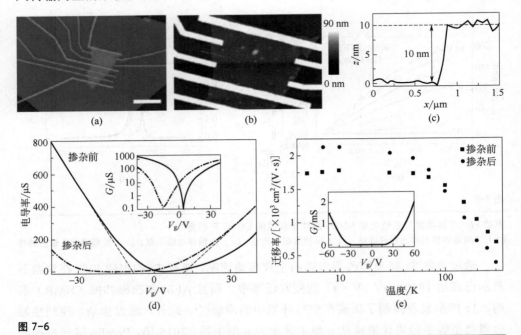

图 7-6

（a）Cu 处理前后厚度为 10 nm 的黑磷晶体的光学图像（比例尺为 10 μm）；（b）沟道的 AFM 图像；（c）黑磷晶体的厚度；（d）Cu 掺杂前后在室温下电导率与栅极电压 V_g 的关系（虚线表示迁移率的拟合曲线）；（e）Cu 掺杂之前的空穴场效应迁移率和 Cu 掺杂之后的电子迁移率的温度依赖性，插图显示了在 T=7 K 时掺杂 Cu 后的电导率与背栅电压的关系[16]

　　众所周知，电荷载流子的导电性受金属电极和半导体之间功函数差异的影响。具有较高功函数的电极通常会导致肖特基势垒的存在，并且由于在界面处形成耗尽区以阻止电子流入半导体沟道层，因此肖特基势垒对场效应晶体管中的电子输运产生负面影响[20]。所以，选择具有适当功函数的金属是最小化肖特基势垒和优化器件性能的有效且常用的解决方案。Gong 等[21]通过理论计算预测在 Cu/BP 结处可以形成良好的欧姆接触，而其他金属包括 Zn、In、TaP 和 NbP 将形成肖特基接触。Kamalakar 等[22]选择了 Co 隧道触点，使得电子和空穴的肖特基势垒均降低到 50 mV 以下。肖特基势垒的减少归因于栅极电压应用时对 Co 和 BP 带排列的调制。除了迁移率，还可以通过选择合适的金属电极来改变导电类型。Du 等[23]分别用两种接触金属 Ni 和 Pd 测试了 BP 晶体管。在将沟道长度缩小到深亚微米后，具有 Ni 触点的晶体管可以从原始的 p 型行为调整为显著的 n 型行为，这直接归因于金属/BP 界面上费米能级钉扎的减少。由于 Ni（5.0 eV）的功函数低于 Pd（5.4 eV），肖特基势垒高度因 Ni 费米能级更接近导带而降低。实验表明，BP 和金属接触没有很强的费米钉扎，功函数小的 Ni 费米面更接近于黑磷的导带，与 Pb 接触相比能形成更小的肖特基势垒，在正电压下能形成更大的电流。因此可以通过用功函数小的金属对黑磷实现 n 型掺杂。在不同沟道长度的 Ni 接触器件中，沟道越短，器件的双极性就越强，这是因为对于长沟道器件，漏端偏置电压可以改变沟道的有效长度，但源端的势垒与漏端的偏压无关；对于短沟道器件，源端的势垒能够感受到漏端的偏压，这就造成了源端势垒的降低，就有更多的载流子进入沟道中，这为短沟道黑磷器件的设计提供了依据。

尽管通过机械剥离成功制备了 BP 薄片，但不可避免的是，在环境暴露下，O_2 和 H_2O 与 BP 发生不可逆反应形成磷酸或磷氧化合物，并且这种快速表面氧化在短时间内发生。这种表面降解不仅会增加表面粗糙度，还会导致化学吸附物种的形成，对器件的性能产生不利的影响。例如，Wood 等[24]报告说，由于环境吸附物中的 p 型掺杂，未封装的 BP-FET 暴露在环境大气中会导致阈值电压升高，开关比和迁移率降低。为了处理这种不希望出现的现象，采用了两种有效的方法，包括氧化物/二维材料/有机封装以及有机/无机修饰。

在早期阶段，沉积无机氧化物进行封装引起了广泛关注。通过原子层沉积（ALD）AlO_x、SiO_2、SnO_2 封装层作为防潮屏障以达到钝化黑磷的作用，减缓表面降解[24-29]。SnO_2 薄膜（1 nm）可以限制空气中的水蒸气和 O_2 对 BP 表面的影响，从而提高 BP 的稳定性。AlO_x 不仅可以稳定 BP，还可以增强 BP 的电性能。尽管使用了这些保护层，BP 仍然会在一个月内降解。Illarionov 等[30]最近报道了一种高度稳定的 BP 场效应晶体管（长达 17 个月），该晶体管用 25 nm 的 Al_2O_3 外壳完全封装，但仍采用了包括 ALD、化学气相沉积（CVD）和金属-有机化学气相沉积（MOCVD）在内的沉积技术，由于薄层很不稳定，在沉积过程中会被迅速氧化，因此不能大规模地用于单层甚至几层 BP 的钝化。此外，还发现天然氧化层在 BP 稳定性中起重要作用[31-33]。图 7-7（a）～（d）显示了单层和多层黑磷烯的制备。采用氧等离子体干法刻蚀获得磷氧化物层，随后用 ALD 将样品涂覆 Al_2O_3 保护层，获得的单层黑磷烯至少可以保持 6 天的稳定性[31]。Dickerson 等[32]使用相同的结构构造了一种性能优异的黑磷顶栅晶体管。Wan 等[33]通过环境热处理实现了 BP 的长期稳定性，这仍归因于相同的天然氧化层。尽管氧化层封装在一定程度上对 BP 起到了保护作用，但仍不能满足实际应用的要求，并且各种沉积法耗能较高，容易破坏薄膜，不利于大规模的应用，需要进一步改善。

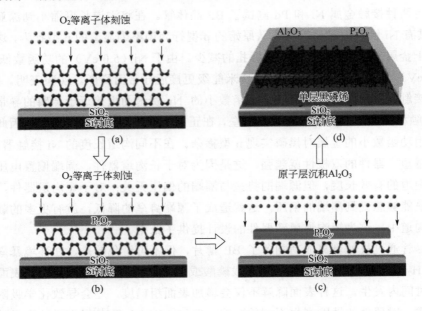

图 7-7

空气稳定的单层和多层黑磷烯的制作流程[31]

（a）首先在 SiO₂/Si 衬底上剥离厚的磷片，然后用 O₂ 等离子（黄色球）体蚀刻；（b）在氧等离子体预处理过程中，黑磷烯顶层被氧化成 P₂Oᵧ，然后作为下层黑磷烯的保护层。通过进一步的氧等离子体刻蚀，氧等离子体可以通过扩散穿透 P₂Oᵧ 层并氧化下面的黑磷烯，这会使黑磷烯层变薄，也会增加 P₂Oᵧ 的厚度。等离子体预处理后，在黑磷烯氧化和物理去除 P₂Oᵧ 层之间达到动态平衡，使得 P₂Oᵧ 层接近恒定厚度，蚀刻速率也变得恒定；（c）由于恒定的蚀刻速率，可以精确地制造任何指定层数的黑磷烯甚至单层，并且由于 P₂Oᵧ 的保护性质，可抑制剩余层的降解；（d）为了进一步提高黑磷烯的稳定性，样品还通过 ALD 涂覆了 Al₂O₃ 保护层。在这种情况下，P₂Oᵧ 可防止下层黑磷烯与 ALD 工艺中使用的气体反应，这对于厚度小于几层的样品尤为重要

如前所述，当采用沉积技术（如 ALD、MOCVD、热蒸发等）在 BP 样品上直接生长氧化物时，通常难以控制材料缺陷的形成。因此，其他 2D 材料被认为是保护 BP 免受环境条件和非破坏性工艺影响的有效途径[33-40]。研究表明，无论使用石墨烯还是 h-BN 钝化，BP 的降解都受到抑制，但值得注意的是，石墨烯封装样品仅稳定存在一天，而 h-BN 封装样品可稳定存在 5 天[32]。h-BN 是一种宽禁带绝缘体，具有原子平坦的表面，由于其与其他二维材料可形成无紊乱界面，故可以用作栅介质材料。在 Gillgren 等[41]的工作中，如图 7-8 所示，通过 h-BN 封装 BP 形成的三明治结构 BP-FET 在环境条件可保持稳定 300 h。在室温下空穴迁移率为 400 cm²/（V·s），低温下跃升至约 4000 cm²/（V·s）。Long 等[39]也采用 h-BN/BP/h-BN 的三明治结构制备了黑磷场效应晶体管，晶体管的空穴迁移率在室温下达到了 5200 cm²/（V·s），非常接近理论结果。此外，还引入了其他 2D 材料，如二硫化钼对黑磷进行封装[35, 38]。MoS₂ 钝化的 BP 在高温退火后可在空气中

保持 3 周的稳定性。此外，为了进一步改善 BP 的稳定性，还引入了氧化物和 2D
材料协同保护的策略[37]。可以发现，h-BN 和 Al_2O_3 形成的钝化层可使得 BP 稳定
存在 6 个月，这是对传统保护期限的明显改善。所以，二维材料，尤其是 h-BN，
由于与 BP 的弱相互作用，在保持 BP 特性方面具有显著优势，并且与氧化物结合
的封装可以进一步扩展 BP 的稳定性。

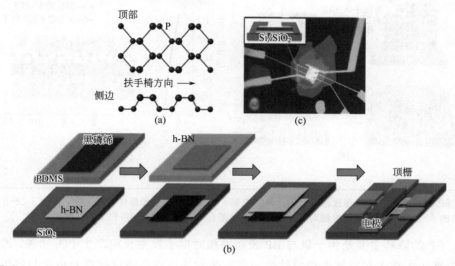

图 7-8

（a）单层黑磷烯的原子构型；（b）制造工艺示意（通过干法转移技术得到 h-BN/BP/h-BN，蚀刻以暴
露黑磷烯的边缘，然后通过一维边缘接触耦合到 Cr/Au 电极）；（c）器件的光学显微镜图像（插图：
设备侧视图的示意）

　　尽管人们普遍认为有机材料可用于改性 BP（将在下一段讨论），但仍有许多
有机材料在封装中起重要作用。聚甲基丙烯酸甲酯（PMMA）是器件制备中必不
可少的有机聚合物，也常用于封装 2D 材料，其对 BP 的保护作用已被广泛研究。
如图 7-9（a）所示，采用等离子体处理来控制 BP 膜的厚度并去除 BP 表面降解的
化学物，然后使用 PMMA 封装完成器件制备[42]。利用这些技术，高性能［场效
应迁移率高达 1150 $cm^2/$（$V \cdot s$）、开关比为 10^5］和高稳定性（数周）的 BP 晶体
管被成功制备。然而，PMMA 通常对材料具有 p 型掺杂效应，这给应用带来了不
确定性[43, 44]。二辛基苯并噻吩（C8-BTBT）薄膜可通过范德华外延法容易地沉积
在 BP 上，使得 BP 具有超过 12 天的环境稳定性，结果如图 7-9（b）所示[45]。更
重要的是，C8-BTBT 和 BP 之间的非共价范德华界面有效地保留了 BP 的固有特
性。随后，Guo 等[46]发现，苝四羧酸二酐（PTCDA）也可以实现范德华封装，而
不会改变 BP 的固有结构和电传输特性。通过封装方法保护 BP，主要是隔离 BP
与外部环境中的水、氧和光相互作用。因此，确保密封性的"全封装"是首要考

虑因素。到目前为止，虽然相关的研究已经取得了很大的进展，但与电子行业的实际应用需求还有一定的差距。此外，虽然有机封装似乎是经济有效的，但长期运行也会导致电学和光学性能不稳定，并且与现有电子行业的兼容性较差。

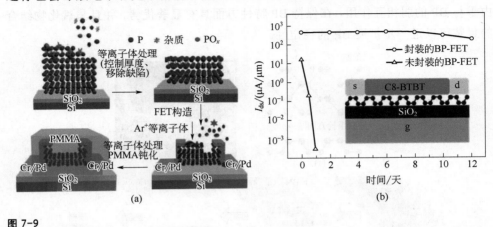

图 7-9

（a）BP 薄片等离子体处理过程示意图：厚度控制、表面缺陷去除和器件制造工艺[42]；（b）C8-BTBT 封装的 BP-FET 饱和电流密度随时间变化曲线（插图：C8-BTBT 封装 BP-FET 的示意）[45]

　　BP 的降解主要是由于氧与 BP 表面的孤对电子发生反应产生 PO_x 物种，改性是提高 BP 在水和空气中稳定性的一种有效方法，它是通过使孤对电子与氧以外的配体发生反应，使孤对电子成对存在于 BP 中。与试图将 BP 与外部环境完全隔离的封装不同，改性通常使用有机分子、金属（金属离子）或其他无机物对 BP 表面进行改性，以使 BP 能够克服氧化屏障，并在外部环境中保持长期稳定性。理想情况下，希望改性后的 BP 变得稳定，且改性不会抑制 BP 的电学和光学等其他特性。实验表明，镍、碲、铝、铜等金属元素会抑制 BP 的降解。上文提到，Te 掺杂 BP 可有效抑制磷酸的形成，从而提高 BP-FET 的传输性能 [迁移率高达 1850 cm^2/（V·s）] 以及环境稳定性（三周）[14]。Lei 等[47]通过密度泛函理论预测可与 BP 成键并抑制其降解的元素，预测结果表明，Ca、Sr、Ba、Cs、La 和 Cl 等元素的修饰可使得 BP 不易被氧化。总之，改性后的 BP 具有较强的环境稳定性，在实际应用中具有较大的优势。尽管在改性过程中仍存在一些缺点，如影响晶体管的性能，但这仍然是一条获得高性能、高稳定性 BP 的有效途径。和无机材料相比，有机分子通常更容易和 BP 表面发生相互作用。有机分子的配位或功能化修饰通常涉及 BP 和修饰剂之间共价键的形成，可定义为共价修饰[48-51]。从理论上讲，有机材料，包括甲氧基苯、硝基苯、苯乙烯基、苯酚等物种可以与 BP 结合[50]。在实验上，Ryder 等[48]首先证明了使用芳基重氮对 BP 进行共价功能化，即使在大气环境下暴露三周后，BP 也能保持稳定。

最后，通过总结可得出 BP 用于 FET 时有以下优点：①可调的直接带隙、较高的载流子迁移率和高的开关比可满足 FET 要求，且通过包覆、掺杂、改性修饰等手段有望获得具有较高性能的 BP-FET，如快的运行速度和更低的功耗等。②BP 表现出独特的双极行为，在 CMOS 应用中非常有前景。在 CMOS 逻辑电路中，n 型和 p 型传输都是必需的，且通过控制沟道长度、背栅电压和漏极偏置可将 p 型输运转换为 n 型输运。③作为 2D 晶体纳米材料家族的新成员，BP 继承了包括高弹性和优异柔韧性在内的特性。因此，基于 BP 的晶体管在未来的柔性电子学中显示出巨大的潜力，并且由于层状结构之间的范德华相互作用，BP 也有望与其他 2D 材料兼容。但是，BP 的稳定性仍然是将其应用于 FET 乃至其他领域的一大障碍，尽管目前已经通过多种手段在一定程度上改善了其稳定性，但长期应用时 BP-FET 的性能仍然受限。

7.2　传感器

如今科技发展迅速，智能设备在生活中随处可见，如具有广泛应用的传感器。传感器是用来检测物品信息的一种装置，其基本原理是通过敏感元件及转换元件把特定的被测信号，按一定规律转换成某种"可用信号"（如电信号）输出，以满足信息的传输、处理、记录、显示和控制等要求。传感器能够感受力、温度、光、声、化学成分等物理量，并能把它们按照一定的规律转换成电压、电流等电学量，或转换为电路的通断，具有微型化、网络化、系统化、智能化等特点，被广泛应用于汽车行业、外包装行业、金属行业等。二维材料由于具有优异的物理及化学特性，因此在传感器领域具有很大的应用前景。

黑磷是一种新型的二维材料，其具有特殊的褶皱结构、高的比表面积、强的各向异性以及边缘电子转移速度快等性质[52]，可以对包装品在运输和生产过程中的微弱振动进行即时响应，从而反映出包装品内外环境的微弱变化。此外，薄层 BP 是良好的电子供体，具有较低的氧化还原电位和优良的电子传递特性，在构筑传感器方面具有独特的优势。虽然黑磷在空气中不稳定、容易发生氧化[53-59]，最终导致其失去原有的性能，这也成为阻碍薄层 BP 传感应用的关键问题，庆幸的是通过构建 BP 基复合材料可提升黑磷的稳定性。目前，黑磷已经被用于光电传感器、锁模激光器、电化学传感器以及柔性压力传感器等领域。

7.2.1　光电传感器

光电传感器也称为光电探测器，光电传感器是采用光电材料作为检测元件的传感器。它可用于检测直接引起光量变化的非电量，如光强、辐射温度、气体成分等，还可以利用光的透射、遮挡、反射、干涉等测量各种物理量，如物体的大小、位移、速度、温度等。光电检测具有精度高、响应速度快、非接触、性能可靠等优点，因此被广泛应用于环境监控、光学成像、信息通信等众多领域，对军事国防和国民经济的发展具有重要的推动作用[60-63]。使用光电传感器时，可不与被测物体直接接触，光束质量接近于零，测量过程中没有摩擦，被测物体上几乎没有压力。因此，在许多应用中，光电传感器比其他传感器具有明显的优势。

　　光电传感器的原理是通过光信号反映被测物体的变化，然后通过光电元件将光信号转换成电信号。该传感器通常由光源、光学通路和光电元件三部分构成。其工作过程如图 7-10 所示，当对探测器的表面进行光照时，产生光生载流子，载流子扩散或漂移会形成电流，并由光学通路传递至光电元件，光电元件接受这种信号后将其转换为电信号，传输给信号调理电路，信号调理电路将这种微弱的信号进行放大，从而进行输出反馈。信号转换和放大过程需要一定的能量，而辅助电路可为其供电。在这一过程中，光电元件的作用是将光信号转化为电信号。光电效应是指用光照射某一物体，可以看作是一连串带有一定能量的光子轰击在这个物体上，此时光子能量就传递给电子，并且是一个光子的全部能量一次性地被一个电子吸收，电子得到光子传递的能量后其状态就会发生变化，从而使受光照射的物体产生相应的电效应。

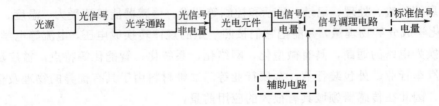

图 7-10

光电传感器工作过程示意

　　高性能的光电传感器离不开高质量的光敏感材料。原则上讲，受到光照射后其物理性质发生变化的任何材料都可用来制作光电传感器[64]。目前商业化的光电探测器主要是由硅基半导体材料构成，其主要的瓶颈问题是硅基半导体的制造技术已接近极限，很难将器件尺寸进一步缩小，因而使其性能受到限制。此外，硅基光电探测器对光的吸收系数小，吸收光谱窄，绝大部分红外波长的光都无法吸收，并且硅基材料中较长的载流子寿命引起载流子的扩散，会干扰相邻像素点间的光信号检测，这些问题大大限制了硅基光电探测器的广泛应用，新颖高效的光敏材料极度缺乏。首先，二维材料凭借其独特的结构和优异的电学和光学特性，在光电器件中得到了广泛应用，具有良好的发展潜力。其次，二维材料对周围环境的变化也很敏感，例如温度、压力和光照的变化。**BP** 是一种新型二维半导体材料，不仅具有高载流子迁移率［1000 cm²/（V·s）］，而且具有随层数可调的直接带隙和较强的光吸收效率，光谱响应范围涵盖从可见光到近红外区域，因而更容易进行光探测[65]。

（1）单一纳米黑磷在光电传感器中的应用

与传统半导体材料相比，纳米黑磷凭借其较大的比表面积、原子级薄的厚度以及独特的能带结构，在光电探测器领域显示出优异的性能。Buscema 等[66]报道了第一台黑磷光电探测器，但该装置的响应度相对较低，只有 4.8 mA/W。此后，为了提高黑磷光电探测器的性能，Huang 等[67]制作了一种高性能的宽带纳米黑磷光电探测器，不仅将其工作波长范围拓宽至 400～900 nm，并首次定量分析了该器件在不同温度下（20 K、150 K、300 K）的光响应率。分析结果如图 7-11 所示，随着测量温度的降低，光响应率有所增大，这可以归因于在低温下载流子产生-复合速率的提高和载流子输运性能的提高。在宽带光谱中，当入射光的波长为 900 nm，温度为 20 K 时，器件的光响应率高达 $7×10^6$ A/W，当入射光的波长为 633 nm，温度为 300 K 时，器件的光响应率高达 $4.3×10^6$ A/W。总之，其良好的性能参数表明纳米黑磷在光电探测器应用中的巨大潜力。

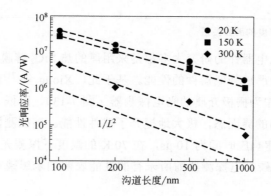

图 7-11

器件的光响应性[67]

目前研究较多的是薄层黑磷在光电探测器中的应用，对多层 BPNSs 的光响应性能研究较少。实际上，从制备的角度以及物理性质来看，多层 BPNSs 比单层纳米片具有更大的潜力。首先，较厚的 BPNSs 外部的氧化层可作为一种天然覆盖的保护层，有效地将 BPNSs 与水、氧等隔离并防止其进一步降解[68, 69]，且由于较厚的 BPNSs 的带隙较小，在红外光电探测器中具有更加明显的优势。基于此，Hou 等[70]研究了 BP 厚度对光电探测器件性能的影响，发现光电流随厚度的增加呈现出先增大后减小的趋势，最佳厚度为 47 μm（图 7-12），对应的光响应率高达

2.23 A/W，响应时间约为 2.5 ms，与较薄 BPNSs 的响应速度相当。这是由于当 BPNSs 厚度较薄（＜10 nm）时，屏蔽效应导致光电流密度很小；而当黑磷厚度较大时，载流子迁移率将会减小，进而导致光电流密度减小。该研究结果表明适当增加黑磷的厚度有利于提升器件的性能，且在某个厚度时光电传感器的性能可达到最佳，也进一步说明了 BPNSs 在应用时并不是片层越薄性能越好，表明可控制备纳米黑磷的重要性。

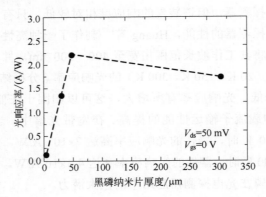

图 7-12

电流强度与纳米黑磷厚度的函数关系[70]

以上对黑磷光电器件的研究大多都是采用厚的热 SiO_2 薄膜作为栅极介质，这种低质量的界面会严重降低器件的性能。基于此，Xiong 等[71]设计了一种以高质量的 HfLaO 薄膜作为栅极介质的光电探测器（图 7-13），降低了界面散射，改善了介质和 BP 之间的界面态，极大地提升了器件性能。该探测器的光响应率高达 $1.5×10^8$ A/W，快速响应时间为 10 μs，在 70 K 的温度下探测光波长范围为 514～1800 nm。纳米黑磷光电探测器前所未有的性能表明纳米黑磷在光通信领域具有巨大的应用潜力。

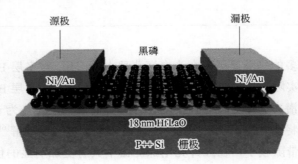

图 7-13

以 HfLaO 薄膜作为栅极介质的光电探测器示意[71]

（2）纳米黑磷基复合材料在光电传感器中的应用

迄今为止，大多数的研究工作都集中在基于单层或多层的黑磷光电探测器的光电性能改进上。然而，单层或多层黑磷用于光探测器的主要障碍是在空气中不稳定、易氧化，且薄层黑磷对光的吸收率低，这极大地限制了 BP 在光学器件方面的实际应用。根据以往研究经验得知，金、银、铜等金属纳米粒子在增强光学吸收特性方面具有很强的作用[72]。此外，金纳米粒子（AuNP）可在一定程度上将 BP 与空气隔开，降低 BP 的氧化速度。基于此，贾婧蕊等[73]采用加热蒸发金纳米粒子水溶液的方法将 AuNP 集合到 BP 光探测器的表面，增强整个结构对光的吸收率和 BP 的稳定性，并通过改变 AuNP 水溶液的加热温度控制 AuNP 的密度分布。结果表明，当 AuNP 的密度分布达到 4.5×10^9 cm^{-2} 时，AuNP/BP 光探测器的光电流从 1.02 μA 增加到 13.36 μA（电压=1 V），光响应率也相应地增加了 12 倍。同时，AuNP/BP 光电探测器的电流值在空气中保持数天无明显变化且暗电流较低。该研究结果表明，AuNP 能够有效地提升黑磷光电探测器的性能，并有助于光探测器的实际应用。Liu 等[74]采用厚度仅为几纳米的黑磷薄片作为吸光材料，以 Au 为电极，设计了一种 BP/Au 肖特基型光电探测器。研究表明该器件的工作范围包含可见光（635 nm）到红外光（1550 nm）区域，在 1550 nm 光照下，该探测器具有超高的光响应率（230 A/W），响应时间为 4.8～6.8 ms。

除了与金属纳米粒子复合之外，构建异质结构同样可以提升黑磷的稳定性。Chen 等[75]利用六方氮化硼/黑磷/六方氮化硼（h-BN/BP/h-BN）构成的三明治结构增大了器件的可探测波长。如图 7-14 所示，在 77 K 的温度下，入射光波长分别为 3.4 μm、5 μm、7.7 μm 时，器件的光响应率最大分别为 518 mA/W、30 mA/W、2.2 mA/W，相比大部分工作波长范围局限在纳米量级的器件有很大的优势。

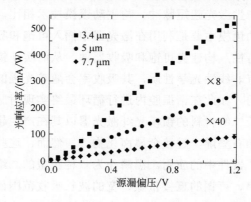

图 7-14

不同波长的光波照射下，h-BN/BP/h-BN 结构光电传感器光响应率随源漏偏压的变化情况[75]

随后，Kang 等[76]研究了掺杂对 BP 器件性能的影响。他们分别利用 3-氨丙基三乙氧基硅烷（APTES）和十八烷基三氯硅烷（OTS）对 BP 进行 n 型和 p 型掺杂，结果表明，BP 厚度为 2 nm 时，n 型掺杂的光电探测器光响应率下降了 16%（520 nm）和 9%（850 nm），p 型掺杂的光电探测器光响应率增大了 40%（520 nm）和 20%（850 nm）。此外，他们还发现当 BP 厚度更薄时，掺杂对器件性能的改变更明显。通过掺杂的方法，获得了高性能 OTS 掺杂的 BP 光电探测器，在 520 nm 波长的光照下，光响应率达到 1.4×10^4 A/W，比目前的 TMDs 光电探测器的高。对于光电传感器件来说，人们希望能够实现宽能带波长区间可逆调控的光电传感器件的构造。Kim 等[77]在聚酰亚胺（PETG）基底上制备了光谱可调的黑磷基光电检测器件，扩展了高响应黑磷光电探测器的探测范围。当沿着黑磷的褶皱方向施加不同程度的应力时，光吸收截止波长能够在 4.32～2.44 μm 之间进行调控。

7.2.2　锁模激光器

随着社会的发展，人们对高速通信和大容量通信的需求越来越大，而基于光纤的激光器以其卓越的性能成为其中重要的一个发展方向。相较于连续激光器，超短脉冲激光器具有峰值功率大、脉冲能量高和热效应低等特点，在工业加工、医疗、科学研究等诸多领域中具有极其广泛的应用。产生激光超短脉冲的技术常称为锁模技术。一台自由运转的激光器中往往会有很多个不同模式或频率的激光脉冲同时存在，而只有在这些激光模式相互间的相位锁定时，才能产生激光超短脉冲（锁模脉冲）。实现锁模的方法有很多种，一般可以分成两大类：即主动锁模和被动锁模。主动锁模指的是通过由外部向激光器提供调制信号的途径来周期性地改变激光器的增益或损耗从而达到锁模目的，该技术得到的输出脉冲的脉宽通常比较宽，一般在纳秒级或皮秒级。而被动锁模则是利用材料的非线性吸收或非线性相变的特性来产生激光超短脉冲。与主动锁模技术相比，其脉宽会更窄，脉冲质量也更高。被动锁模主要是利用在激光器中插入可饱和吸收器件，或者利用光纤本身的非线性特性，构建类可饱和吸收器件，从而实现锁模。作为可饱和吸收器件的材料应具有非线性光学性质，其吸收率会随着光强的变化而变化，对弱光吸收，对强光透明，如此在谐振腔内进行循环最终实现对脉冲的压缩。

近几年来，基于二维材料的锁模光纤激光器以其在产生超短脉冲方面的突出优势而备受关注，如石墨烯、过渡金属卤化物等。然而，这些纳米材料的固有能带限制了其在光电子器件中的应用。黑磷作为一种新型的二维材料，由于其具有较高的载流子迁移率、可调的直接带隙、宽的波长吸收范围而受到了科研者的广泛关注，更重要的是，二维黑磷还表现出非线性饱和吸收特性[78]，可被用作光纤激光器的可饱和吸收体。

沐浩然[79]使用黑磷作为新型非线性光学材料,构建了一种黑磷-聚合物薄膜结构,实现了光纤激光器的脉冲输出。用聚合物纳米纤维保护纳米黑磷的方法,不仅可以使纳米黑磷免受外界环境侵蚀,还能够作为一种新型的光学材料,兼具黑磷独特光学性质和聚合物柔韧性的优点。然而,目前的黑磷生长手段不足以生长出大面积均匀的黑磷薄膜,所以在可饱和吸收器件的制备过程中,以上方法所使用的纳米黑磷基本上都是采用机械剥离从块状黑磷上剥离而来的,或者通过液相剥离法得到 BPNSs 溶液,得到的样品尺寸普遍较小且不均一,难以应用到大面积的器件上,且制备过程相对繁琐。基于此,陈瑶[80]采用了光驱动沉积的方式制备了厚度均一的 BPNSs 并将其沉积到光纤端面上,最终制备出厚度均一的可饱和吸收器件。该研究通过控制沉积时间,以控制沉积纳米片的厚度和覆盖面积,避免了以往报道中使用的烦锁方法所带来的时间和金钱的浪费,并且保证了制备可饱和吸收器件的重复性和质量。将制备好的黑磷可饱和吸收器件应用到 1.5 μm 波段的光纤激光器中,实现了性能良好、稳定性优异的锁模脉冲输出(图 7-15)。该研究工作表明黑磷是一种有效的可以产生短脉冲的非线性光学材料,能被广泛应用于光电器件领域。

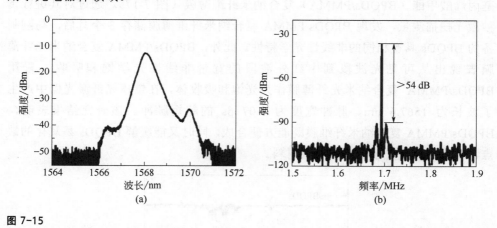

图 7-15

(a)典型锁模输出的光谱图;(b)RF 频谱图[80]

除了 BPNSs 之外,BPQDs 也可用于非线性光学特性的研究,且具有优于BPNSs 的性能。Xu 等[81]采用溶剂热法制备了尺寸均一(横向尺寸约为 2 nm)的BPQDs,并首次揭示了 BPQDs 的非线性光学特性,将其成功应用于超快激光技术中。此外,该课题组还揭示了 BPQDs 具有比 BPNSs 更优异的饱和吸收特性,其调制深度高达 36%,饱和强度约为 3.3 GW/cm²。当采用 BPQDs 作为光饱和吸收体时,在锁模光纤激光器中可产生波长为 1567.5 nm、脉冲宽度约为 1.08 ps 的超短脉冲(图 7-16)。这一研究结果表明,BPQDs 由于其自身的量子限定效应,在超快光子学的应用具有巨大的潜力，有望发展成为一种新型的光学功能材料。

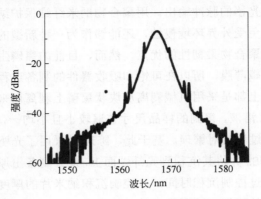

锁模脉冲光谱[81]

BPQDs 虽然表现出了较好的饱和吸收特性，但其稳定性较差，难免影响其长期应用。Xu 等[82]采用静电纺丝技术制备出平均粒径约为 3 nm 的黑磷量子点/聚甲基丙烯酸甲酯（BPQDs/PMMA）复合纳米纤维薄膜（图 7-17）。通过对其进行飞秒激光扫描测量，发现 BPQDs/PMMA 复合纳米纤维薄膜储存 3 个月后，与刚制备的 BPQDs 具有相同的非线性光学特性。此外，BPQDs/PMMA 复合纳米光纤薄膜表现出从可见光波段到中红外波段的宽带非线性光学饱和吸收。采用 BPQDs/PMMA 复合纳米光纤薄膜作为光饱和吸收体，在锁模光纤激光器中产生了波长为 1567.6 nm、脉冲宽度为 1.07 ps 的超短脉冲。该研究结果表明，BPQDs/PMMA 复合纳米纤维膜既能方便合成，同时又能缓解 BPQDs 易氧化的缺点，可作为超快光子器件的候选材料。

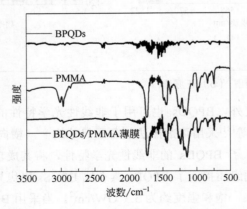

BPQDs、PMMA、BPQDs/PMMA 复合纳米纤维膜的红外光谱图[82]

7.2.3 电化学传感器

电化学传感器因具有灵敏度高、快速、在线、实时、成本低、操作简便、仪器易于微型化等优点而受到研究者的广泛关注。其原理是当被测气体进入传感器时，在其内部发生电化学反应，从而把被测气体含量转化为电流（或电压）信号输出的一种传感器。典型的电化学传感器由传感电极（或工作电极）和对电极组成，并由一个薄电解层隔开。气体首先通过微小的毛管型开孔与传感器发生反应，然后是憎水屏障，最终到达电极表面。采用这种方法可以允许适量气体与传感电极发生反应，以形成充分的电信号，同时防止电解质漏出传感器。通过电极间连接的电阻器，与被测气体浓度成正比的电流会在正极与负极间流动，测量该电流即可确定气体浓度。由于此过程中会产生电流，电化学传感器又常被称为电流气体传感器或微型燃料电池。由于电化学传感器能对多种有害气体产生响应，而且结构简单、成本低廉，因而在有害气体的检测中具有重要地位，现已被广泛地应用于化工、煤矿、环保、卫生等部门对有害气体的检测。基于金属氧化物的传统气体传感器存在需要高温操作的缺陷，因此开发可常温使用的气体传感器受到了广泛的关注。黑磷由于其超高的比表面积与表面活性成为了制备常温气体传感器的理想材料[83-87]，尤其是黑磷具有高度的电子各向异性及对吸附分子的敏感性，近年来被广泛用于不同气体或液体分子的检测，如 H_2O、NO_2 和甲醇等。

2014 年，Kou 等[88]采用第一性原理计算了薄层 BP 对气体分子（CO、CO_2、NH_3、NO 和 NO_2）的吸附能，发现 BP 对氮氧化物的吸附能最大。Abbas 等[89]制备了用于 NO_2 检测的黑磷气敏传感器，NO_2 检出限低至 0.00005%。Cho 等[90]通过实验证明了 BP 对 NO_2 的气敏性能（响应强度、灵敏度、选择性、响应时间等）优于其他二维材料，例如 GO 和 MoS_2 等。Wang 等[91]采用简单的水热法，在吡咯（Py）保护的薄层 BP 上修饰了 4~5 nm 厚的 CuO 纳米粒子，由于 BP 的高导电性以及 BP 与 CuO 的异质结构使得复合材料在室温对 0.1% 的 NO_2 的响应强度高达 20.7，响应时间为 4 s，检出限低至 0.00001%。Cho 等[92]发现利用贵金属（Au 和 Pt）对 BP 进行掺杂，可以改变 BP 的半导体类型，使其能够检测低浓度的 H_2，扩展了黑磷在气敏检测中的应用。Liu 等[93]采用水热法将黑磷-聚乙烯亚胺（BP-PEI）与四氧化钴（Co_3O_4）纳米颗粒复合得到了 Co_3O_4@BP-PEI 复合材料，并将该复合材料成功用于 NO_x（x=1 或 2）气体分子的检测。检测过程如图 7-18 所示，首先，空气中的 O_2 吸附在 Co_3O_4@BP-PEI 表面并从中得到电子生成 O_2^-，而 Co_3O_4@BP-PEI 由于失去电子，使其空穴载流子数量增加，从而导致其电阻减小。当有 NO_x 存在时，Co_3O_4@BP-PEI 能氧化部分 NO_x，进而得到电子使其空穴载流子数量减少，电阻值再次增大。基于该原理，Co_3O_4@BP-PEI 组建的电极能

实现对 NO_x 的快速、高灵敏与高选择性检测。当 NO_x 浓度为 100×10^{-6} 时，响应时间为 0.67 s。其传感性能的提高归因于黑磷优越的电导率和 Co_3O_4@BP-PEI 复合材料的异质结构之间的协同作用。

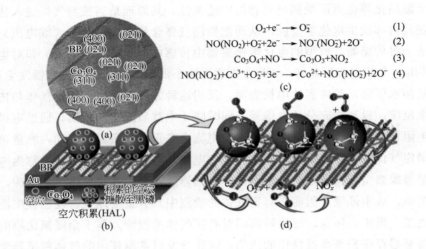

$$O_2 + e^- \longrightarrow O_2^- \quad (1)$$
$$NO(NO_2) + O_2^- + 2e^- \longrightarrow NO^-(NO_2^-) + 2O^- \quad (2)$$
$$Co_3O_4 + NO \longrightarrow Co_3O_3 + NO_2 \quad (3)$$
$$NO(NO_2) + Co^{3+} + O_2^- + 3e^- \longrightarrow Co^{2+} + NO^-(NO_2^-) + 2O^- \quad (4)$$

Co_3O_4@BP-PEI 传感器气体检测机制示意[93]

7.2.4 柔性压力传感器

近年来，随着柔性电子学和柔性材料的发展，可穿戴柔性压力传感器已经小范围地应用于医疗诊断、机器人和电子皮肤等领域，并展示出了显著的优势[94-100]。可穿戴柔性压力传感器可用来实时监测人体的生理信号，包括体温、血压、脉搏和肢体运动等信息，为疾病的诊断、治疗和康复提供各种有价值的参数信息。研究学者基于第一性原理，计算发现了黑磷烯的带隙可由外应力调节，所以其电导率、静态介电常数等与带隙相关的各项性质均会随着外应力的变化而发生变化，且黑磷烯的断裂强度大约为 25 GPa[101]，延伸率大概在 8%～17% 之间[102]，符合以聚酰亚胺（polyimide，PI）、聚二甲基硅氧烷（PDMS）和聚对苯二甲酸乙二醇酯（PET）等大部分有机聚合物作为柔性衬底的传感器的要求。因此，黑磷烯可以作为柔性压力传感器的敏感材料。

聂萌等[103]设计并制备了一种由黑磷烯/氧化石墨烯双层材料为介质层的电容式柔性压力传感器，并对该传感器进行了系统的性能测试与分析。着重研究了该传感器在不同压力量程内的灵敏度，进而分析了其温度漂移特性。灵敏度测试结果如图 7-19 所示，以黑磷烯/氧化石墨烯薄膜为双介质层的电容式柔性压力传感器在 0～3.12 kPa 压力量程内灵敏度可达到 1.60 kPa^{-1}。

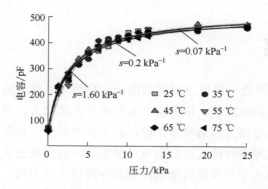

图 7-19

传感器在压力、温度变化下的输出特性曲线图[103]

在此基础上，郭安琪[104]为了比较以黑磷烯/氧化石墨烯（BP/GO）为复合介质层和 GO 为单层介质层的压力传感器在不同应变下的性能，在室温下分别测量了二者在不同弯曲应变下的电容输出变化量。基于不同介质层的压力传感器在不同弯曲应变下的电容变化如图 7-20（a）所示，可以看出在较小的弯曲应变下，以 BP/GO 为复合介质层的传感器的电容变化量大于 GO 介质层的传感器电容变化量。这是由于与纯 GO 介质层的传感器相比，BP/GO 复合介质层传感器的电容变化不仅来源于介质层中空气的减少以及弯曲后极板间距的变化，还有弯曲所造成的黑磷烯的形变引起的材料介电常数的变化。因此不论 BP 介质层如何变化，其介电常数都会增大，从而导致电容的变化率增大。此外，由图 7-20（b）可以明显看出，受黑磷烯形变造成介质层有效介电常数变大的影响，纯 GO 介质层的压力传感器输出电容的变化率始终小于 BP/GO 复合介质层的压力传感器输出电容的变化率，该应变测试结果表明，以黑磷烯作为电容式传感器的介质层可以有效提高传感器的性能。

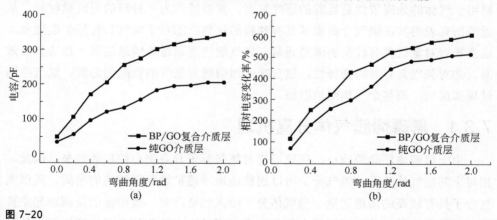

图 7-20

基于不同介质层的压力传感器在不同弯曲应变下（a）电容变化；（b）相对电容变化率[104]

7.3 膜分离

膜分离技术[105]是一种以分离膜为核心，利用分离膜的选择透过性，以外界能量或化学位差（如浓度差、压力差、电位差）为推动力，对不同组分的分子进行分离的过程。膜分离过程是物理过程，且不发生相变，具有能耗较低的特点，可代替过滤、沉淀等多种传统的分离与过滤方法，从而快速完成组分的分离。而膜分离技术的关键在于分离膜的选取，针对分离组分的不同，分离膜的选取也有所差异。因此，分离膜的种类也多种多样，大致可按膜的材料、结构、形状、分离机理、孔径大小等进行分类。在此，以分离膜材料为例进行分类，根据分离膜材料的不同，大致可分为有机膜和无机膜。有机膜是由高分子材料组成，其性能与高分子材料特性密切相关[106]，虽具有优异的材料特性，但多数有机膜易遭受有机料液和化学试剂的吸附、侵蚀甚至溶解，严重影响膜的抗污能力、分离效果、适用范围和使用寿命；无机膜是由无机材料组成，具有化学性质稳定、抗污能力强、机械强度高、使用寿命长的特点，但其脆性大、弹性小[107]，因此，选取适宜的分离膜对分离过程至关重要。

膜分离技术由于具有优越的性能，如不用化学试剂、分离产物不受污染、选择性好、可在分子级内进行物质分离，具有普遍滤材无法取代的卓越性能。此外，还具有适应性强、处理规模易调节、工艺简单、操作方便、易于自动化的特点。目前，膜分离技术已被用于气体分离领域，然而分离气体使用的膜材料多为高分子聚合物膜，这类高分子聚合物膜需要较低的操作温度，膜的机械强度较差，且容易受到酸性气体的腐蚀，分离效果较差，分离效率较低。因此，开发新的膜材料用于气体的分离依然是当前的研究重点。黑磷烯作为一种新的无机膜材料，最近的研究表明其在氢气分离领域具有独特的优势：①对于氢气具有低扩散能垒。这意味着对氢气具有较高的渗透通量，氢气能快速通过黑磷烯层间，加快分离效率。②对氢气具有高的选择性。这意味着黑磷烯对氢气的吸附能力弱，氢气能通过黑磷层间，而其余气体则被阻挡。

7.3.1 黑磷烯膜气体分离机理

由于黑磷烯层间距较小，层间通道对氢气分子具有更小的扩散能垒。因此，相对于其他气体分子，氢气分子可以更快速地渗透扩散到黑磷烯的层间，所以氢气分子具有较高的渗透通量。当气体分子渗入到层间时，黑磷烯的层间距起主要的分子筛分作用，从而阻碍了大部分动力学直径较大的气体分子渗透过膜。然而在膜的制备过程中，由于纳米片的堆积不可避免地会形成裂隙状缺陷，这些裂隙状缺陷有可能会形成通孔，从而为动力学直径较大的气体分子的渗透提供了可能，导致痕量气体可以被检测到[108]，总的机理解释如图 7-21 所示。

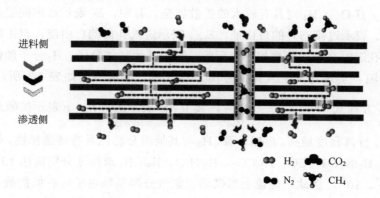

图 7-21

黑磷烯膜气体分离机理[108]

7.3.2　黑磷烯膜气体分离理论计算

Zhang[109]等通过模拟，设计出一种具有自钝化效果的孔结构的单层黑磷烯膜，孔宽为 0.553 nm，孔长为 0.711 nm，具体结构如图 7-22 所示，通过去除六个磷原子，设计出黑磷烯自钝化孔，达到边缘原子间自发形成共价键的目的。这种具有自钝化效果的单层黑磷烯膜具有高温稳定性，通过模拟测试发现在 500 K 环境下孔隙结构稳定，且与分离气体存在化学惰性。

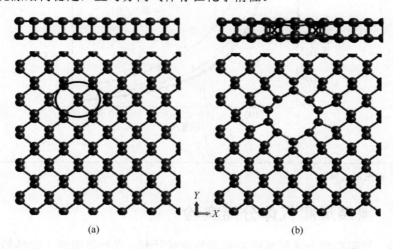

(a)　　　　　　　　　(b)

图 7-22

（a）原有黑磷烯结构；（b）自钝化多孔黑磷烯结构[109]

并且利用扩散壁垒计算的定义式：$E_b=E_{ts}-E_{ss\text{-}in}$，计算出 H_2 分子在穿过此结构的黑磷烯膜时扩散能垒可忽略不计，而其他动力学直径较大的气体分子 N_2、CO、CO_2、H_2O、CH_4 则具有较大的扩散能垒。其中，E_b 表示自由能差值（扩散能垒），E_{ts} 表示过渡态时的自由能，$E_{ss\text{-}in}$ 表示进入孔前的自由能，自由能差值越小，通过孔隙时克服的能量越小。因此，相较其他气体分子，H_2 分子能快速通过黑磷烯孔隙，实现与其余气体的分离。各气体自由能差值如表 7-1 所示。根据 Arrhenius 方程式[110]：$S_{H_2/Gas} = \dfrac{r_{H_2}}{r_{Gas}}$，其中，$S$ 表示选择性，r 表示扩散速率，选择性越大，分离程度越高。根据计算，H_2 与其他组分相比具有高选择性，如图 7-23 所示[109]：H_2/N_2、H_2/CO、H_2/CO_2、H_2/H_2O、H_2/CH_4 选择性分别高达 10^{13}、10^{12}、10^{15}、10^{13}、10^{21}。因此，理论上黑磷烯在氢气分离领域由于具有低扩散壁垒、高选择性的特点，可以高效分离出氢气分子，具有巨大的应用前景。

表 7-1　各气体组分扩散能垒[109]

气体组分	扩散能垒	气体组分	扩散能垒
H_2	0.07	N_2	0.85
CO	0.83	CO_2	0.97
H_2O	0.85	CH_4	1.36

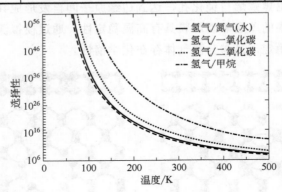

图 7-23

不同温度下氢气的选择性[109]

7.3.3　黑磷烯膜气体分离实验

目前，黑磷在膜分离领域的应用多为理论计算，直到昆明理工大学刘艳奇[108]通过电化学剥离法制备出了具有高度整齐排列纳米通道的黑磷烯二维层流结构膜，首次将其用于气体分离领域，制备过程如图 7-24 所示，首先，他以块状的黑磷晶体作为前驱物，在电场作用力下，驱动电解质中的有机阳离子插入黑磷层间，克服层间的范德华力从而扩大层间距。其次，对插层后体积膨胀的黑磷晶体进行细胞粉碎，在超声的作用下，剥离成缺陷较少、尺寸均一的 BPNSs。最后，将获得的黑磷烯分散液进行离心洗涤并再次分散于超纯水中，并稀释到一定浓度，在真空抽滤的协助下，将分散液抽滤到氧化铝基底上成膜，最终得到黑磷烯膜。

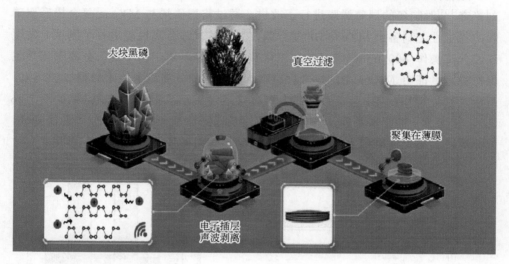

图 7-24

黑磷烯膜制备示意[108]

对制备出的黑磷烯膜的分离稳定性做了测试，并和其他二维材料的 H_2/CO_2 分离性能作了对比，如图 7-25 所示。黑磷烯膜在长达 10 h 的室温测试条件下，

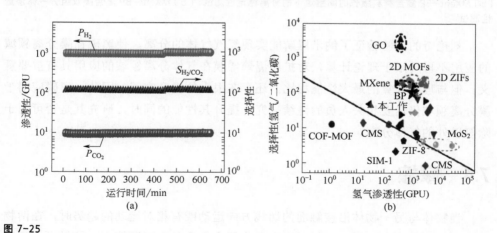

图 7-25

（a）黑磷烯膜的操作稳定性；（b）黑磷烯膜与其他材料膜分离性能对比[108]

氢气和二氧化碳的渗透性没有发生明显的变化，分离性能保持稳定，证明了黑磷烯膜的分离稳定性。此外，制备的黑磷烯膜与其他二维材料相比，H_2 渗透性超过 800 GPU，H_2/CO_2 的选择性超过 100，总的分离性能处于二维材料膜性能较优的层次。

然而，制备的黑磷烯膜分离性能虽好，但稳定性低，容易氧化降解。因此，刘艳奇[108]对制备的黑磷烯膜进行了改进，通过将黑磷烯与 MXene 复合提升黑磷烯的稳定性，制备出 MXene-BP 复合膜，并对其气体分离性能进行了测试。发现连续分离操作 600 min，氢气与二氧化碳的渗透性基本保持不变，分离选择性也保持稳定，证明 MXene-BP 复合材料膜具有良好的分离稳定性，如图 7-26（a）所示。且对 MXene-BP 复合膜双组分气体渗透性进行了测试，测试结果如图 7-26（b），相比单一的黑磷烯膜，气体的渗透性及选择性都有所降低，分离性能降低，但分离膜的稳定性得到了大幅度提升，历经 5 个月时间仍能保证完整形貌。

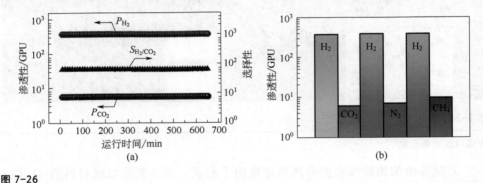

图 7-26

（a）MXene-BP 复合材料膜长时间室温下的分离稳定性测试；（b）MXene-BP 复合膜双组分气体渗透性测试[108]

刘艳奇的实验验证了纳米黑磷能实现氢气气体的分离，使黑磷在膜分离领域的应用不再局限于理论计算，对扩展黑磷烯膜在气体分离领域的应用具有重要意义。但与理论计算的最大性能相比，还存在很大的提升空间。因此，黑磷应用于膜分离领域仍需要相关人员的继续探究，提升其性能的同时，研究其是否可用于除氢以外的气体分离。

7.4 摩擦

当物体与另一物体沿接触面的切线方向运动或有相对运动的趋势时，在两物体的接触面之间有阻碍它们相对运动的作用力，这种力叫摩擦力。接触面之间的这种现象或特性叫"摩擦"[111]。摩擦有利亦有害，例如，行走时鞋底与地面间的摩擦是有利的，而机器运转间的摩擦则是不利的。事实上，摩擦在多数情况下是不利的。地球上接近一半的一次能源消耗在摩擦磨损环节，当发生严重磨损时也会加快零件的失效和机械设备的损坏。接触材料之间的摩擦、磨损和润滑在当今科学界和工业界中占有至关重要的地位，也是全世界科学家和工程师们面临的最大的挑战之一。为了减少不利摩擦的影响，需要用到润滑剂。然而传统的润滑剂（矿物润滑油）虽足够高效，但润滑油的大量使用必将造成化石能源的消耗，同时，润滑油的泄漏等问题也将带来环境污染。因此，开发新型绿色润滑剂，将为世界各国带来巨大的环境和经济福祉[112]。

纳米润滑剂作为新型的绿色润滑剂，通常被用作润滑油的添加剂，由于纳米颗粒的尺寸较小，它们很容易穿透摩擦表面，并在摩擦表面形成保护膜，避免物体间直接接触，从而减少磨损。在润滑油中添加纳米颗粒可以显著降低摩擦力，提高负载部件的能力。目前的纳米润滑剂多为锡、铟、铋等金属纳米颗粒，虽能起到润滑作用，但熔点较低、适用范围较窄。而黑磷作为纳米润滑剂，与其他材料相比，不仅具有较低的剪切强度、良好的热稳定性以及负泊松比效应[113]，而且层间的范德华力较弱，容易发生层间滑移，具有较好的润滑性能，是一种潜在的润滑剂添加剂。

纳米黑磷作为润滑油添加剂主要应用于水基润滑油和油基润滑油。由于应用的润滑油类型不同，其机理也不相同，应用纳米黑磷的性质也各不相同。水基润滑油主要应用黑磷在空气中不稳定、易氧化的特点，而油基润滑油主要利用了黑磷层间范德华力弱的特点。具体原理如下所述。

（1）纳米黑磷应用于水基润滑油的原理

纳米黑磷受孤对磷原子的影响，暴露在空气中不稳定，空气中的氧原子随机吸附在磷原子上，而在表面或边缘形成 P=O 和 P—O—P 键，P=O 键的形成增强了吸收水分子的能力，水分子产生大量的羟基作用于被氧化的 P 原子上，导致P—O—P 和 P—P 键断裂，释放出大量含有 P—OH 键的磷酸分子，如正磷酸（H_3PO_4）、亚磷酸（H_3PO_3）等，最终降低了黑磷氧化层的摩擦系数，从而使其具有润滑的作用[114]。其原理如图 7-27 所示。

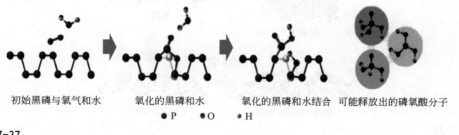

初始黑磷与氧气和水　　氧化的黑磷和水　　氧化的黑磷和水结合　可能释放出的磷氧酸分子

●P　　●O　　●H

图 7-27

纳米黑磷应用于水基润滑油的原理示意[114]

（2）纳米黑磷应用于油基润滑油的原理

纳米黑磷用于油基润滑油主要是由以下两个性质所决定的[115]。一方面是由于纳米黑磷具有高表面活性，即表面张力较小，较小的表面张力会使油基润滑油中的纳米黑磷在初始摩擦的过程中迅速沉积吸附在摩擦副（相接触的两个物体产生摩擦而组成的一个摩擦体系），形成物理润滑膜，避免了摩擦副间的直接接触，从而减小摩擦力。另一方面是由于纳米黑磷作为层状结构，层间的范德华力较小，在初始摩擦过程中受到外力的破坏，摩擦过程中产生的静电作用于纳米黑磷并产生吸附，使纳米黑磷扩散到摩擦接触区域，从而减小摩擦。

7.4.1 纳米黑磷用于水基润滑油

水润滑具有无污染、环境友好、安全、不易燃、使用成本低、易维护保养、易清洗、导热性能良好的特点，是最具发展潜力的润滑介质之一。良好的摩擦学性能是节省能源和提高部件使用寿命的必要条件[116]，水基润滑具有以下优点：①摩擦系数低；②冷却能力高；③滑动界面的进入和补充快；④更容易从接触区去除磨损碎片。BP 作为绿色环保的水润滑添加剂也展现出了迷人的前景，通过研究纳米黑磷的退化特性以及摩擦降低行为发现，水分子的组合以及在氧化表面上形成的化学基团（P—OH）可以降解纳米黑磷，从而减小摩擦。这表明 BP 的环境降解显然有利于其润滑行为。

Guo 等[117]通过改进的液相剥离法合成了二维纳米黑磷，并通过自组装法成功合成了纳米黑磷/氧化石墨烯（BP/GO）纳米复合材料，如图 7-28 所示。并将得到的黑磷/石墨烯纳米复合材料进行了摩擦磨损测试，测试结果如图 7-29 所示，纯水润滑条件下的磨痕较宽，磨痕表面有沟纹和划痕。而纳米复合材料的磨痕直径最小，磨痕上的沟纹最浅。水和其他条件下磨痕的粗糙度分别为 0.05 μm 和 0.03 μm。由此可看出，黑磷/氧化石墨烯复合纳米材料结合了两种二维层状材料的优点，充分展示了它们在水基润滑环境中的优势，作为水基润滑油添加剂具有很大的应用潜力。

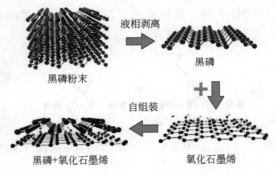

液相剥离

黑磷

黑磷粉末

自组装

黑磷+氧化石墨烯

氧化石墨烯

图 7-28

黑磷/氧化石墨烯纳米复合材料的制备示意[117]

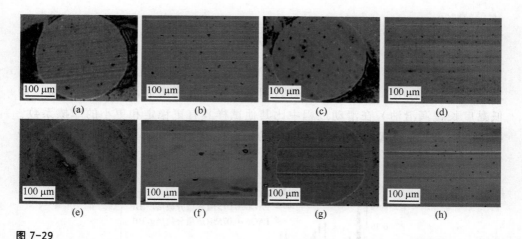

图 7-29

磨痕和磨损痕迹的光学显微镜图像
润滑条件：（a），（b）水；（c），（d）黑磷；（e），（f）氧化石墨烯；（g），（h）黑磷/氧化石墨烯纳米复合材料[117]

Xie[118]等则通过氢氧化钠对纳米黑磷进行改性，使得纳米黑磷具有超润滑性（滑动状态下的摩擦系数小于 0）。其制备方法是将黑磷与氢氧化钠置于氩气氛围的球磨罐内进行球磨，将球磨得到的粉末分散在水溶液中进行超声处理，取其上清液得到改性后的 BPNSs。并对改性的 BPNSs 进行了摩擦性能测试，测试结果如图 7-30 所示，改性后的 BPNSs 摩擦系数最小，且随着摩擦时间的推移，具有超润滑性。这一发现对未来开发高性能的水基润滑油具有重要意义。

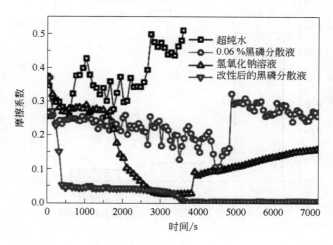

图 7-30

基于不同润滑添加剂的摩擦系数[118]

7.4.2　纳米黑磷用于油基润滑油

Tang 等[119]对不同添加剂润滑油的润滑效果进行了对比，如图 7-31 显示，加入 0.075% Ag/BP 的 PAO6（烯烃，用于多种长程润滑油，6 表示低黏度，即低黏度长程润滑油）在滑动过程中比其他试样具有更稳定和更小的摩擦系数。结果表明，二维层状 BPNSs 具有良好的抗磨性能，BPNSs 与 Ag 具有协同润滑作用。

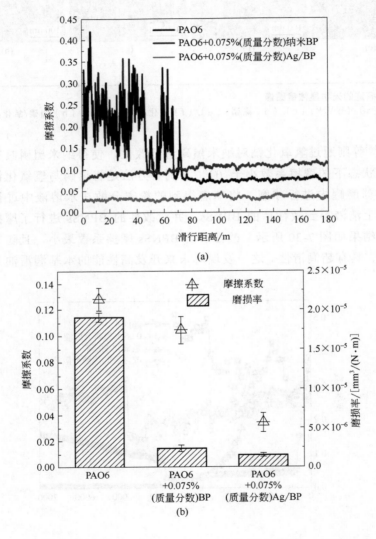

(a)

(b)

图 7-31

（a）不同体系油基润滑油应用时摩擦系数随滑行距离的变化情况；（b）平均摩擦系数和磨损率[119]

Peng 等[120]结合实验给出了不同油样润滑下仪器底盘磨损刀痕表面及相应上球的 SEM 图像，如图 7-32（a）所示，PAO6 油润滑盘上的磨损痕比较粗糙，有很深的皱纹。在相应的上球的磨损表面沉积了大量的磨损碎。结果表明，用 PAO6 油润滑的摩擦副发生了严重的黏着和磨粒磨损。图 7-32（b）显示润滑油添加了 NaOH-BP 后磨损疤痕变小，但仍有少量深沟和划痕。当改用 Ag/BP 润滑后，如图 7-32（c）所示，只观察到较少的浅沟槽和微槽，说明润滑状态得到了明显改善，摩擦磨损大大减少。同时观察到纳米黑磷和 Ag/BP 在 PAO6 油中的加入会在相应的油球上形成转移膜，如图 7-32（e）（f）所示，这也减少了相应底盘上的磨损疤痕。特别是 Ag/BP 油润滑的摩擦具有最光滑的磨损表面和最佳的摩擦性能，这可能与 BP、Ag 和摩擦膜在磨损表面的协同润滑作用有关。

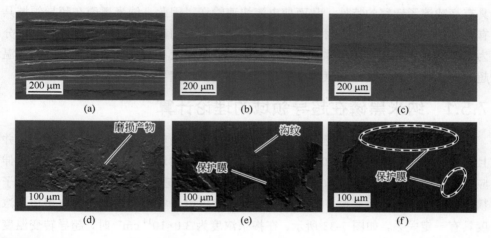

图 7-32

（a）～（c）底盘和（d）～（f）相对应的上球在不同油样润滑下的磨损轨迹
（a），（d）PAO6 油；（b），（e）PAO6+0.075%NaOH-BP；（c），（f）PAO6+0.075%Ag/BP[120]

结果表明，只有在 BP 和 Ag 存在的情况下，才能在摩擦界面上生成碳基摩擦膜。BPNSs 和 Ag 在摩擦界面上的积累形成了一层薄的保护膜，通过防止球与圆盘之间的直接接触来加强润滑。Ag/BP 纳米复合材料催化 PAO6 油分解而形成的非晶态碳基摩擦膜，在减少滑动过程中的摩擦磨损起关键作用。在摩擦膜的滑动作用下，BP 与碳膜之间形成了 P—C 键。形成的 P—C 键可以改善磨损表面沉积的 BP 的化学稳定性。与基体 PAO6 油相比，0.075% Ag/BP 的加入可使接触面的摩擦系数降低 73.4%，磨损率降低 92.0%。在滑动过程中，由于 Ag/BP 纳米材料的沉积，摩擦界面形成了物理保护膜。同时，摩擦界面上的摩擦化学反应促使碳基膜形成。

7.5 超导

超导材料是指在一定温度条件下电阻为零的材料，其主要具有两种性质，即完全导电性和抗磁性[121]。完全导电性意味着材料内部没有电阻产生，这一性质也可称为零电阻效应，可以实现电流间的无损耗输送，在电力输送等领域具有很好的应用前景。抗磁性主要体现在施加外部磁场作用下，磁场不会通过超导体内部，超导体内部无磁场，这一性质在轨道交通运输领域（如磁悬浮列车）有较好的应用前景。目前的超导材料多以金属、合金为主，以此类材料制作的超导线带材相数较多，易阻碍超导电流的输送。而黑磷作为纳米材料，超导是其固有性质，通过电子掺杂、载流子浓度调控可实现超导，其在制作超导性带材时相数单一，且具有高载流子迁移的特性，从而使电流快速输送，因此，纳米黑磷在超导领域具有较好的应用前景。根据材料向超导材料转化所需的温度条件（临界温度）可分为低温超导体和高温超导体。临界温度低于液氮温度（77 K）的超导体称为低温超导体，临界温度高于液氮温度的超导体称为高温超导体[121]。

7.5.1 纳米黑磷在超导领域的理论计算

Shao 等[122]通过密度泛函理论计算发现电子掺杂可以导致强电声子耦合，并且当载流子浓度达到 1.3×10^{14} cm^{-2} 时，黑磷烯就会出现超导性质，并且通过拉伸应变可以显著调节超导现象。Ge 等[123]利用第一性原理计算出应变会对电子-声子耦合和超导产生巨大影响，分析表明超导转变温度与在不同应变下的电子掺杂浓度具有一定关系，如图 7-33 所示。在掺杂浓度为 3.0×10^{14} cm^{-2} 时，超导转变温度

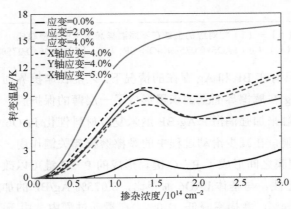

图 7-33

超导转变温度与不同应变下掺杂浓度的关系［实线（虚线）显示了双轴（单轴）应变曲线］[123]

会从 3 K 显著提升到 16 K。并且，在沿不同方向单轴应变的作用下，黑磷烯的各向异性对电子-声子耦合的影响也不同。在掺杂浓度为 $3.0 \times 10^{14}\,cm^{-2}$ 时，单轴应变 $\varepsilon_x = 4.0\%$，$\varepsilon_y = 4.0\%$，超导转变温度分别为 10 K 和 8 K。因此，证实 Shao 等的预测是准确的，并且通过改变电子掺杂浓度，可以使超导转变温度提升。Huang 等[124]发现通过插入锂原子，双层黑磷烯可以从直接带隙半导体转变为超导。对于 Li 插层的双层黑磷烯，发现 Li 衍生带的电子占据很小，超导性是固有的。锂原子嵌入量的增加、金属丰度的增加和强电子-声子耦合都有利于超导性的增强。得到的电子-声子耦合系数大于 1，超导温度提高到 16.5 K，表明黑磷烯可能是纳米级超导体的良好候选材料。

7.5.2　纳米黑磷在超导领域的相关实验

以上关于黑磷实现超导性质的方法均为理论计算，直到 Yu 等、Zhang 等通过部分实验证实黑磷在超导领域确实具有较好的应用前景。Yu 等[125]利用双电层晶体管（图 7-34），通过离子液体注入的方法对黑磷烯进行电荷掺杂。在霍尔棒结构中制作电极，选择离子液体 *N,N*-二乙基-*N*-（2-甲氧基乙基）-*N*-甲基铵双（三氟甲磺酰基）酰亚胺作为栅介质，覆盖通道区和栅极电极。通过实验，他们成功诱导出超高载流子密度，发现了黑磷烯从半导体到金属的转变，但遗憾的是并没有发现超导电性，这很可能与离子液体注入后得到的载流子浓度不够高有关。

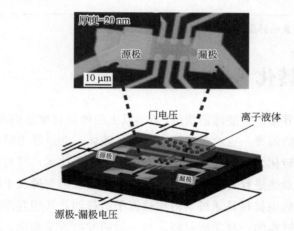

图 7-34

双电层晶体管装置结构[125]

在此基础上，Zhang 等[126]采用液氨插层技术成功实现了金属锂（Li）、钾（K）、铷（Rb）、铯（Cs）和钙（Ca）在黑磷中的插层，并且所有的插层化合物都表现出了超导性，临界温度 t_c=3.8 K。后经实验发现金属插层的黑磷的超导转变温度对插层原子种类不敏感,所有的黑磷插层化合物都出现了(3.8±0.1)K的超导电性和基本相同的临界磁场,如图7-35所示。插层原子在这里只是起到了提供电子的作用,超导可以完全归因于电子掺杂的黑磷烯,因此他们认为电子掺杂后黑磷烯可以出现超导。

由此可以发现,黑磷作为纳米材料,超导是其固有性质,通过电子掺杂的方式可使其具有超导性,通过对载流子浓度、应力等因素的调控使其转变温度升高,超导性能增强。虽然目前的转变温度较低,但随着对其调控因素的研究,纳米黑磷将在电力输送、快充快放等领域具有一定优势。

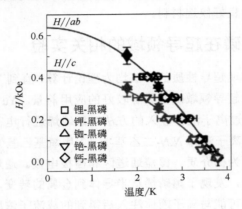

图7-35

插层黑磷的平行和垂直临界磁场随温度的变化关系[126]

7.6 热电转化

我国作为世界第一大能源消费国,70%以上的能量以废热的形式被直接排放,这不仅造成能源的浪费,也给自然环境带来了破坏。通过热电转化技术,可以将浪费的热能直接转化为高品质的电能,通过热电转化技术,可对航天、航空及民用工业等领域的余热进行有效回收。而这一技术的应用关键在于将热能转化为电能的热电材料。热电材料是通过其内部载流子的移动及其相互作用,来完成热能和电能之间相互转换的一种功能材料。与一般的发电方法相比,其优势在于没有外部的转动部件,因此工作时没有噪声、没有部件之间的磨损等。目前应用最广泛的热电材料是传统的重金属基半导体合金,如PbTe或BiSbTe。然而,诸如此类的热电材料由于含有昂贵且有毒的金属元素(如Pb、Sb、Te、Ag、Se等),不利于大规模应用,且这些金属材料固有的脆性和刚性也在一定程度上限制了其应用范畴。因此开发高效、环保、价格低廉且具有良好柔韧性的新型热电材料是当今能源材料研究领域的热点方向之一。

热电效应包括塞贝克（Seebeck）效应、珀尔帖（Peltier）效应、汤姆逊（Thompson）效应。1821 年，赛贝克发现，把两种不同的金属导体接成闭合电路时，如果把它的两个接点分别置于温度不同的两个环境中，电路中就会有电流产生。这一现象称为塞贝克效应。后续研究发现，用半导体制成的温差电池赛贝克效应较强，热能转化为电能的效率也较高。其工作原理是，将两种不同类型的热电转换材料 n 型和 p 型半导体的一端通过优良导体铜（Cu）结合并将其置于高温状态，另一端开路给以低温，由于高温端的热激发作用较强，空穴和电子浓度也比低温端高，在这种载流子浓度梯度的驱动下，空穴和电子向低温端扩散，从而在低温开路端形成电势差。如果将许多对 p 型和 n 型热电转换材料连接起来组成模块，就可得到足够高的电压，形成一个温差发电机。如图 7-36 所示，在热电单元开路端接入负载电阻，此时若在热电单元一端热流（Q_H）流入，形成高温端（即热端），从另一端（Q_C）散失掉，形成低温端（即冷端），在热电单元热端和冷端之间可建立起温度梯度场。热电单元内部位于高温端的空穴和电子在温度场的驱动下，开始向低温端扩散，从而在 pn 电偶臂两端形成电势差，电路中便会有电流产生。

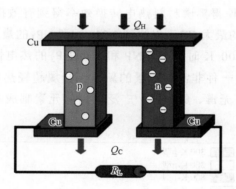

图 7-36

热电转化技术原理

热电材料的转换效率通常用无量纲的热电优值（thermoelectric figure of merit）ZT 表征，$ZT=S^2\sigma T/k$，其中 S、σ 和 k 分别是热电势、电导率和热导率，T 为绝对温度。为获取高转换效率的热电材料，在提高材料热电势与电导率的同时，需要降低其热导率。然而，对于同一种材料而言，由于这三个热电参数之间是相互关联的，很难将其同时优化，这成为限制热电材料与传统能源相竞争的最主要瓶颈。此外，传统热电材料多含有毒的重金属或昂贵的稀有元素，实际应用成本较高。因此，设计和制备具有高热电转换效率、无毒、廉价、轻质的热电材料成为当前材料科学研究的热点问题之一。

　　黑磷作为一种具有优异性能的新型二维半导体材料，具有随层数可调的较宽带隙范围（0.3～2.0 eV），兼具较高的迁移率和强大的机械柔韧性。其次，黑磷具有正交型层状结构，同一层内的磷原子与相邻的三个磷原子形成共价键，呈现一种褶状蜂窝结构，层与层之间的原子靠相互作用较弱的范德华力作用，层内电子和声子都表现出高度的各向异性，这种特殊的结构特征使黑磷具有相对独立的调制热电势、电导率和热导率的优势。通过对电子能带结构的调控可以有效提升电输运性能和热电转换效率。然而，迄今为止，BP 的热电转换效率低（$ZT \approx 0.08$，300 K）、稳定性差、易降解仍然是阻碍其实际应用的主要问题。

　　黑磷具备很强的电子和热各向异性，具体来说，其扶手椅方向的电导率较高，而锯齿方向的电导率较低，这表明通过控制其载流子输运方向、掺杂或减小尺寸[127, 128]，可以实现较大的（σ/k）比值，从而提高黑磷的热电转换效率。基于此，Duan 等[129]通过构建不同浓度的黑磷掺杂体系，揭示了第Ⅴ主族元素掺杂对黑磷导带电子结构的影响，发现经过元素掺杂后，费米能级附近本征原子和杂质原子 p 电子态产生强耦合作用，显著改变了黑磷能带结构，使不同能谷间的能量间隔减小，更多的电子态参与电子传输，从而提高了黑磷的热电势，有效改善了黑磷的电输运性质，使得黑磷材料热电转换效率得到有效提高。如图 7-37 所示，300 K 下，p 型 BiP_7 的最大 ZT 可以达到 1.21，n 型 NP_3 的最大 ZT 可以达到 0.87。该研究还发现，在 800 K 时，p 型 NP 和 n 型 NP_3 的热电性能有进一步提高的潜力，这表明黑磷是一种非常有前景的新型无金属超轻热电候选材料。该工作为寻找转换效率高、无毒、成本低、广泛可用的元素制成的新一代热电材料开辟了新的途径。

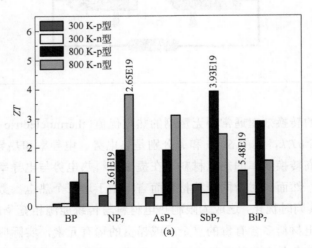

(a)

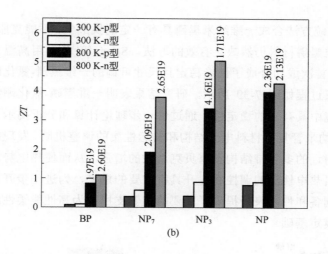

图 7-37

在 300 K 和 800 K 时沿 z 形方向的最大 ZT 值

（a）不同的 p 型和 n 型掺杂 BP 体系；（b）不同 N 含量的 n 型掺杂体系[129]

　　基于以上研究，Chen 等[130]为了充分利用黑磷层内热电转换效率各向异性这一独特优势，构建了沿不同晶轴（1，0）、（0，1）、（1，1）、（1，2）、（2，1）取向的黑磷纳米管（BPNTs），他们首次利用第一性原理和玻尔兹曼输运理论研究了 BPNTs 的热电性能，发现其热电性能与晶体取向密切相关。通过进一步分析发现，（1，1）BPNTs 在室温下的空穴掺杂 ZT 值最高可达 1.0，而掺杂 n 型的最佳 ZT 值可达 0.65 [图 7-38（a）]，表明 BPNTs 的两种载流子都具有热电优值。由图 7-38（b）可知，空穴掺杂时，（1，1）纳米管中的 ZT 值随掺杂温度的升高而显著升高（在 500 K 时 ZT=2.0，在 800 K 时 ZT=3.2），其高 ZT 值使得 BPNTs 成为在宽温度范围内性能最高的热电材料之一。该研究结果表明，纳米黑磷系统的热电性能确实可以通过生产一维 BPNTs 来进行改善。

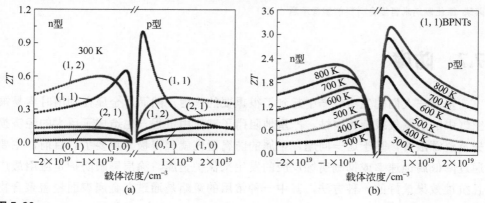

图 7-38

（a）300 K 下不同晶轴取向 BPNTs 的 ZT 值；（b）300～800 K 时（1，1）BPNTs 的 ZT 值[130]

然而，传统方法合成一维纳米黑磷具有一定的挑战性，不能克服高能量势垒，直接制备一维黑磷材料仍然缺乏有效的方法。Song 等[131]利用高温高压定向生长的制备手段，首次成功合成了性能稳定且尺寸可调的一维黑磷-氮化硼纳米管复合材料，其制备过程如图 7-39 所示。研究结果表明一维黑磷-氮化硼纳米管复合材料在空气环境中具有高的稳定性，通过进一步理论计算和分析揭示了晶轴取向对黑磷-氮化硼纳米管复合材料电子结构和输运性质的调整机制，发现降维效应会导致费米能级附近的多谷带结构和塞贝克系数的增强，从而使热电势增大。该研究对于黑磷材料热电性能的调控和提升具有重要的意义，为进一步开展一维黑磷基热电材料的制备和性能表征提供了重要的实验支撑，为高性能柔性绿色热电材料的开发设计奠定基础。

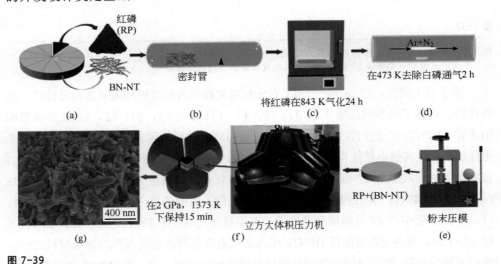

图 7-39

黑磷-氮化硼纳米管复合材料的制备示意[131]

7.7 防腐

金属在人们的生活生产中起到了很重要的作用，然而，金属在利用时容易被空气中的水蒸气或杂质腐蚀，严重地阻碍了其应用进程，也造成了巨大的经济损失及资源浪费，基于这一问题，金属的防腐研究就显得极为重要了。目前，主要通过降低腐蚀速率或抑制腐蚀反应的发生来保护金属，涂层屏蔽防护是应用最广且抗蚀效果最好的一种方法，其中一种常用的策略是通过在金属表面覆盖聚合物如环氧树脂以防止金属被腐蚀。聚合物防腐体系又分为油性和水性两种体系，油性防腐体系以酒精、丙酮等易挥发性有机化合物为溶剂，应用时会对环境及人类健康造成危害，相比之下，水性涂料以水作为溶剂，具有绿色环保的优点，符合国家可持续发展战略。然而，水性环氧树脂固化后本身的结构中存在空隙，这导致其不能阻隔水、氧气等物质的渗入，目前向涂层中添加填料是提高防腐性能最有效的方法[132]。BPNSs 作为一种新型的二维材料，具有优异的力学性能、导电性能与屏蔽效应，可充当功能性填料以增强涂料的防腐性能。

西安建筑科技大学王伟等[132]发现基于黑磷烯/高分子材料的复合涂层可以在液体浸泡、气体腐蚀等腐蚀情况下保护基体不被腐蚀，并申请了相关的发明专利。然而，BPNSs 在水中的分散性能不理想，且不稳定，与其他材料复合是改善其在高分子材料内分散性和稳定性的常用手段。昆明理工大学谢德龙等[133]利用MXene 对 BPNSs 进行改性，通过超声形成 MXene-BPNSs 二维复合材料，并与成膜物质水性环氧树脂混合制得防腐涂料，通过电化学阻抗测试发现黑磷作为一款防腐性能优异的金属防腐涂料，具有极大的应用价值。

参考文献

[1] Luo M, Fan T, Zhang H, et al. 2D black phosphorus-based biomedical applications [J]. Advanced Functional Materials, 2019, 29 (13): 1808306.

[2] Liu Y, Weiss N O, Duan X, et al. Van der Waals heterostructures and devices [J]. Nature Reviews Materials, 2016, 1 (9): 1-17.

[3] Li M Y, Chen C H, Shi Y, et al. Heterostructures based on two-dimensional layered materials and their potential applications [J]. Materials Today, 2016, 19 (6): 322-335.

[4] Geim A K, Grigorieva I V. Van der Waals heterostructures [J]. Nature, 2013, 499 (7459): 419-425.

[5] Wang Q H, Kalantar-Zadeh K, Kis A, et al. Electronics and optoelectronics of two-dimensional transition metal dichalcogenides [J]. Nature Nanotechnology, 2012, 7 (11): 699-712.

[6] 黄明强. 基于二维黑磷材料的场效应晶体管及其电输运研究 [D]. 武汉: 华中科技大学, 2018.

[7] Fiori G, Bonaccorso F, Iannaccone G, et al. Electronics based on two-dimensional materials [J]. Nature Nanotechnology, 2014, 9 (10): 768-779.

[8] Novoselov K S, Geim A K, Morozov S V, et al. Electric field effect in atomically thin carbon films [J]. Science, 2004, 306: 666-669.

[9] Radisavljevic B, Radenovic A, Brivio J, et al. Single-layer MoS$_2$ transistors [J]. Nature Nanotechnology, 2011, 6 (3): 147-150.

[10] Li L, Yu Y, Ye G J, et al. Black phosphorus field-effect transistors [J]. Nature Nanotechnology, 2014, 9 (5): 372-377.

[11] Peng X, Wei Q, Copple A. Strain-engineered direct-indirect band gap transition and its mechanism in two-dimensional phosphorene [J]. Physical Review B, 2014, 90 (8): 085402.

[12] Wei Q, Peng X. Superior mechanical flexibility of phosphorene and few-layer black phosphorus [J]. Applied Physics Letters, 2014, 104 (25): 251915.

[13] Liu H, Neal A T, Zhu Z, et al. Phosphorene: an unexplored 2D semiconductor with a high hole mobility [J]. ACS Nano, 2014, 8 (4): 4033-4041.

[14] Yang B, Wan B, Zhou Q, et al. Te - doped black phosphorus field - effect transistors [J]. Advanced Materials, 2016, 28 (42): 9408-9415.

[15] Perello D J，Chae S H，Song S，et al．High-performance n-type black phosphorus transistors with type control via thickness and contact-metal engineering [J]．Nature Communications，2015，6（1）：1-10.

[16] Koenig S P，Doganov R A，Seixas L，et al．Electron doping of ultrathin black phosphorus with Cu adatoms [J]．Nano Letters，2016，16（4）：2145-2151.

[17] Wang C，Cheng R，Liao L，et al．High performance thin film electronics based on inorganic nanostructures and composites [J]．Nano Today，2013，8（5）：514-530.

[18] Xiang D，Han C，Wu J，et al．Surface transfer doping induced effective modulation on ambipolar characteristics of few-layer black phosphorus [J]．Nature Communications，2015，6（1）：1-8.

[19] Youngblood N，Chen C，Koester S J，et al．Waveguide-integrated black phosphorus photodetector with high responsivity and low dark current [J]．Nature Photonics，2015，9（4）：247-252.

[20] Hong T，Chamlagain B，Lin W，et al．Polarized photocurrent response in black phosphorus field-effect transistors [J]．Nanoscale，2014，6（15）：8978-8983.

[21] Gong K，Zhang L，Ji W，et al．Electrical contacts to monolayer black phosphorus：a first-principles investigation [J]．Physical Review B，2014，90（12）：125441.

[22] Kamalakar M V，Madhushankar B N，Dankert A，et al．Low Schottky barrier black phosphorus field-effect devices with ferromagnetic tunnel contacts [J]．Small，2015，11（18）：2209-2216.

[23] Du Y，Liu H，Deng Y，et al．Device perspective for black phosphorus field-effect transistors：contact resistance，ambipolar behavior，and scaling [J]．ACS Nano，2014，8（10）：10035-10042.

[24] Wood J D，Wells S A，Jariwala D，et al．Effective passivation of exfoliated black phosphorus transistors against ambient degradation [J]．Nano Letters，2014，14（12）：6964-6970.

[25] Chen Y，Ren R，Pu H，et al．Field-effect transistor biosensors with two-dimensional black phosphorus nanosheets [J]．Biosensors and Bioelectronics，2017，89：505-510.

[26] Luo X，Rahbarihagh Y，Hwang J C M，et al．Temporal and thermal stability of Al_2O_3-passivated phosphorene MOSFETs [J]．IEEE Electron Device Letters，2014，35（12）：1314-1316.

[27] Wu D，Peng Z，Jin C，et al．Effective passivation of black phosphorus transistor against ambient degradation by an ultra-thin tin oxide film [J]．Science Bulletin，2019，64（9）：570-574.

[28] Galceran R，Gaufres E，Loiseau A，et al．Stabilizing ultra-thin black phosphorus with in-situ-grown 1 nm-Al_2O_3 barrier [J]．Applied Physics Letters，2017，111（24）：243101.

[29] Wan B，Yang B，Wang Y，et al．Enhanced stability of black phosphorus field-effect transistors with SiO_2 passivation [J]．Nanotechnology，2015，26（43）：435702.

[30] Illarionov Y Y，Waltl M，Rzepa G，et al．Highly-stable black phosphorus field-effect transistors with low density of oxide traps [J]．npj 2D Materials and Applications，2017，1（1）：1-7.

[31] Pei J，Gai X，Yang J，et al．Producing air-stable monolayers of phosphorene and their defect engineering [J]．Nature Communications，2016，7（1）：1-8.

[32] Dickerson W，Tayari V，Fakih I，et al．Phosphorus oxide gate dielectric for black phosphorus field effect transistors [J]．Applied Physics Letters，2018，112（17）：173101.

[33] Wan D，Huang H，Wang Z，et al．Recent advances in long-term stable black phosphorus transistors [J]．Nanoscale，2020，12（39）：20089-20099.

[34] Chen X，Wu Y，Wu Z，et al．High-quality sandwiched black phosphorus heterostructure and its quantum oscillations [J]．Nature Communications，2015，6（1）：1-6.

[35] Doganov R A，Koenig S P，Yeo Y，et al．Transport properties of ultrathin black phosphorus on hexagonal boron nitride [J]．Applied Physics Letters，2015，106（8）：083505.

[36] Doganov R A，O'farrell E C T，Koenig S P，et al．Transport properties of pristine few-layer black phosphorus by van der Waals passivation in an inert atmosphere [J]．Nature Communications，2015，6（1）：1-7.

[37] Gamage S，Fali A，Aghamiri N，et al．Reliable passivation of black phosphorus by thin hybrid coating

[J]. Nanotechnology, 2017, 28 (26): 265201.

[38] Son Y, Kozawa D, Liu A T, et al. A study of bilayer phosphorene stability under MoS₂-passivation [J]. 2D Materials, 2017, 4 (2): 025091.

[39] Long G, Xu S, Shen J, et al. Type-controlled nanodevices based on encapsulated few-layer black phosphorus for quantum transport [J]. 2D Materials, 2016, 3 (3): 031001.

[40] Shen W, Hu C, Tao J, et al. Resolving the optical anisotropy of low-symmetry 2D materials [J]. Nanoscale, 2018, 10 (17): 8329-8337.

[41] Gillgren N, Wickramaratne D, Shi Y, et al. Gate tunable quantum oscillations in air-stable and high mobility few-layer phosphorene heterostructures [J]. 2D Materials, 2014, 2 (1): 011001.

[42] Jia J, Jang S K, Lai S, et al. Plasma-treated thickness-controlled two-dimensional black phosphorus and its electronic transport properties [J]. ACS Nano, 2015, 9 (9): 8729-8736.

[43] Li Y, Lin S, Liu Y, et al. Tunable Schottky barriers in ultrathin black phosphorus field effect transistors via polymer capping [J]. 2D Materials, 2019, 6 (2): 024001.

[44] Telesio F, Passaglia E, Cicogna F, et al. Hybrid nanocomposites of 2D black phosphorus nanosheets encapsulated in PMMA polymer material : new platforms for advanced device fabrication [J]. Nanotechnology, 2018, 29 (29): 295601.

[45] He D, Wang Y, Huang Y, et al. High-performance black phosphorus field-effect transistors with long-term air stability [J]. Nano Letters, 2018, 19 (1): 331-337.

[46] Guo R, Zheng Y, Ma Z, et al. Surface passivation of black phosphorus via van der Waals stacked PTCDA [J]. Applied Surface Science, 2019, 496: 143688.

[47] Lei S Y, Shen H Y, Sun Y Y, et al. Enhancing the ambient stability of few-layer black phosphorus by surface modification [J]. RSC Advances, 2018, 8 (26): 14676-14683.

[48] Ryder C R, Wood J D, Wells S A, et al. Covalent functionalization and passivation of exfoliated black phosphorus via aryl diazonium chemistry [J]. Nature Chemistry, 2016, 8 (6): 597-602.

[49] Li Q, Zhou Q, Niu X, et al. Covalent functionalization of black phosphorus from first-principles[J]. The Journal of Physical Chemistry Letters, 2016, 7 (22): 4540-4546.

[50] Mou T, Wang B. Rational surface modification of two-dimensional layered black phosphorus : insights from first-principles calculations [J]. ACS Omega, 2018, 3 (2): 2445-2451.

[51] Zhao Y, Wang H, Huang H, et al. Surface coordination of black phosphorus for robust air and water stability [J]. Angewandte Chemie, 2016, 128 (16): 5087-5091.

[52] 张春媚, 莫明虾, 钱相豪. 黑磷纳米复合材料的制备及其在传感中的研究进展 [J]. 化学试剂, 2021, 43 (09): 1171-1179.

[53] Favron A, Gaufres E, Fossard F, et al. Photo oxidation and quantum confinement effects in exfoliatedblack phosphorus [J]. Nature Materials, 2015, 14 (8): 826-833.

[54] Koenig S P, Doganov R A, Schmidt H, et al. Electric field effect in ultrathin black phosphorus [J]. Applied Physics Letters, 2014, 104 (10): 1-4.

[55] 蒋运才, 李雪梅, 吴兆贤, 等. 黑磷的制备及储能应用研究进展 [J]. 无机盐工业, 2021, 53 (06): 59-71.

[56] Island J O, Steele G A, Zant H, et al. Environmental instability of few-layer black phosphorus[J]. 2D Materials, 2014, 2 (1): 1-6.

[57] Doganov R A, Koenig S P, Yeo Y, et al. Transport properties of ultrathin black phosphorus on hexagonal boron nitride [J]. Applied Physics Letters, 2015, 106 (8): 083505.

[58] Edmonds M T, Tadich A, Carvalho A, et al. Creating a stable oxide at the surface of black phosphorus [J]. ACS Applied Materials & Interfaces, 2015, 7 (27): 14557-14562.

[59] Tayari V, Hemsworth N, Fakih I, et al. Two-dimensional magnetotransport in a black phosphorus naked quantum well [J]. Nature Communications, 2015, 6 (72): 1-6.

[60] Koppens F, Mueller T, Avouris P, et al. Photodetectors based on graphene, other two-dimensional

materials and hybrid systems [J]. Nature Nanotechnology, 2014, 9 (10): 780-793.

[61] Li J, Niu L, Zheng Z, et al. Photosensitive graphene transistors [J]. Advanced Materials, 2015, 26 (31): 5239-5273.

[62] Sun Z, Chang H. Graphene and graphene-like two-dimensional materials in photodetection: mechanisms and methodology [J]. ACS Nano, 2014, 8 (5): 4133-4156.

[63] Michele B, Joshua O I, Dirk J G, et al. Photocurrent generation with two-dimensional van der Waals semiconductors [J]. Chemical Society Reviews, 2015, 44 (11): 3691.

[64] 李家意, 丁一, 张卫, 等. 基于二维材料及其范德瓦尔斯异质结的光电探测器 [J]. 物理化学学报, 2019, 35 (10): 20.

[65] Sugai S, Shirotani I. Raman and infrared reflection spectroscopy in black phosphorus [J]. Solid State Communications, 1985, 53 (9): 753-755.

[66] Buscema M, Groenendijk D J, Blanter S I, et al. Fast and broadband photoresponse of few-layer black phosphorus field-effect transistors [J]. Nano Letters, 2014, 14 (6): 3347-3352.

[67] Huang M, Wang M, Chen C, et al. Broadband black - phosphorus photodetectors with high responsivity [J]. Advanced Materials, 2016, 28 (18): 3481-3485.

[68] Zhou Q H, Chen Q, Tong Y L, et al. Light-induced ambient degradation of few-layer black phosphorus: mechanism and protection [J]. Angewandte Chemie, 2016, 128 (38): 11609-11613.

[69] Low T, Engel M, Steiner M, et al. Origin of photoresponse in black phosphorus phototransistors [J]. Physical Review B, 2014, 90 (8): 081408.

[70] Hou C, Yang L, Li B, et al. Multilayer black phosphorus near-infrared photodetectors [J]. Sensors, 2018, 18 (6): 1668.

[71] Xiong X, Li X, Huang M, et al. High performance black phosphorus electronic and photonic devices with HfLaO dielectric [J]. IEEE Electron Device Letters, 2018, 39 (1): 127-130.

[72] Garcia M A. Surface plasmons in metallic nanoparticles: fundamentals and applications [J]. Journal of Physics D: Applied Physics, 2011, 44 (28): 283001.

[73] 贾婧蕊, 秦婵婵, 黄平惠, 等. 金纳米粒子-黑磷异质结的光学性能研究 [J]. 电子元件与材料, 2020, 39 (2): 6.

[74] Liu Y, Sun T, Ma W, et al. Highly responsive broadband black phosphorus photodetectors [J]. Chinese Optics Letters, 2018, 16 (02): 7-11.

[75] Chen X, Lu X, Deng B, et al. Widely tunable black phosphorus mid-infrared photodetector [J]. Nature Communications, 2017, 8 (1): 1672.

[76] Kang D H, Jeon M H, Jang S K, et al. Self-assembled layer(SAL)-based doping on black phosphorus (BP) transistor and photodetector [J]. ACS Photonics, 2017, 4 (7), 1822.

[77] Kim H, Uddin S Z, Lien D H, et al. Actively variable-spectrum optoelectronics with black phosphorus [J]. Nature, 2021, 596 (787): 232.

[78] Lu S B, Miao L L, Guo Z N, et al. Broadband nonlinear optical response in multi-layer black phosphorus: an emerging infrared and mid-infrared optical material [J]. Optics Express, 2015, 23 (9): 11183-11194.

[79] 沐浩然. 基于新型纳米材料的可饱和吸收体在脉冲激光器中的应用 [D]. 苏州: 苏州大学, 2015.

[80] 陈瑶. 基于新型二维材料的可饱和吸收体在锁模激光器中的应用 [D]. 苏州: 苏州大学, 2019.

[81] Xu Y, Wang Z, Guo Z, et al. Solvothermal synthesis and ultrafast photonics of black phosphorus quantum dots [J]. Advanced Optical Materials, 2016, 4 (8): 1223-1229.

[82] Xu Y, Wang W, Ge Y, et al. Stabilization of black phosphorous quantum dots in PMMA nanofiber film and broadband nonlinear optics and ultrafast photonics application [J]. Advanced Functional Materials, 2017, 27 (32): 1702437.

[83] Lee E, Yoon Y S, Kim D J. Two-dimensional transition metal dichalcogenides and metal oxide hybrids for gas sensing [J]. ACS Sensors, 2018, 3 (10): 2045-2060.

[84] Yang S X, Jiang C B, Wei S H. Gas sensing in 2D materials [J]. Applied Physics Reviews, 2017, 4 (2): 021304.

[85] Meng Z, Stolz R M, Mendecki L, et al. Electrically-transduced chemical sensors based on two-dimensional nanomaterials [J]. Chemical Reviews, 2019, 119 (1): 478-598.

[86] 杨志, 李泊龙, 韩雨彤, 等. 二维过渡金属硫族化合物纳米异质结气体传感器研究进展 [J]. 科学通报, 2019, 64 (35): 3699-3716.

[87] Yuan S Y, Zhang S L. Recent progress on gas sensors based on graphene-like 2D/2D nanocomposites [J]. Journal of Semiconductors, 2019, 40 (11): 111608.

[88] Kou L, Frauenheim T, Chen C. Phosphorene as a superior gas sensor: selective adsorption and distinct I-V response [J]. Journal of Physical Chemistry Letters, 2014, 5 (15): 2675-2681.

[89] Abbas A N, Liu B, Chen L, et al. Black phosphorus gas sensors [J]. ACS Nano, 2015, 9 (5): 5618-5624.

[90] Cho S Y, Lee Y, Koh H J, et al. Superior chemical sensing performance of black phosphorus: comparison with MoS₂ and graphene [J]. Advanced Materials, 2016, 28 (32): 7020-7028.

[91] Wang Y, Xue J, Zhang X, et al. Novel intercalated CuO/black phosphorus nanocomposites: fabrication, characterization and NO₂ gas sensing at room temperature [J]. Materials Science in Semiconductor Processing, 2020, 110: 104961.

[92] Cho S Y, Koh H J, Yoo H W, et al. Tunable chemical sensing performance of black phosphorus by controlled functionalization with noble metals [J]. Chemistry of Materials, 2017, 29 (17): 7197-7205.

[93] Liu Y, Wang Y, Ikram M, et al. Facile synthesis of highly dispersed Co₃O₄ nanoparticles on expanded, thin black phosphorus for a ppb-level NO$_x$ gas sensor [J]. ACS Sensors, 2018, 3 (8): 1576-1583.

[94] Patel S, Park H, Bonato P, et al. A review of wearable sensors and systems with application in rehabilitation [J]. Journal of Neuroengineering and Rehabilitation, 2012, 9 (1): 1-17.

[95] Kim K H, Hong S K, Jang N S, et al. Wearable resistive pressure sensor based on highly flexible carbon composite conductors with irregular surface morphology [J]. ACS Applied Materials &Interfaces, 2017, 9 (20): 17499.

[96] Youngsang K, Dabum K, Goomin K, et al. High-performance resistive pressure sensor based on elastic composite hydrogel of silver nanowires and poly (ethylene glycol) [J]. Micromachines, 2018, 9 (9): 438.

[97] 陆云龙. 柔性电容式传感器的设计、制备和应用研究 [D]. 成都: 电子科技大学, 2017.

[98] 姚嘉林, 江五贵, 邵娜, 等. 基于柔性电极结构的薄膜电容微压力传感器 [J]. 传感技术学报, 2016, 29 (7): 977-983.

[99] Liu S, Wang L, Feng X, et al. Ultrasensitive 2D ZnO piezotronic transistor array for high resolutiontactile [J]. Advanced Materials, 2017, 29 (16): 1-6.

[100] 骆懿, 梅开煌. 基于柔性基底的压电能量收集器的设计 [J]. 传感技术学报, 2017, 30 (8): 1293-1298.

[101] Wang J Y, Li Y, Zhan Z Y, et al. Elastic properties of suspended black phosphorus nanosheets [J]. Applied Physics Letters, 2016, 108 (1): 183-365.

[102] 王佳瑛. 黑磷光电特性及其异质结器件研究 [D]. 哈尔滨: 哈尔滨工业大学, 2015.

[103] 聂萌, 郭安琪, 陈佳琦, 等. 基于黑磷烯/氧化石墨烯双介质层的柔性电容式压力传感器 [J]. 传感技术学报, 2019, 32 (4): 4.

[104] 郭安琪. 黑磷烯电学与力学特性在柔性压力传感器中的应用探索 [D]. 南京: 东南大学, 2019.

[105] 中国大百科全书总委员会《环境科学》委员会. 北京: 中国大百科全书, 环境科学 [M]. 北京: 中国大百科全书出版社, 2002.

[106] 田岳林, 刘桂中, 袁栋栋, 等. 无机膜与有机膜的材料特点与工艺性能对比分析 [J]. 工业水处理, 2011, 31 (009): 15-18.

[107] Futamura O, Katoh M, Takeuchi K. Organic waste water treatment by activated sludge process

using integrated type membrane separation [J]. Desalination, 1994, 98（1-3）: 17-25.

[108] 刘艳奇. 黑磷烯基气体分离膜的制备和性能研究 [D]. 昆明: 昆明理工大学, 2021.

[109] Zhang Y, Hao F, Xiao H, et al. Hydrogen separation by porous phosphorene: a periodical DFT study [J]. International Journal of Hydrogen Energy, 2016, 41（48）: 23067-23074.

[110] Jiang D E, Cooper V R, Dai S. Porous graphene as the ultimate membrane for gas separation [J].
Nano Letters, 2009, 9（12）: 4019-4024.

[111] 季文美. 中国大百科全书. 1版. 74卷力学. 词条: 摩擦. 北京: 中国大百科全书出版社, 1987: 358.

[112] 张文展, 刘定荣, 邱小林, 等. 工业用固体润滑涂层中固体润滑剂研究进展 [J]. 江西化工, 2021, 37（04）: 52-55.

[113] Lv Y, Wang W, Xie G, et al. Self-lubricating PTFE-based composites with black phosphorus nanosheets [J]. Tribology Letters, 2018, 66（2）: 1-11.

[114] Wu S, He F, Xie G, et al. Black phosphorus: degradation favors lubrication [J]. Nano Letters, 2018, 18（9）: 5618-5627.

[115] Wang Q, Hou T, Wang W, et al. Tribological properties of black phosphorus nanosheets as oil-based lubricant additives for titanium alloy-steel contacts [J]. Royal Society Open Science, 2020, 7（9）: 200530.

[116] Lu Hailin, Chen Lu, Liu Qi, et al. Tribological properties of biocompatible molybden-m selenide nanoparticles as water lubrication additives for ultra-high molecular weight polyethylene/304 stainless steel contact [J]. Materials Chemistry and Physics, 2021, 272: 125053.

[117] Guo P, Qi S, Chen L, et al. Black phosphorus: black phosphorus-graphene oxide hybrid nanomaterials toward advanced lubricating properties under water [J]. Advanced Materials Interfaces, 2019, 6（23）: 1970143.

[118] Xie G, Wang W, Ren X, et al. Superlubricity of black phosphorus as lubricant additive [M]. Elsevier, 2021: 439-460.

[119] Tang G, Su F, Xu X, et al. 2D black phosphorus dotted with silver nanoparticles: an excellent lubricant additive for tribological applications [J]. Chemical Engineering Journal, 2020, 392: 123631.

[120] Peng S, Guo Y, Xie G, et al. Tribological behavior of polytetrafluoroethylene coating reinforced with black phosphorus nanoparticles [J]. Applied Surface Science, 2018, 441: 670-677.

[121] 郑冀, 梁辉, 马卫兵, 等. 材料物理性能 [M]. 天津: 天津大学出版社, 2008.

[122] Shao D F, Lu W J, Lv H Y, et al. Electron-doped phosphorene: a potential monolayer superconductor [J]. Europhysics Letters, 2014, 108（6）: 67004.

[123] Ge Y, Wan W, Yang F, et al. The strain effect on superconductivity in phosphorene: a first-principles prediction [J]. New Journal of Physics, 2015, 17（3）: 35008-35016（9）.

[124] Huang G Q, Xing Z W, Xing D Y. Prediction of superconductivity in Li-intercalated bilayer phosphorene [J]. Applied Physics Letters, 2015, 106（11）: 666.

[125] Yu S, Iwasa Y. Ambipolar insulator-to-metal transition in black phosphorus by ionic-liquid gating [J]. ACS Nano, 2015, 9（3）: 3192-3198.

[126] Zhang R, Waters J, Geim A K, et al. Intercalant-independent transition temperature in superconducting black phosphorus [J]. Nature Communications, 2017, 8（1）: 1-7.

[127] Fei R, Faghaninia A, Soklaski R, et al. Enhanced thermoelectric efficiency via orthogonal electrical and thermal conductances in phosphorene [J]. Nano Letters, 2014, 14（11）: 6393.

[128] Lv H Y, Lu W J, Shao D F, et al. Enhanced thermoelectric performance of phosphorene by strain-induced band convergence [J]. Physical Review B, 2014, 90（8）: 085433.

[129] Duan S, Cui Y F, Chen X, et al. Ultrahigh thermoelectric performance realized in black phosphorus system by favorable band engineering through group VA doping [J]. Advanced Functional Materials, 2019, 29（38）: 1904346.

[130] Chen X, Duan S, Yi W C, et al. Enhanced thermoelectric performance in black phosphorus nanotubes by band modulation through tailoring nanotube chirality [J]. Small, 2020, 16（28）: 2001820.

[131] Song J Y, Duan S, Chen X, et al. Synthesis of highly stable one-dimensional black phosphorus/h-BN heterostructures: a novel flexible electronic platform [J]. Chinese Physics Letters, 2020, 37（7）: 076203.

[132] 王伟，侯婷丽，王庆娟，等．一种基于黑磷烯/高分子材料的复合涂层及其制备方法 [P]. CN 110240837A. 2019-09-17.

[133] 冯永洪，谢于辉，谢德龙．黑磷纳米复合材料的制备及其在防腐涂料中的应用 [C] //中国腐蚀与防护学会．第十一届全国腐蚀与防护大会论文摘要集．沈阳，2021: 1.

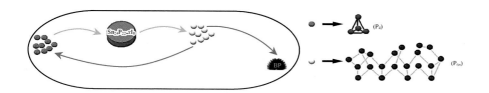

图 1-10 黑磷的形成机理示意

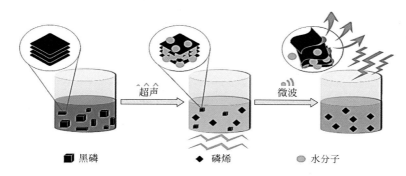

■ 黑磷   ◆ 磷烯   ● 水分子

图 2-12 超声与微波协同辅助制备纳米黑磷

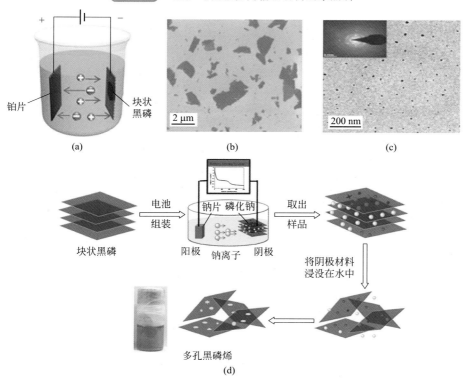

图 2-16

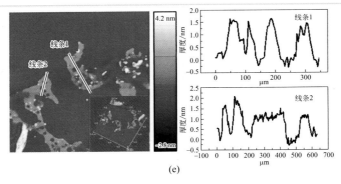

(e)

图 2-16　（a）阴极剥离黑磷制备的 BPNSs 反应示意图；（b）SEM 图；
（c）BPQDsSEM 图；（d）多孔黑磷烯合成路线示意图；（e）多孔黑磷烯 AFM 图

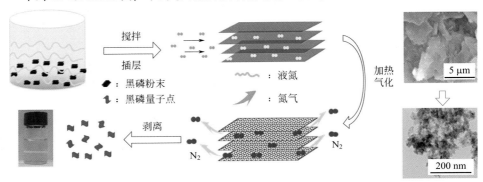

图 2-18　液氮辅助剥离黑磷制备纳米黑磷原理

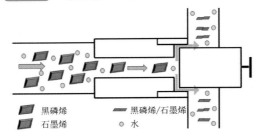

图 4-9　通过高压均质机合成 BP/G 复合材料

图 7-24　黑磷烯膜制备示意